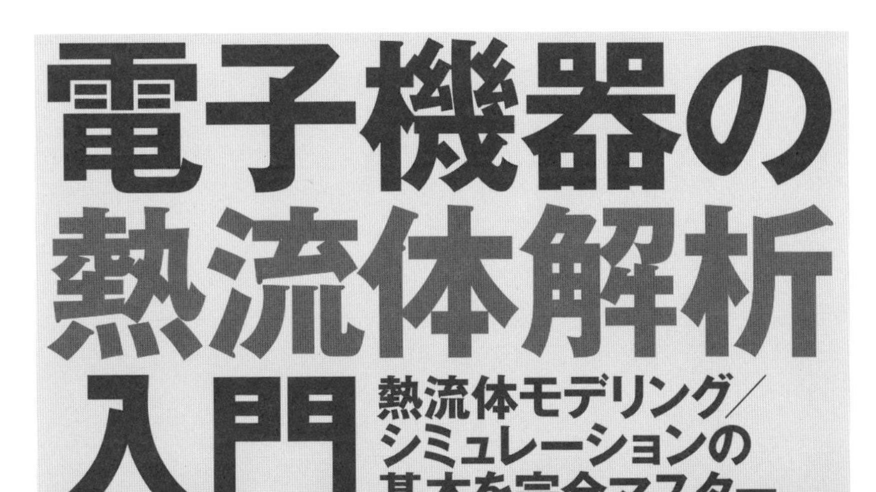

# 電子機器の熱流体解析入門

## 熱流体モデリング／シミュレーションの基本を完全マスター

国峰尚樹――――編著
Naoki Kunimine

第2版

わかりやすく
やさしく
役に立つ

日刊工業新聞社

# はしがき

電子機器の熱設計に熱流体シミュレーションソフトウエアが使われ始めたのは1990年頃でした。その後、電子機器向けの使いやすいソフトが販売され、電機メーカーを中心に広く普及しました。コンピュータの高速化や記憶容量の増加とともに、より実物に近いリアルなモデルをパソコンで扱うことができるようになり、今や構造解析と並んで身近なツールになっています。

しかし、設計ツールとしてフル活用している企業もあれば、試行レベルで足踏みしている企業もあり、利用状況には大きな開きがあります。

どんなシミュレーションも必ず精度とスピードが問われます。この壁を越えるためには粘り強い取り組みが必要です。ところが、短期的な成果を求められる昨今の状況では時間をかけてノウハウを蓄積していくことが難しく、道半ばで挫折する企業も少なくありません。

2006年に上梓した「トラブルをさけるための電子機器の熱対策設計第2版」では、電子機器のモデリングについて断片的な解説を入れましたが、それでも反響は大きく、電子機器のモデリングノウハウを本にまとめてほしいという声が多数寄せられました。確かに熱流体解析関連の書籍はたくさんありますが、流体理論や数値解析手法に関するものがほとんどで、使う人向けに書かれたものは見当たりませんでした。

このような背景から、2007年10月に日刊工業新聞社より本書の企画を頂きました。しかし、電子機器のモデリングはまだ研究レベルの部分も多く、体系化してまとめるには多くの専門家の英知を集める必要がありました。そこで第一線で日々この問題に取り組まれているCAEベンダーのスペシャリスト、先進的なCAE活用企業のキーマン、モデリング研究の第一人者、熱設計コンサルタント等、多数の方に執筆をお願いし、「熱流体モデリングドリームチーム」を編成しました。さらに学会、大学、計測器メーカなど各分野で活躍されている専門家の方々にも情報提供をお願いしました。

第1回執筆会議は2008年2月19日に日刊工業新聞社で開催されました。しかし、執筆は予想以上に難航しました。そもそもそのモデリングで本当に合うのか？

汎用性があるのか？　全ソフトで同じ傾向になるのか？　など、議論百出で、分筆した原稿をまとめるという目論見どおりの進め方は困難でした。解析や確認実験を行いながら、自信を持って提案できる内容か吟味し、合意しながらまとめていくという長い活動に入りました。このような作業を経て、ようやく執筆メンバの総意を一冊の本にまとめあげることができました。

出版から5年を経た2014年に、第2版の企画を頂きました。ソフトウエアのアップデートはもちろん、読者の皆様から頂いたご意見やご質問も反映しました。しかし第2版の最大の目玉は「先進企業の活用事例」を盛り込んだ点です。開発・設計における他社の運用ノウハウや利用プロセスに関する情報は、CAEの推進上、大いに参考になると思います。

本書は、5つの内容を10章に分けて解説してあります。

第1章は、初めて熱流体解析に関わるかた向けに、熱流体解析の概要、伝熱用語などをまとめました。既に解析実務に携わっている方は確認の意味でご一読下さい。

第2章、第3章は、熱流体解析の一般的モデリングについて解説しました。メッシュ分割や境界条件、物性値といった基礎事項について説明してあります。

第4章～第7章は、筐体、基板、半導体部品、電気部品、冷却部品という電子機器に不可欠な構成要素についてひとつずつそのモデリング方法を詳説しました。

第8章は、市販の熱流体解析ソフトについて、その特徴をユーザー視点で解説しました。ニーズに合ったソフト選定のための情報として活用して頂ければ幸いです。

第9章には、先進企業における熱流体解析活用事例を紹介してあります。HEV、ECUといった車載機器から、デジカメ、電源まで、さまざまな製品でのユニークな取り組みについて各企業の推進リーダーに執筆をお願いしました。

熱流体解析の展開などのミッションをお持ちの方には大変参考になるでしょう。

第10章では、解析精度向上に欠かせない「温度測定方法」について、高精度化のノウハウを盛り込みました。また、最近急速に普及した過渡熱特性評価装置についても、原理から活用方法まで詳しい情報を掲載しました。

図が白黒のため、温度分布などがわかりにくい点はありますが、できるだけ意図が伝わるよう説明を加えました。

熱流体シミュレーションは今後ますます進展し、設計現場にさらに深く浸透していくものと思われます。モデリング手法は固定されたものではなく、ソフト、ハードの進歩とともに進化していくことでしょう。本書もこうした流れに追従し、更新を重ねていきたいと考えています。そのためにも皆様のご叱正を頂ければ幸いです。

最後に、貴重な写真・文献・資料・データを提供していただいた多くの企業の方々、有益な助言や協力を賜った皆様、そして会議の設定から出版時期調整まで、全面的にお世話いただいた日刊工業新聞社出版局の鈴木徹さんに心から感謝いたします。

2015年7月1日　　　　　　　　　　執筆者代表

国　峰　尚　樹

# 目次

## 第5章　半導体パッケージのモデリング



## 第6章　電気部品のモデリング



## 第7章　冷却用部品のモデリング



## 第8章　熱流体解析ソフトの特徴と使い方

## 第9章　開発・設計における熱流体解析活用事例



## 第10章　熱と温度の計測技術

第1章

# 熱流体解析の基礎知識

高機能・高性能製品をより小さく、薄く、軽くという要求から半導体技術や実装技術が急速に発展し、機器、基板、部品、すべての実装階層で発熱密度（体積や面積あたりの発熱量）が増大してきました。一方、デザインや静音性の追及により機器のファンレス、密閉化が望まれ、熱設計の自由度はますます制約されてきています。低消費電力化に向けた技術開発も活発に行われていますが、コンパクト化のスピードに追いつかない状況にあります。

今や商品企画段階から放熱を考慮した「製品の成立性」を検証しておかないと、出荷直前で大幅な変更を余儀なくされる危険な状況になっています。こうした流れの中で、温度上昇を抑制し、信頼性の高い機器を設計するために、熱流体解析システムの活用が進んできました。しかし、システムを導入すればすぐに合理的な設計ができるわけではありません。大切なことは、まずシミュレーションをよく理解し、現実に即した予測ができるよう技術の蓄積を行うこと、その上で設計プロセスの1タスクとしてシミュレーションを位置づけ、活用することです

本書ではシミュレーションを使われる方が、最短で技術蓄積ができるよう、電子機器のモデリング方法について1ステップずつ解説していきます。

## 1.1 熱設計の変化と熱流体解析の位置づけ

電子機器は温度が上昇するとさまざまな不具合を生じ、その機能を果たさなくなります。それだけではなく、発煙、発火、やけどなどの被害をもたらす場合もあります。こうしたトラブルの発生を未然に防ぐため、各部の温度を一定以下に抑えるよう熱設計を施さなければなりません。

熱設計には主に4つの要因が関与します（**図1-1**）。

① 温度上限（守るべき温度）

使用部品には必ず定められた温度上限があります。温度上限を超えると寿命が短くなるだけでなく、処理速度の低下や輝度の低下（LED）、熱暴

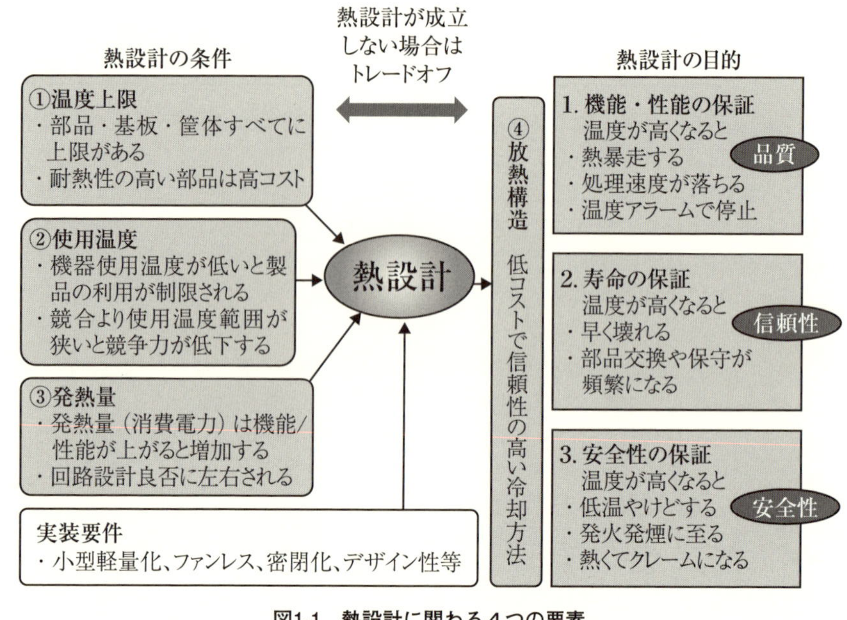


図1-1　熱設計に関わる４つの要素

走など、性能に影響を及ぼすことがあります。表面温度が高いと安全性に問題を生じます。熱設計は、これらの温度条件を満たすことを目標として行います。

② 使用温度（要求される温度）

製品にも使用温度の上限があります。この温度で使用しても機能・性能や寿命を満足しなければなりません。使用温度範囲が競合製品よりも狭いと競争力が低下する場合もあります。

③ 発熱量

電子機器が動作するとエネルギーの損失を生じ、熱になります。これによって機器や部品の温度が上昇します。発熱量は回路設計や制御ソフトで変わり、発熱が少なければ、より小型化することが可能になります。

④ 放熱構造

①〜③の条件を満足するために、発熱量に対して温度上昇の少ない低熱

抵抗構造（熱抵抗＝温度上昇/発熱量）を設計します。これが熱設計の大半を占めます。低熱抵抗化（熱設計）は、筐体、プリント基板、部品といったあらゆる階層で必要なプロセスです。

従来は①〜③が最優先で、放熱構造設計（熱設計）は、ひたすらこれらの条件を満足するよう踏ん張ってきました。しかし、最近では熱設計だけでこれらを解決することが困難になりつつあります。このため、機器の機能（発熱量）や使用条件、部品選定などの要件と熱とを天秤にかけながら、適切なコストの放熱構造を選択する全体最適化プロセスが重要になっています。これを実現するには、4つの要素の因果関係をより定量的に把握する必要があります。
熱流体解析はこうした背景の下、最適設計のための手段として急速に普及してきました。

## 1.2 熱流体解析が必要になった理由

### （1）測定できない部品の温度を把握する

部品の温度上昇を抑えて、機器の動作や寿命を保証することが熱設計の大きな目的ですが、最近は機器表面やはんだ接合部の温度なども管理対象になってきました。しかし、部品の急激な小型化、微細化により、細部にわたる部品の温度計測が困難になっています。熱流体解析を活用することで、全体の温度を詳細に把握することが可能になります。

### （2）現象を可視化して対策を立案する

温度の測定は比較的容易にできますが、流れの計測は簡単ではありません。部品の温度は空気の流れや熱伝導、放射による熱移動の結果として決まります。熱対策に当たっては、空気の流れや熱伝導ルートを改善して温度を制御する必要があり、目に見えない「空気や熱の流れ」を把握しなければなりません。シミュレーションによる状態の可視化は、こうした分析と対策立案にきわめて有効です。

### (3) 実施困難な仮想試験を行う

高度なデジタル機器がさまざまな場面で使用されるようになり、使用環境はより厳しくなってきました。車載機器や生産設備、医療機器など、過酷な条件下で長期にわたる信頼性を保証しなければなりません。塵埃の蓄積やファン故障、異常発熱による温度上昇、炎天下で無風状態が続いた場合など、実施が難しい環境試験も熱流体シミュレーションを利用して再現することができます。

### (4) 定量的、論理的なトレードオフを図る

熱設計は他の要件と競合します。デザインを優先すると通風口が開けられない、不要輻射対策でシールドを強化すると熱がこもる、風量を上げるとファンがうるさいなど、さまざまなトレードオフをしながら設計を進めることになります。このような場合、現象をより定量的に把握し、「ここに通風口を開けないと、この部品の温度が何℃オーバーし機能障害の危険がある」という議論ができればスムーズに判断できます。「やってだめなら考えよう」というスタンスでは取り返しのつかない失敗に陥る危険があります。

### (5) 複数の設計案から適切なものを選択する

設計には多くの判断を必要とします。伝熱や流れは複雑な現象であり、A案B案のどちらがよいか、判断に迷うことはよくあるでしょう。一昔前ですと、既存機種やバラックセットを使って実験しましたが、熱流体解析ソフトを使うことで、より迅速かつ定量的にモノづくりをせずに良否判断を行うことができます。設計変数をパラメータにして、多くの組み合わせの中から最適値を選定することもできるようになりました。

### (6) 技術継承とプレゼンテーションに活用する

シミュレーションには数値化された入力データが必要です。実際に解析に必要な入力データを揃えようとすると、定量把握されていないデータが非常に多いことがわかります。数値情報の収集は大変ですが、貴重な情報の蓄積と継承ができます。また、設計根拠や論理的な背景を他人に理解してもらう際にも、わかりやすい説明の手助けになります。

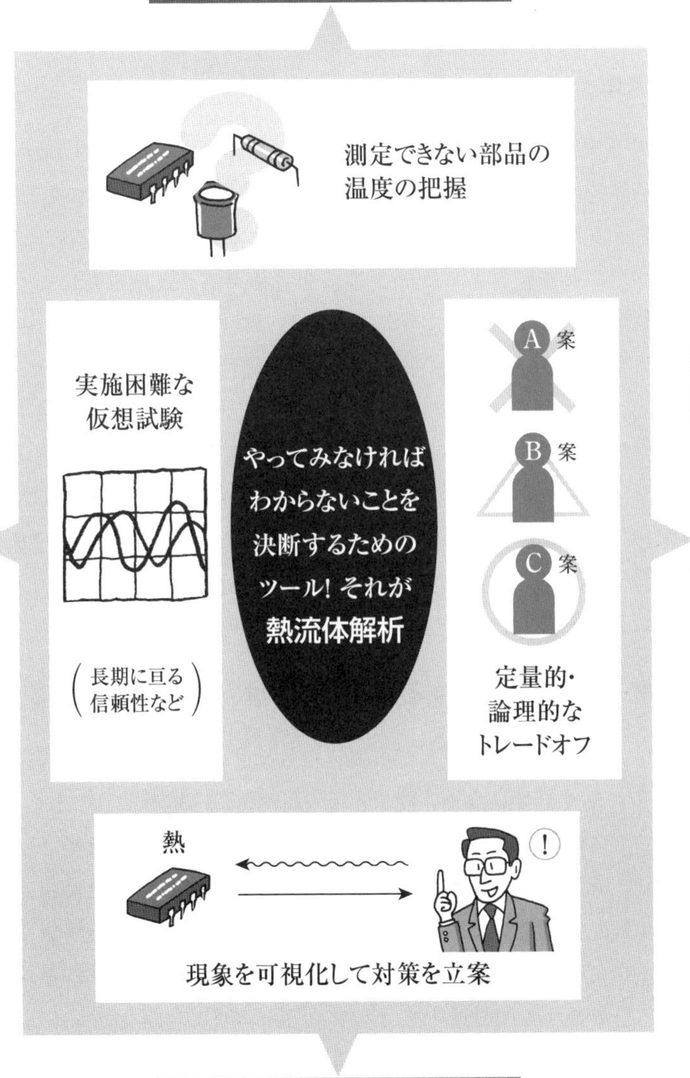
プレゼンテーション
測定できない部品の
温度の把握
設計立案＋選択
実施困難な
仮想試験
（長期に亘る
信頼性など）
やってみなければ
わからないことを
決断するための
ツール！それが
熱流体解析
A 案
B 案
C 案
定量的・
論理的な
トレードオフ
設計説明＋背景説明
熱
現象を可視化して対策を立案
技術継承

## 1.3 熱流体解析で何ができるか

### 1.3.1 流体と数値流体力学

大半の電子機器は空冷です。部品で発生した熱は伝導や対流、放射によって移動し、最終的に大気に放散されます。その過程では必ず固体から流体（空気）への熱移動が発生し、この熱の伝わりやすさが部品の温度を左右します。そのため、流体の挙動を把握して熱輸送性能を見極めることが重要になります。

流体の挙動は、流体の性質（物性）と流れの性質（流れ方）に支配されます。

流体の性質は、例えば粘性（粘り気）や圧縮性（つぶれやすさ）などです。流れの性質は主に流速によって変わり、層流／乱流（後述）、圧縮／非圧縮流れなどに分類されます。こうした流体の運動を扱うのが流体力学です。

流体力学では、本来は分子（粒）で構成される流体を連続体として扱います。

連続体とみなした流体の基礎方程式を数値計算してその挙動を把握するのが数値流体力学（CFD：Computational Fluid Dynamics）と呼ばれる分野で、電子機器の熱流体解析もCFDの技術を応用したものです。

### 1.3.2 電子機器を対象とする数値流体力学

電子機器では「温度」の把握が重要になります。航空機の翼の解析のように「力」を厳密に解く必要はなく、数十m/sの高速気流を取り扱うこともまれです。そのため、流体は非圧縮性（つぶれない）と考えます。電子機器ではむしろ伝熱が重要で、流れ場と温度場を連成して解かなければなりません。

また、解析の目的も、現象の解明を行うよりも設計に必要な情報を手早く得ることですので、CADシステムとの連携や扱いやすさ、計算の速さ、不具合箇所がひと目でわかる視認性などが要件とされます。

### 1.3.3 数値流体力学で行う計算

CFDは解析対象を基礎方程式が適用できる形式に変換し、コンピュータによって数値計算処理を行って結果を得るものです。このために、基礎方程式と数値計算手法が重要な構成要素になります。

基礎方程式は、保存則を表現した3つの式から構成されます。

① 質量の保存：流れ場全体で物質の質量が失われることはありません

② 運動量の保存：流れ場全体として流体の運動量が失われることはありません

③ 熱エネルギーの保存：温度場全体で熱エネルギーが失われることはありません

・質量保存則（連続の式）

$$\frac{\partial u_i}{\partial x_i}=0 \tag{1・1}$$

・運動量保存則

$$\frac{\partial(\rho u_i)}{\partial t}+\frac{\partial(u_j\rho u_i)}{\partial x_i}=-\frac{\partial p}{\partial x_i}+\frac{\partial}{\partial x_i}\left(\mu\frac{\partial u_i}{\partial x_i}\right)-\rho g_i\beta(T-T_0) \tag{1・2}$$

・エネルギー保存則

$$\frac{\partial(\rho C_pT)}{\partial t}+\frac{\partial(u_i\,\rho\,C_pT)}{\partial x_i}=\frac{\partial}{\partial x_i}\left(\lambda\frac{\partial T}{\partial x_i}\right)+H \tag{1・3}$$

ただし、$x_i$：位置座標(m)、$u_i$：$x_i$方向の速度(m/s)、$t$：時間(s)、$\rho$：流体・固体の密度(kg/m$^3$)、$p$：流体の圧力(N/m$^2$)、$\mu$：粘性係数(Pa・s)、$g_i$：$x_i$方向の重力加速度(m/s$^2$)、$\beta$：体膨張率(1/K)、$T$：流体・固体の温度(K)、$T_0$：流体の基準温度(K)、$C_p$：定圧比熱(J/kgK)、$\lambda$：熱伝導率（W/(m・K)）、$H$：発熱量(W/m$^3$)

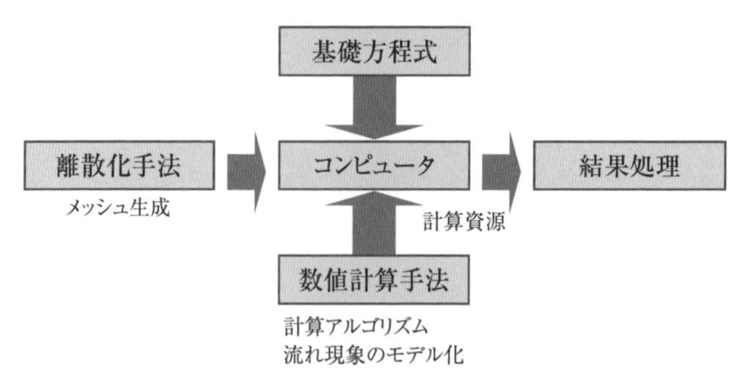


**図1-2　熱流体解析の５つの要素**

これらの偏微分方程式を直接解くことはできませんので、コンピュータを使った数値計算を行います。数値計算に際しては、流体を「無限に細かい連続体」から「有限個の小領域」に分けます。これを「離散化」と呼びます。解析作業でメッシュ（グリッドやセル、格子とも呼ばれる）分割や格子生成を行うのは、このような数値計算のための前準備です。離散化して数値計算式を導く際には差分法や有限体積法、有限要素法などの手法が用いられます。

数値計算では未知数の多い非線形連立方程式を解くために、コンピュータを使った反復計算が必要になります。より計算スピードを上げるために、数値計算アルゴリズムの高速化や処理の並列化が行われます。

こうした処理を行うため、数値計算には、基礎方程式、離散化手法、数値解析手法、コンピュータ、結果処理の5つの要素があります（**図1-2**）。基礎方程式は同じですが、手法や機能はソフトごとに異なり、それぞれ特徴を持ちます。

## 1.3.4　解析作業の流れ

こうした数値解析の流れに従って、利用者は次の作業を行います（**図1-3**）

### （1）３次元形状の作成

３次元CADや回路・基板CADが普及した現在では、解析用の形状はCADシステムからインポートすることで簡単に作成できるようになっています。ただし、製造用に作成された形状をそのまま解析に用いると、小さな切り欠きや穴、

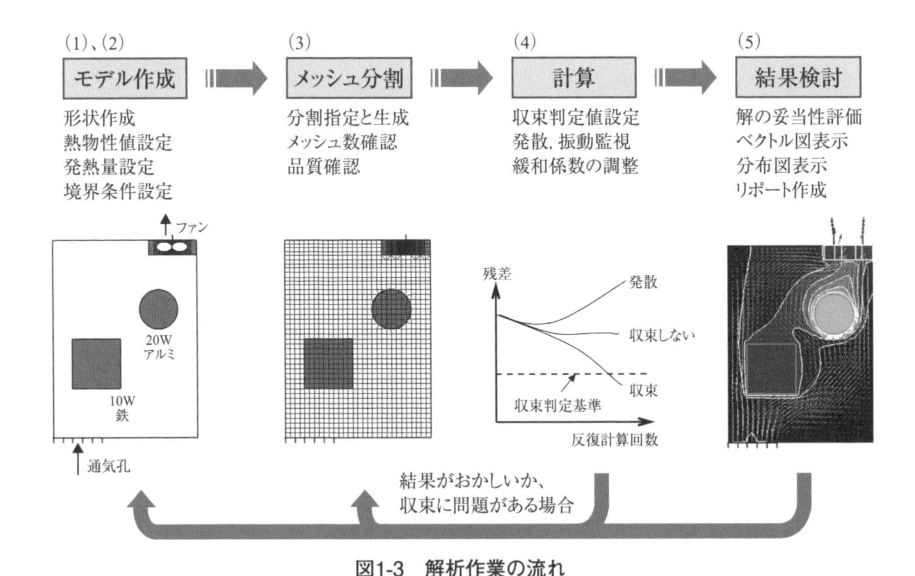


図1-3　解析作業の流れ

面取りなど、解析結果に影響しない微小形状によってメッシュ数が増え、計算時間の増加や精度の低下を招く恐れがあります。このため、設計用CADデータに手を加えて解析用データを作成することが行われます。

### （2）材料物性や境界条件などの入力

CADからインポートしたデータには形状の情報しかありませんので、熱伝導率などの「物性値」や発熱量、ファン特性などの「境界条件」を与えます。材料物性値や部品ライブラリを備えるシステムでは、材料名や部品名を指定するだけの簡単なオペレーションになりますが、これらの設定しだいで結果が大きく異なるため、内容が妥当かどうかはよく吟味する必要があります。

### （3）メッシュ分割

メッシュ分割は解析に欠かすことのできない作業です。計算は前述のとおり、離散化した空間や時間に対して行います。不適切な分割を行うと答えが大きく変わるため、ノウハウを必要とする作業です。最近ではメッシュ分割を意識させないソフトもありますが、規模を抑えて精度を確保するためには重要な作業になります。

### （4）計算実行

計算はコンピュータが行いますが、計算を打ち切るための条件はユーザーが指定します。複雑な流れを厳密に解こうとすると、なかなか収束しない場合もあります。設計に必要な注目点のデータが安定したら打ち切るなどの判断も必要になります。

### （5）結果検討

解析の結果を設計に反映させるためには、さまざまな角度から解析結果を分析する必要があります。目的は温度低減であったとしても、対策を導くには空気の流れや熱伝導経路の分析が必要になります。熱流体解析ソフトにはさまざまな結果表示機能があり、これらを有効に活用することで短時間に多くの情報を得ることができます。

入力情報に誤り（単位や桁の間違いなど）があると、現実離れした結果が出たりします。利用者は結果を鵜呑みにせずに、その妥当性を評価できなければなりません。

## 1.3.5　熱流体解析につきまとう「誤差」

シミュレーションには、避けて通れない3つの誤差があります。

1）モデル誤差
2）離散化誤差
3）数値計算誤差

モデル誤差は形状の変形や省略などで、現実のものとの違いが生じることによって発生します。部品のリードの省略による表面積の誤差などがこれに相当します。また、物理現象を表現する数値計算モデル（乱流モデルなど）の適用条件から外れた場合にも誤差を生じます。

離散化誤差はメッシュ分割方法によって発生する誤差です。ベテランと初心者はメッシュの切り方で差が出ます。

数値計算誤差は、反復計算を行う際に必ず発生します。システムが「収束」と判定しても何らかの誤差を残しています。正しく収束すれば通常は大きな誤差は残りません。数値計算誤差は、モデル化や離散化が不適切な場合に起こりやすくなります。

本書では、特に大きな誤差を生みやすいモデル化と離散化について解説しています。

# 1.4 電子機器の熱流体解析の特徴

## 1.4.1 電子機器固有の課題

構造解析と比べ、電子機器の熱流体解析は、やや高度な利用技術が必要になります。それは電子機器の下記の特徴によるものです。

**（1）解くべき現象が複雑**

流体の基礎方程式は未知数が多く非線形性が強いため、数値計算上扱いにくい特性を持っています。さらに温度場では伝導、対流、放射という異なった形態の熱移動を同時に扱わなければならないため、計算量が多く時間を要します。

**（2）解析対象物の形状が複雑**

複雑な幾何形状を有する機器内部を流体部も固体部もモデル化しなければならない上、固体と流体が接する部分に温度差が出やすいため、メッシュ分割や解析条件設定にテクニックが必要になります。

**（3）スケールギャップが大きい**

半導体チップや配線基板などのミクロンオーダーの微細構造体が集合して、メートル単位の構造物を構成します。このためスケールギャップが大きく、解析規模が大きくなりやすい特性を持ちます。規模を抑えるには、微細な形状を等価なモデルに置き換えるなどの処理が必要になり、モデリングテクニックが要求されます。

**（4）不明な物性値や非公開データが多い**

電子機器は構成部材の種類が多い上、多層プリント基板などの複合材料や特殊な合金を多用しており、物性値の特定が困難な場合があります。電子部品の構造や部材の物性値は入手が難しく、接触熱抵抗、放射率なども計測しないと正確な値は特定できません。設計段階では部品の正確な消費電力も予測できないといってよいでしょう。こうした情報を短期間で収集するのは難しく、データを蓄積しておく必要があります。

（1）や（2）はソフトウエアの改良によって克服されつつありますし、（4）もライブラリやテンプレートモデルの提供などによって便利になってきました。しかし「精度を保ちながらコンパクトなモデルづくりを行う」という本質的な部分はまだ利用者に委ねられる部分が多く、経験がものをいう領域になっています。

### 1.4.2　熱流体解析の賢い使い方

#### （1）危険な部品には事前に熱対策を施しておく

熱流体解析に限らず、「とりあえず解析を行って様子を見る」という使い方は効果的ではありません。何を検証するかによってフォーカスする部分が異なり、モデルも異なるためです。フォーカスがはっきりしないと、全てを詳細に表現した大規模なモデルが要求されます。解析の目的が「設計の検証」であれば、検証のための「仮説」が立てられていなければなりません。ここでいう仮説とは「有効と思われる熱対策」です。

温度が高くなりそうな部品は、表面の熱流束（$W/m^2$）などから予測し、対策を施しておかないと、解析の繰り返しが多くなってしまいます。

#### （2）設計案の相対評価から使いはじめる

解析結果の精度は入力データの精度に依存します。不正確なデータを入力して、正確な答えを期待するのは無理です。しかし、入力データの精度を上げるのも時間がかかるので、不明確な情報は仮置きして相対比較から使いはじめることで活用が進みます。

入力データが多少あいまいであっても、対策案の比較選定や対策による熱抵抗低減率などを見るには充分です。入力データが揃っていない段階では、設計指針を決めるための相対比較から使いはじめるとよいでしょう。

#### （3）パラメータスタディに使う

設計案の相対比較と同様に、設計パラメータの感度分析に使用するのも有効です。温度に影響する設計パラメータ（部品位置、通風口面積、フィンサイズなど）の影響度を評価し、適切なパラメータの組み合わせを求めるのに使用すると効果的です。

### 1.4.3　パラメータスタディ事例

**図1-4**に示す小型強制空冷機器は、コンパクトモデルによる最適化で設計方針を決定した例です。この機器は、発熱密度の高い3個のICを一定温度以下に抑えながら通風口面積を最小化しなければなりません。

短時間で多数の対策案を繰り返し評価したいため、まずコンパクトモデルを作成します。対象機器が強制空冷で、表面の放熱が少ないことから、以下の指針で簡略化します。

① 筐体や内部ユニットケースは厚み方向の熱伝導のみを考慮し、面方向の熱伝導を考慮しない
② 筐体の外形は単純化した直方体とする
③ 放射は考慮しない
④ 筐体外側の解析領域は小さくする

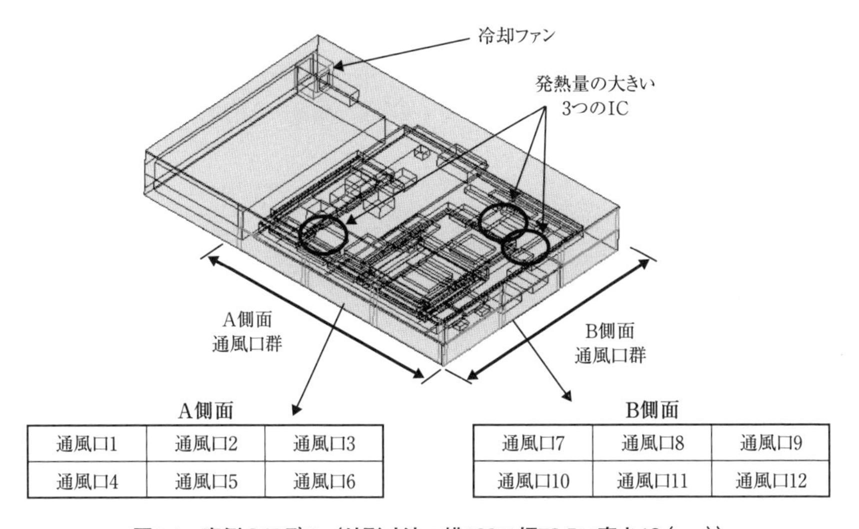


| 通風口1 | 通風口2 | 通風口3 |
|---|---|---|
| 通風口4 | 通風口5 | 通風口6 |

| 通風口7 | 通風口8 | 通風口9 |
|---|---|---|
| 通風口10 | 通風口11 | 通風口12 |

**図1-4　事例のモデル（外形寸法：横123×幅79.5×高さ18（mm））**

この結果、解析サイズは、15.4万メッシュに抑えられました。簡略化を行わない詳細モデルでは76万メッシュとなり、計算時間は15倍に膨らみます。**図1-5**にコンパクトモデルと詳細モデルの比較を示します。
最適化の目標は３つのICの温度の最小化で、制御因子は筐体Ａ側面、Ｂ側面の通風口の有/無です。最適化を実行すると、12個の通風口のうち、3つ（通風口1、4、12）だけを開けるのが最適という結果が得られました。

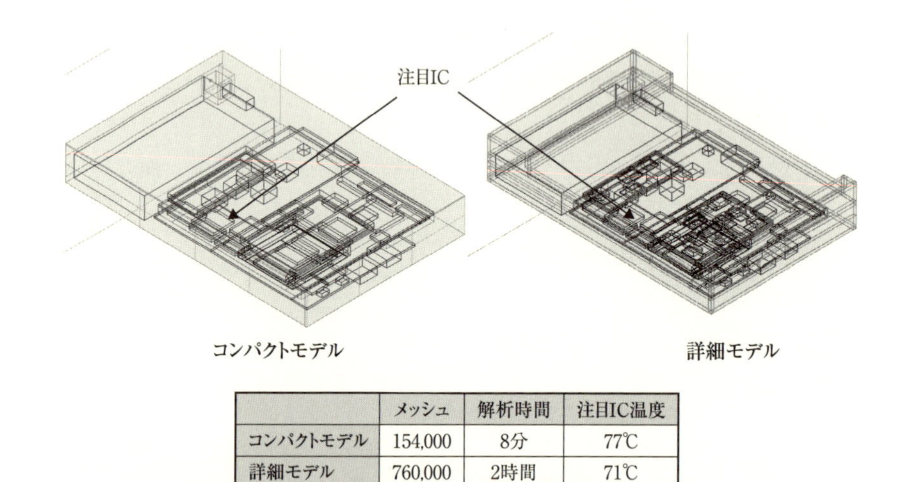


| | メッシュ | 解析時間 | 注目IC温度 |
|---|---|---|---|
| コンパクトモデル | 154,000 | 8分 | 77℃ |
| 詳細モデル | 760,000 | 2時間 | 71℃ |

**図1-5　コンパクトモデルと詳細モデルの比較（使用ソフトはFLoTHERM）**

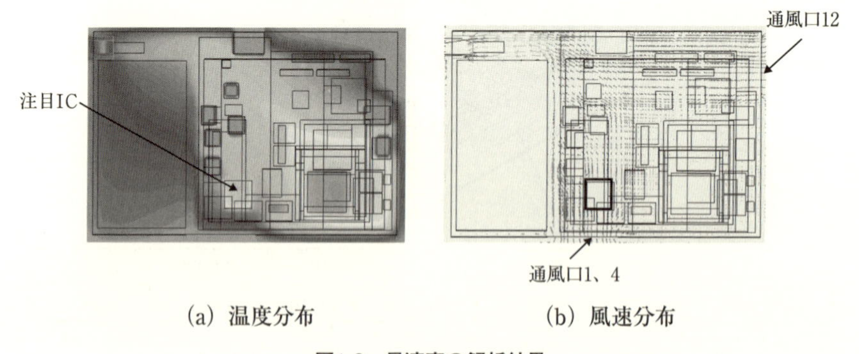


**図1-6　最適案の解析結果**

強制空冷では通風口が大きすぎると風速が減少し、小さすぎるとファンの負荷が増えて風量が低下します。このため適切な吸気口面積と位置が存在します。最適化案は、注目IC近傍の吸気口を開けて、突入風速による冷却効果を高めるとともに、適切な総通風口面積が確保された設計になっています（**図1-6**）。このように、ベテラン設計者が経験に基づいて行なう設計方法を、最適化によって短時間で導くことができます。

## 1.5 熱流体解析に必要な基礎知識

熱流体解析を行うには、伝熱、流体用語や物理量を頭に入れておく必要があります。詳細は参考文献（　3）、4）など）を参照して頂くとして、ここでは基礎用語について簡単に説明しておきます。

### （1）熱流体解析で使う単位

多くの熱流体解析ソフトでは、入力時に単位系を選択することができます。参考にするデータの単位系がシステムと合致しているかどうか確認が必要です。伝熱工学で使用される単位系には、SI単位系、工業単位系、物理単位系、英国式単位系などがあります。現在はSI単位系で統一することになっていますが、古い文献やカタログにはSI単位系以外の単位系が使われていることもあります。**表1-1**の変換表を用いて換算してください。

### （2）温度、温度差、温度上昇

「温度」は物体の温冷状態を表すもので、温度計で測定できるなじみやすい

## 表1-1　単位換算表

| | SI単位系 | 工業単位系 | 物理単位系 | 英国式単位系 | その他 |
|---|---|---|---|---|---|
| 長さ | m | m | cm | ft | in |
| m | 1 | 1 | 100 | 3.2808 | 39.37 |
| cm | 0.01 | 0.01 | 1 | 0.0328 | 0.3937 |
| ft | 0.3048 | 0.3048 | 30.48 | 1 | 12.005 |
| in | 0.0254 | 0.0254 | 2.54 | 0.0833 | 1 |
| 温度 | K | ℃(摂氏) | ℃(摂氏) | °F(華氏) | |
| | 1 | 1 | 1 | (1.8× 摂氏)+32 | |
| 質量 | kg | kg | g | lb | oz |
| kg | 1 | 1 | 1000 | 2.205 | 35.27 |
| g | 0.001 | 0.001 | 1 | 0.002205 | 0.03527 |
| lb | 0.4535 | 0.4535 | 453.5 | 1 | 15.997 |
| oz | 0.0284 | 0.0284 | 28.35 | 0.06251 | 1 |
| 重量・力 | N | kgf | gf | lbf | |
| N | 1 | 0.1020 | 101.97 | 0.2248 | |
| kgf | 9.807 | 1 | 1000 | 2.205 | |
| gf | 9807 | 0.001 | 1 | 0.002205 | |
| lbf | 4.04480 | 0.4535 | 453.51 | 1 | |
| 熱量 | J(ジュール) | kcal | cal | BTU | kW・hr |
| J | 1 | 2.39E-04 | 0.2388 | 9.479E-04 | 2.778E-07 |
| kcal | 4187 | 1 | 1000 | 3.969 | 0.001163 |
| cal | 4.187 | 0.001 | 1 | 0.003968 | 1.163E-06 |
| BTU | 1055 | 2.520E-04 | 252 | 1 | 2.931E-04 |
| kWh | 3600000 | 860 | 860000 | 3412 | 1 |
| 熱流量 | W(J/s) | kcal/hr | cal/s | BTU/hr | hp |
| W | 1 | 0.8598 | 0.2388 | 3.412 | 0.001341 |
| kcal/h | 1.163 | 1 | 0.2777 | 3.968 | 0.00156 |
| cal/s | 4.188 | 3.601 | 1 | 14.29 | 0.005615 |
| BTU/h | 0.2931 | 0.252 | 0.06998 | 1 | 3.931E-04 |
| hp | 745.7 | 641.2 | 178.1 | 2544 | 1 |
| 熱流束 | W/m$^2$ | kcal/m$^2$・hr | cal/cm$^2$・s | BTU/ft$^2$・hr | |
| W/m$^2$ | 1 | 0.8598 | 2388 | 0.317 | |
| kcal/m$^2$h | 1.163 | 1 | 2777 | 0.3687 | |
| cal/cm$^2$s | 4.19E-04 | 3.60E-04 | 1 | 1.327E-04 | |
| BTU/ft$^2$h | 3.155 | 1.488 | 7536 | 1 | |
| 熱伝導率 | W/(m・K) | kcal/m・hr・℃ | cal/cm・s・℃ | BTU/ft・h・F | |
| W/(m・K) | 1 | 0.8598 | 0.002388 | 0.5778 | |
| kcal/mh℃ | 1.163 | 1 | 0.002778 | 0.672 | |
| cal/cms℃ | 418.8 | 3.60 | 1 | 241.9 | |
| BTU/ft・h・F | 1.731 | 1.488 | 0.004134 | 1 | |
| 熱伝達率 | W/(m$^2$・K) | kcal/m$^2$・hr・℃ | cal/cm$^2$・s・℃ | BTU/ft$^2$・hr・F | |
| W/(m$^2$・K) | 1 | 0.8598 | 2388 | 0.1761 | |
| kcal/m$^2$h℃ | 1.163 | 1 | 2777 | 0.672 | |
| cal/cm$^2$s℃ | 4.188E-04 | 3601E-04 | 1 | 241.9 | |
| BTU/ft$^2$・h・F | 5.679 | 1.488 | 0.004134 | 1 | |
| 熱抵抗 | K/W | ℃・hr/kcal | ℃・s/cal | F・hr/BTU | |
| K/W | 1 | 1.163 | 4.188 | 0.293 | |
| ℃hr/kcal | 0.8598 | 1 | 3.601 | 0.252 | |
| ℃s/cal | 0.2388 | 0.2777 | 1 | 0.0699 | |
| F・h/BTU | 3.413 | 3.968 | 14.31 | 1 | |
| 比熱 | J/(kg・K) | kcal/kg・℃ | cal/g・℃ | BTU/lb・F | |
| J/(kg・K) | 1 | 2.388E-04 | 2.388E-04 | 2.388E-04 | |
| kcal/kg℃ | 4187 | 1 | 1 | 1 | |
| cal/g℃ | 4187 | 1 | 1 | 1 | |
| BTU/lb・F | 4187 | 1 | 1 | 1 | |

物理量です。熱の移動量は「温度差」に比例するため、電子機器では室温などの基準温度からの上昇分で示します。このため、温度ではなく「温度上昇」という表現をよく使います。電子機器で温度上昇という表現を使う場合には、室温との温度差を意味します。温度上昇は発熱量にほぼ比例して増大します。

室温25℃の環境で、温度100℃の部品を80℃に下げることができた場合、「20%の温度低減」とはいいません。この計算だと室温が変わると低減比率も変わってしまうので、室温からの温度上昇がどう変化したかを考えます。元の温度上昇は75℃、低減後の温度上昇は55℃なので、26.7%の温度低減ということになります。

温度の単位は摂氏（℃）がよく使われますが、SI単位では絶対温度（ケルビン：K）を使用します。摂氏は水の凍る温度を0℃、沸騰する温度を100℃と決め、その間を100等分したものですが、ケルビンは絶対零度（−273.15℃）を0Kと定めたものです。

従って、

絶対温度（K）＝摂氏温度（℃）＋273.15　　(1・4)

となります。温度差や温度上昇で表現する場合には、摂氏温度と絶対温度は同じ値になります。

### （3）熱と熱量

「熱（熱量）」は直接計測できないので、温度に比べるとわかりにくい概念です。熱の正体は物質を構成する分子や原子、自由電子などの粒子の運動で、放っておくと温度の高い（粒子運動の活発な）物体から、低い（運動の少ない）物体に移動し、均一な温度になります。水にたとえると、温度が水位であるのに対し、熱量は水量に相当します。熱量は水量と同じく「保存量」で、SI単位系ではJ（ジュール）で表します。水は注がれたりこぼれたりしてもその総量は保存され、変わりません。それと同様に、熱量（J）の総量は保存されます。これが「熱エネルギーの保存」と呼ばれるもので、熱流体解析の基盤を成す保存式のひとつです。温度は熱エネルギーの保存式を解くことによって計算できます。

### （4）熱流量と熱流束

電子機器の熱設計では熱量（J）よりも熱流量（W＝J/s）をよく使用します。

電子部品に電力を印加し続けると熱量も発生し続けます。熱は一箇所に溜めておくことが困難なため、発生すると同時に拡散（放熱）してしまいます。このような現象を扱うには、単位時間あたりの湧出熱量「熱流量（W：ワット）」を使います。穴のあいたバケツに水を注ぐ場合、水量（リットル）ではなく、注水量（リットル/秒）で表現しないと水位（温度に相当）を予測できないのと同じことです。

熱流束（$W/m^2$）は単位面積を通過する熱流量（W）を表し、発熱密度とも呼ばれます。部品表面の熱伝達率が同じであれば、部品の温度は表面の熱流束（$W/m^2$）に比例するため、部品の熱的な厳しさを表す指標として使用されます。

### （5）熱抵抗と熱コンダクタンス

熱抵抗（K/W）は1Wの熱流量に対する温度上昇を意味し、熱の伝わりにくさを表します。熱コンダクタンス（W/K）は熱抵抗の逆数で、熱の伝わりやすさを表します。熱抵抗、熱コンダクタンスがわかれば、温度差と熱流量との関係がわかります。

温度差（K）＝熱抵抗（K/W）×熱流量（W）　(*1・5*)

熱流量（W）＝熱コンダクタンス（W/K）×温度差（K）　(*1・6*)

これは電気回路のオームの法則に相当し、熱のオームの法則と呼ばれます。温度差は電圧（V）、熱流量は電流（A）、熱抵抗は電気抵抗（Ω）に対応します。

### （6）熱の移動形態（伝導・対流・放射）

熱の移動形態には、伝導・対流・放射の３つがあります。

熱伝導とは物質が移動しない状態での伝熱現象で、固体や流動の抑制された流体の内部熱移動です。微視的に見ると、格子振動（フォノン）伝導と自由電子の移動（主に金属）による運動の伝播です。

対流伝熱は、熱伝導と物質移動による熱移動という２つの複合現象で、流体が動くことによって静止流体よりも大きな熱輸送が起こります。電子機器では対流伝熱が支配的になる場合が多く、流体解析が必要になります。

熱放射は、熱が電磁波として移動する現象で、相互に見える面の間で直接熱交換します。物質を介して順番に熱が伝わる伝導や対流とはそのメカニズムが大きく異なります。

## （7）熱伝導率と熱伝達率

熱伝導での熱の伝わりやすさは物質ごとに異なり、「熱伝導率W/(m・K)」で表されます。樹脂よりも銅の方が熱を伝えやすいのは、熱伝導率が1000倍大きいためです。主なエレクトロニクス材料の熱伝導率を**表1-2**に示します。

温度$T_1$の高温部から$T_2$の低温部への熱流量$Q$［W］は、熱伝導率を$\lambda$、熱流部の断面積を$A$、$T_1$と$T_2$の距離を$L$とすると以下の式で計算できます。

$$Q = \frac{\lambda \cdot A}{L} \cdot (T_1 - T_2) \qquad (1 \cdot 7)$$

一方、熱伝達は境界面での熱の伝わりやすさを表すもので、状態によって変わります。熱伝達率は、熱伝導率と異なり、材料固有の物性値ではありません。例えば部品から周囲空気への自然対流熱伝達率は、風速や物体の大きさ、姿勢などによって変わります。熱伝達率は、単位面積あたりの物理量　W/(m²・K)になります。

**表1-2　各種材料の熱伝導率**

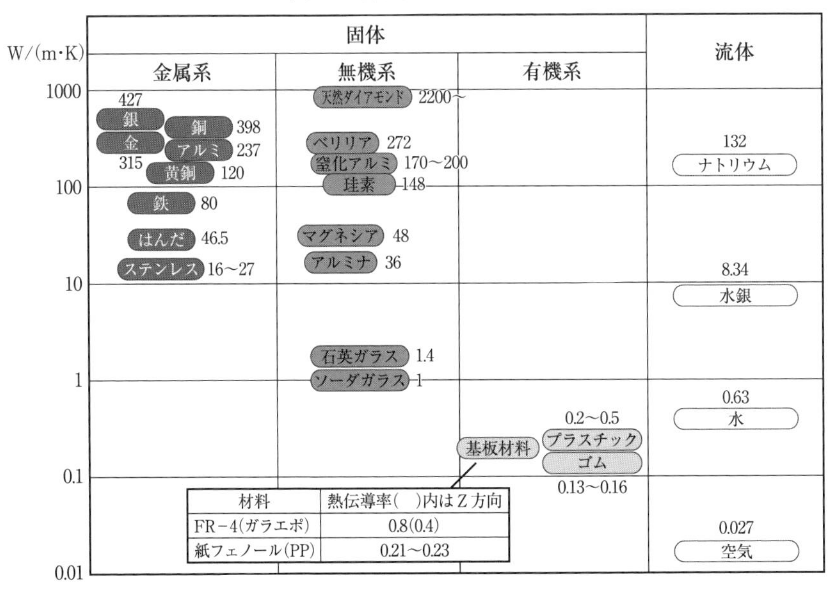

温度$T_s$の表面から$T_a$の周囲空気への熱流量$Q$（W）は、表面積$S$（$m^2$）、表面熱伝達率$h$（W/($m^2$・K)）とし、以下の式で計算できます

$$Q = S \cdot h \cdot (T_s - T_a) \qquad (1 \cdot 8)$$

### （8）温度境界層と速度境界層

流速$U_\infty$、温度$T_\infty$の流体中に発熱のある平板を置くと、平板表面では流速ゼロ、温度は壁面温度に等しくなります（**図1-7**）。平板から遠ざかるにつれて流速が大きくなり、ある程度遠ざかると主流と同じ流速$U_\infty$になります。温度も同様で、ある程度遠ざかると主流の温度$T_\infty$になります。このように壁面近傍の風速や温度が急激に変化する領域を境界層と呼びます。速度境界層と温度境界層は、その厚みが異なります。

流れの上流から下流に向けて温度境界層は徐々に厚みを増すため、熱が逃げにくく（熱伝達率が小さく）なります。

流体や熱の解析では、変化の大きい部分のメッシュ分割が計算精度に重要な影響を与えるので、境界層のメッシュ分割数が大きく精度に影響します（2.1項参照）。

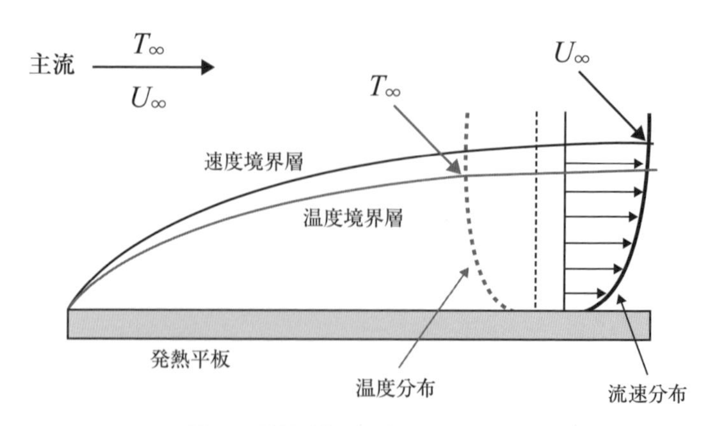


**図1-7　壁面近傍の温度と流速の分布**

### （9） 層流と乱流

境界層の状態は流れの性質によって異なります。流れの性質は流体の慣性力（運動しようとする力）と粘性力（それを抑えようとする力）のバランスで決まります。粘性力が強い蜂蜜のような流体では渦などの乱れが起こりにくく、空気のように粘性力が弱い流体では乱れが発生しやすくなります。壁面では強い粘性力が働きますが、離れると粘性力は弱くなります。慣性力は、自然対流では微弱な「浮力」によって発生するため小さく、ファンを使う強制対流では大きくなります。

層流では流体が一方向に整然と流れており、境界層内の熱移動が小さいですが、乱流では分子が不規則に動くことによって熱が伝わりやすくなります。

熱流体解析では分子レベルまでの微細な離散化はできませんので、乱流の場合には熱拡散が大きくなるモデル（乱流モデル）を使います。流れのモデルは使う側が指定します。一般的には自然空冷機器では層流、強制空冷機器では乱流を指定します。

### （10） 放射と放射率

物体が熱放射によって放出する熱エネルギーは、絶対温度（K）の４乗と表面の放射率の積に比例します。

$$q = \sigma \cdot \varepsilon \cdot T^4 \qquad (1 \cdot 9)$$

ただし、$q$：放射エネルギー（W/m$^2$）、$\sigma$：ステファン・ボルツマン定数（W/（m$^2$・K$^4$））

$\varepsilon$：放射率、$T$：物体の絶対温度（K）

放射率は、表面の性状によって異なるもので、0～1の値を取ります（**表1-3**）。一般によく磨いた金属では非常に小さい値になります。これは、金属の熱エネルギーが主に自由電子の運動であり、電磁放射しにくいことに起因します。しかし、表面が酸化したり汚れたりすると、放射率は大きくなります。

放射伝熱では、見えている面間で直接熱交換が起こります。このため、形態係数（相互の面の見え方）や放射係数（面の反射・吸収）の計算が必要になり、

**表1-3　主なエレクトロニクス材料の放射率**

| 物質 | | 表面状態 | 放射率 | |
|---|---|---|---|---|
| | | | 代表値 | 範囲 |
| 金属 | アルミニウム | 研磨面 | 0.05 | 0.04～0.06 |
| | | アルマイト処理面 | 0.8 | 0.7～0.9 |
| | | 黒色アルマイト（放熱板） | 0.95 | 0.94～0.96 |
| | 銅 | 機械加工面 | 0.07 | |
| | | 酸化面 | 0.7 | |
| | | 研磨面 | 0.03 | 0.02～0.04 |
| | | 金めっき面 | 0.3 | |
| | | はんだめっき面 | 0.35 | |
| | 銅線 | $\phi$1.2すずめっき銅線 | 0.28 | |
| | | $\phi$1.2ボルマル銅線 | 0.87 | 0.87～0.88 |
| | 鋼 | 研磨面 | 0.06 | |
| | | ロール面 | 0.66 | |
| | 銀 | 研磨面 | 0.02 | |
| 非金属 | アルミナ | | 0.63 | 0.6～0.7 |
| | プリント配線板 | エポキシガラス、紙フェノール | 0.8 | |
| | | テフロンガラス | 0.8 | |
| 部品 | 厚膜IC | Pd/Ag | 0.26 | 0.21（製造直後）～0.4 |
| | | 誘電体 | 0.74 | |
| | | 抵抗体 | 0.9 | 0.7～1.0 |
| | 抵抗器 | 購入状態 | 0.85 | 0.8～0.94 |
| | コンデンサ | タンタルコンデンサ、電解コンデンサ | 0.3 | 0.28～0.36 |
| | | その他のコンデンサ | 0.92 | 0.9～0.95 |
| | トランジスタ | 黒色塗装 | 0.85 | 0.8～0.9 |
| | | 金属ケース | 0.35 | 0.3～0.4 |
| | ダイオード | | 0.9 | 0.89～0.9 |
| | IC | DIP・モールド品 | 0.85 | 0.89～0.93 |
| | トランス・コイル | パルストランス、コイル | 0.9 | 0.91～0.92 |
| | | 平滑チョーク | 0.9 | 0.89～0.93 |
| 塗装 | | 黒ラッカー、白ペイント | 0.9 | 0.87～0.95 |
| | | 自然乾燥エナメル | 0.88 | 0.85～0.91 |
| ガラス、ゴム、水 | | | 0.9 | 0.87～0.95 |

熱流体解析で放射を考慮すると計算時間が長くなります。しかし、自然空冷機器や部品では放射伝熱の比率が大きく、10～30%を占めるため、放射を考慮しないと温度は高めに計算されます。強制空冷では10%以下になるため、無視する場合もあります。

### (11) 定常状態と非定常状態

電子機器の電源を入れると電気エネルギーの一部が熱エネルギーに変換され、

発熱が起こります。温度は時間とともに上昇し、やがて一定温度になります。発熱量と放熱量が等しくなり、温度が変化しなくなった状態を「定常状態」と呼びます。これに対し、時間とともに温度が変化する状態を「非定常状態（過渡状態）」と呼びます。電子機器では一般に定常状態の温度が最も高温になるため、定常状態の温度を目安に設計します。しかし、消費電力が変動する部品の温度変動を捉えるには、非定常解析が必要になります。

### (12) 熱容量と比熱

熱容量は、物体を1℃（1K）温度上昇させるために必要な熱量（J）を表すもので、非定常解析には不可欠な物理量です。熱容量$C$（J/K）は比熱$C_p$（J/kg・K）と質量$G$［kg］から下式で計算できます。

$$C = C_p \cdot G \tag{1・10}$$

比熱は「単位質量あたりの熱容量」を表す物理量で、物質固有の値を持ちます。

### (13) 温度伝導率（熱拡散率）

熱伝導率が物質内の熱の伝わりやすさを静的に表すのに対し、温度伝導率は動的な熱の伝わりやすさを表します。物質内のある部分の温度が変化したとき、その周囲がどれだけ温度変化を起こすかを表すものです。熱伝導率が大きければ、温度伝導率も大きいのではないかと考えがちですが、時間的な温度変化では比熱が関係してきます。部分的に温度変化があっても、物体の比熱が大きいと蓄熱が起こるため、温度変化が周囲に伝わりにくくなります。温度伝導率$\alpha$は熱拡散率や温度拡散率ともいい、熱伝導率と比熱、密度から以下の式で計算することができます。

$$\alpha = \frac{\lambda}{\rho \cdot c_p} \tag{1・11}$$

ただし、$\alpha$：温度伝導率（$m^2/s$）、$\lambda$：熱伝導率W/(m・K)
$\rho$：密度（$kg/m^3$）、$C_p$：比熱J/(kg・K)

### (14) 伝熱の計算でよく使われる無次元数

伝熱工学では無次元数を多用します。物理量は使用する単位系で値が異なりますが、どんな単位系を使っても自然現象はひとつです。したがって、自然法則は、関係する物理量の組み合わせからなる互いに独立な無次元物理量の関係として記述できます。

伝熱工学や流体力学の分野で使われる主な無次元数には以下のものがあります。

① ヌッセルト数　$Nu$（$Nu = h \cdot L/\lambda$）＝熱伝達率×代表長さ/流体の熱伝導率

熱伝達の大きさを表す無次元数です。静止流体の熱伝導と比較した対流熱伝達率の大きさを表します。静止流体に対し、流体移動が加わることによって、熱伝達率がどれだけ大きくなったかを示しています。

② レイノルズ数　$Re$（$Re = V \cdot L/\nu$）＝流速×代表長さ/流体の動粘性係数

流体の流れの状態（慣性力と粘性力の比率）を特徴づける無次元量です。

レイノルズ数が大きいほど、乱れようとする力が強く、小さいほど乱れを抑える力が強いことになります。例えば、管路内の流れでは、代表長さとして管路直径を用いたレイノルズ数が2100～3000を境（臨界レイノルズ数）として乱れのない流れ（層流）から、乱れの激しい流れ（乱流）へと遷移します

③ グラスホフ数　$Gr$（$Gr = \beta \cdot g \cdot \Delta T \cdot L^3/\nu^2$）

＝流体の体膨張係数×重力加速度×固体面の温度上昇×代表長さ$^3$/流体の動粘性係数$^2$

自然対流での浮力と動粘性力の比を表わすものです。大きいほど浮力が大きく自然対流が活発なことを表しています。

④ プラントル数　$Pr$（$Pr = C_p \cdot \nu / \lambda$）

＝流体の比熱×流体の動粘性係数/流体の熱伝導率

流体中の「運動量の伝わりやすさ」と「熱の伝わりやすさ」の比を表す物性値で、流体固有の値を持ちます。熱伝導率が大きな液体金属ではプラントル数は小さく（水銀では0.02）、粘度の高い油類ではプラントル数は大きく（50以上）なります。空気は0.7程度です。

⑤ ビオ数　$Bi$（$Bi = h \cdot L/\lambda$）＝熱伝達率×代表長さ/固体の熱伝導率

ヌッセルト数と式の形が同じですが、分母は固体の熱伝導率です。固体内部の熱伝導と表面からの熱伝達の比率を表します。値が大きいほど固体内部の熱

伝導よりも表面の熱伝達が大きいことを表し、固体内部の温度勾配が出やすいことを示しています。

例えば、自然対流、強制対流の平均熱伝達は、これらの無次元数を使って以下のような式で表現できます。

鉛直面の自然対流（層流）　$Nu = 0.56 \cdot (Gr \cdot Pr)^{0.25}$

流れに平行面な面の強制対流（層流）　$Nu = 0.664 \cdot Re^{0.5} \cdot Pr^{0.33}$

ただし、代表長さは鉛直面では高さ、平行面では流れ方向の面の長さをとります。

さまざまな条件下の熱伝達率を表す理論式・実験式がこのような形式で導かれており、熱設計に応用することができます。

第2章

# 基本的なモデリングテクニック(1)<br>メッシュ分割と境界条件

精度を保ちながらコンパクトなモデリングを行うには、基本的なモデリングテクニックを理解し、その上で電子機器固有のモデリングを理解する必要があります。

最初に解析精度やモデルの規模を大きく左右するメッシュ分割の方法について解説します。

## 2.1 メッシュ分割と計算精度

### 2.1.1 層流でのメッシュ分割

流れ場や温度場の数値解析を行うには、離散化のために解析領域を分割する必要があります。これを「メッシュ分割」あるいは「メッシュ生成」と呼びます。メッシュはグリッド（格子）やセルとも呼びます。

このメッシュ分割が解析精度に大きく影響を及ぼします。どんなメッシュの分割を行っても、計算が発散しない限り一応の答えは得られます。しかし、メッシュ分割が粗かったり、つぶれていたりすると精度は悪くなります。必要以上にメッシュを細かくしても、計算時間がかかるだけで精度は変わりません。このため、精度を確保できる範囲で適切なメッシュが切れるかどうかが重要な技術になります。

#### (1) 変化の大きい場所を細かく分割する

構造解析では応力集中が起こるような変化の大きい場所を細かく分割しますが、熱流体解析においても同じことがいえます。流速や圧力が急激に変化する場所を細かくしないと、そこで発生する小さな渦やよどみを考慮できないため、圧力損失が正しく計算できません。例えば、流路断面積が急に変わる部分や固体壁面の近傍などです。**図2-1**に放熱フィンの分割例を示します。フィン間は最低でも3分割は必要で、流入・流出部はそれより少し細かくしたほうが精度はよくなります。

**図2-2**は物体の後方に発生する渦を解析したものです。このような渦が発生して流れがよどむと熱伝達率が低下し、局所的に温度が上昇する場合があります。(b) のように粗いメッシュ分割では渦を捉えることができず、解析精度が低下します。渦を表現するには、想定される渦の直径の1/3、できれば1/6以下の大きさのメッシュが推奨されます。

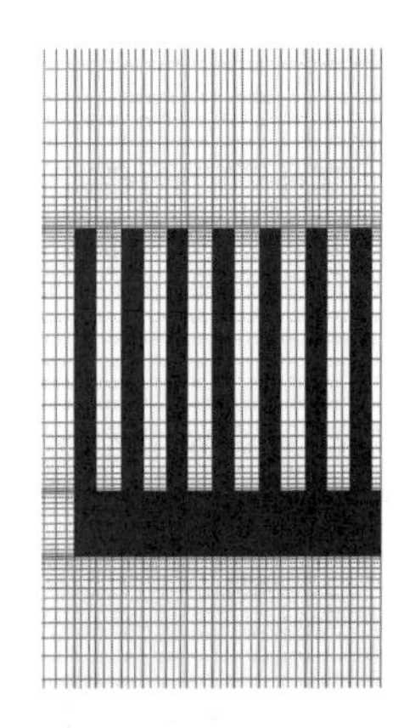

**図2-1　標準的なメッシュ分割方法**
フィン間は3分割以上必要

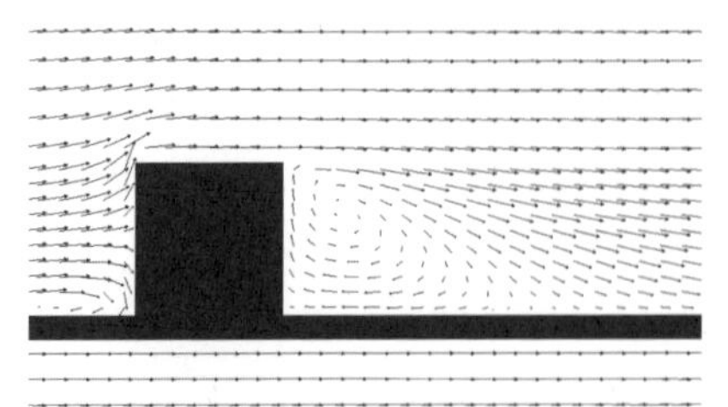

(a) 分割が細かい場合
分割が充分細かいと渦の発生を捉えることができる

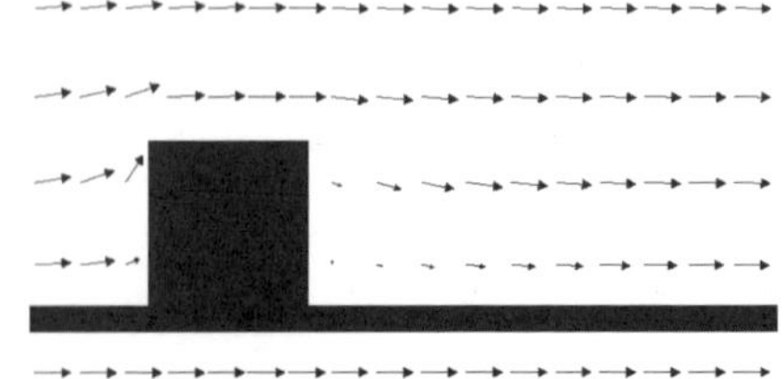

(b) 分割が粗い場合
分割が粗いと渦の発生が捉えられない

**図2-2　メッシュサイズと流れの様相の違い**

### （2）注目点の温度がメッシュ分割の影響を受けない程度の粗さで分割する

このように現象の再現性を求めると細かいメッシュが必要になります。しかし、電子機器の熱解析では注目点の温度精度が重要で、全領域にわたって現象を再現する必要がないこともあります。一般にメッシュを細かく分割すると精度はよくなりますが、計算時間がかかり、必要なタイミングで結果が得られなくなってしまいます。

それではどの程度の分割が適切かというと、一言でいえば「これ以上細かくしても注目点の温度がほとんど変わらない」という粗さの分割です。最初に粗い分割で解析を行い、次に温度勾配の大きい場所を細分割して解析し、両者の結果が大きく変わらないようであれば、充分な分割であると判断できます。

### （3）層流では壁面近傍は細かく分割する

流体と固体が接する境界面では、流速は壁面ではゼロで、壁面から離れるに従って増大します（図1-7参照）。このように、壁面近傍には流速や温度の変化が大きい部分（境界層）があり、固体表面付近のメッシュ分割方法が解析精度に大きく影響します。

①理論値との比較

メッシュ分割方法は求める精度によって変わりますが、最初に理論式に近い厳密な解を得るために必要な分割数について考えます。

温度や速度が大きく変化するのは「境界層」内部です。メッシュが粗いと境界層の速度や温度の勾配を表現できないため、精度が低下します。「境界層をいくつに分割するか？」が熱伝達の計算精度を支配することになり、境界層の厚さを意識したメッシュ分割が必要になります。

ここでは、**図2-3**に示す等熱流束の無限平板について、数値計算結果と理論値との比較結果を示します。平板の流れ方向の長さを300mm、壁面の熱流束を100W/m$^2$（平板の両面とも伝熱面）とし、境界層を1～10の範囲で等分割しています。

比較する温度（理論値）は、等熱流束平板の無次元局所熱伝達率を求める次の式から計算します。

$$Nu_x = 0.458 \cdot Re_x^{1/2} \cdot Pr^{1/3} \qquad (2 \cdot 1)$$

ただし、$Nu_x$：前縁からxの位置におけるヌッセルト数、
$Re_x$：前縁からxの位置におけるレイノルズ数、$Pr$：プラントル数

また、前縁から$L$の位置における速度境界層の厚さ$\delta_x$は、次式で計算します。

$$\frac{\delta_x}{x} = \frac{5.0}{\sqrt{Re_x}} \qquad (2 \cdot 2)$$

ただし、$\delta_x$：前縁からxの位置における速度境界層厚さ（m）
$x$：前縁からの距離（m）、$Re_x$：前縁から$x$の位置におけるレイノルズ数

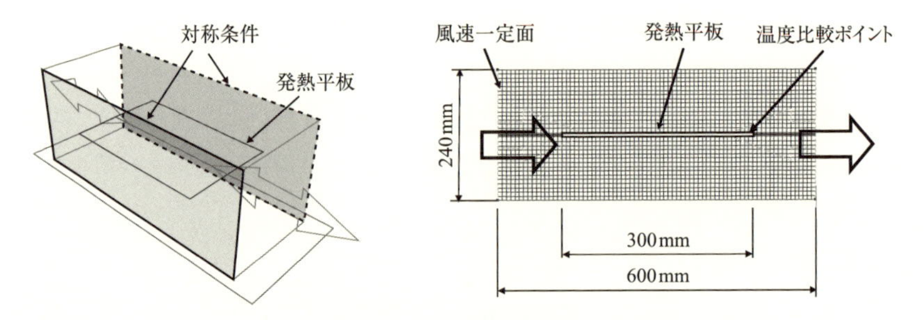


図2-3　理論式との比較検証に用いたモデル

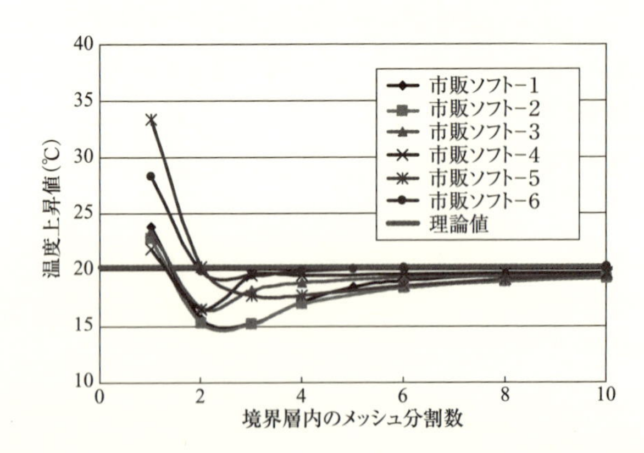


図2-4　層流での境界層のメッシュ分割数と温度上昇計算値との関係
風速1m/s、固体部の熱伝導なしの条件での計算例、理論式で求めた温度上昇は20.3℃

風速1m/sで計算すると、熱伝達率＝4.92W/(m²・K)、壁面温度上昇＝20.3℃、速度境界層厚さ11mm　が得られます。

境界層のメッシュ分割数と解析結果（最下流部の平板表面温度上昇）の関係グラフを**図2-4**に示します。このケースの理論値は20.3℃です。

境界層を1分割した場合、どのソフトでも温度は高めに計算されます。2～6分割だと温度が低めに計算され、その後は分割数を増やすに従って、解析結果が理論値に近づきます。充分な分割を行えばどのソフトもよい精度になりますが、粗いメッシュではソフトによって多少の違いが見られます。グラフは風速1m/sの条件での解析例ですが、風速が変わってもこの傾向はあまり変わりません。

このケースでは、理論値との誤差を10%程度に抑えるには、境界層を5メッシュ以上分割する必要があるといえます。

②実測との比較

しかし、実際の電子機器のモデルで境界層を5分割以上することが必須条件かというと、そうではありません。上記例では対流伝熱だけを厳密に比較していますが、実際の電子機器では固体内の熱伝導や放射による伝熱があり、対流計算の誤差がそのまま温度の誤差になるわけではありません。

実験データとの比較から、実用レベルでどの程度のメッシュ分割が必要か考察してみましょう。

**図2-5**に示すように、大気中に置かれた自然空冷の発熱体（外形寸法150×100×4mm）を、上部、下部で不均一に発熱させ、表面温度を測定します。解析用メッシュは**図2-6**のような不等分割を行い、壁面に接する第１セルの幅を0.1mm～10mmと変化させます。流れ方向のセルサイズは固定します。その結果、**図2-7**に示すように、解析結果と実測値は比較的粗い分割であっても極端に実測と異なることはありませんでした。

この実験での温度境界層は最大10mm程度の厚みになるため、セル幅が境界層の最大厚みに近づくと誤差は拡大しますが、セル幅が5mmではほとんど変化がみられません。境界層が２分割以上されていれば実用的な精度が得られることがわかります。

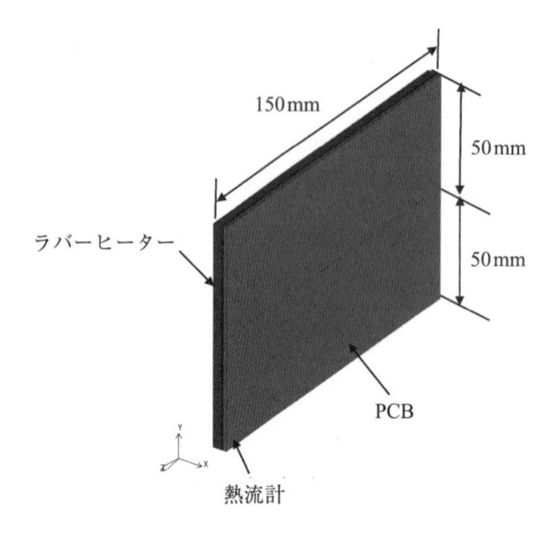


図2-5
メッシュ分割誤差を調べるための実験装置（自然対流）
２枚のラバーヒーターが上下に設けてあり、それぞれの発熱量を変えることができる。
熱流束は熱流計で、温度は熱電対で計測
厚さ：ヒータ4mm、熱流計0.85mm、
PCB 1.55mm
熱伝導率：ヒーター0.21W/(m・K)、
熱流計・PCB　0.15W/(m・K)
放射率 0.6（ラバーヒーター側は断熱）
※中部エレクトロニクス振興会報告書（電子機器の熱設計に関する研究～簡易温度予測式の検討～）より引用

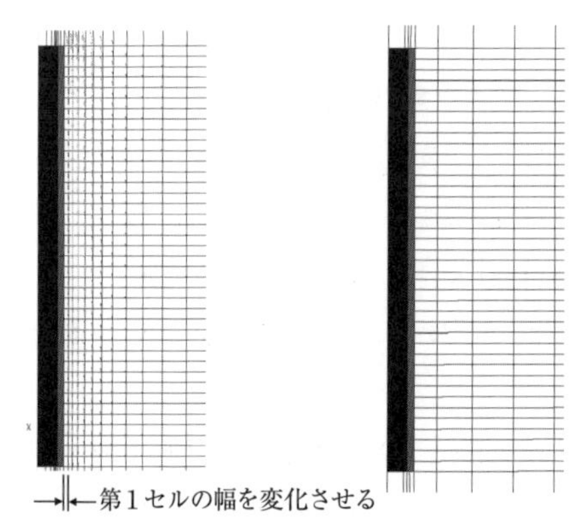


(a) 細かいメッシュ分割（1mm）　(b) 粗いメッシュ分割（10mm）

図2-6
メッシュ分割

③実用的メッシュのガイドライン

それでは解析ソフトウエアベンダーは、適正メッシュサイズについてどのように考えているのでしょうか。**図2-8**はANSYS社の提示する分割数$N$（＝温度境界層厚さ/セル幅）と対流熱伝達率誤差（解析熱伝達率/理論熱伝達率）の関係です。このグラフは図2-4の理論解比較と同じ傾向を示しています。境界層が1セルより少ないと熱伝達率は小さめ（温度は高め）に計算され、境界層内のセル数が増えると熱伝達率が大きめ（温度は低め）になり、その後はセ

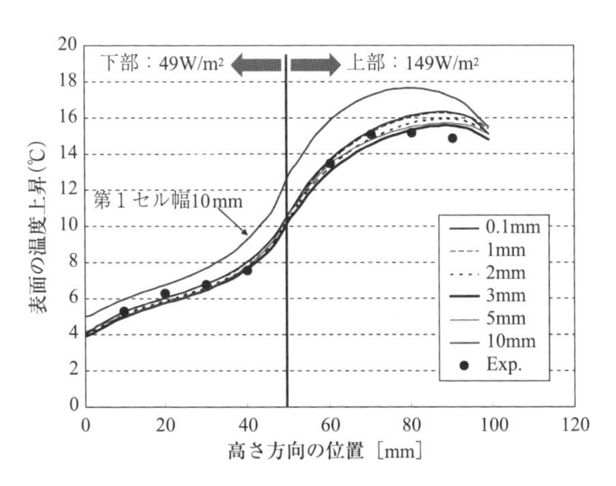


**図2-7　解析値と実測値の比較（Icepak）**
第1セルの幅をパラメータとして温度上昇分布を比較した結果。使用ソフトはIcepak

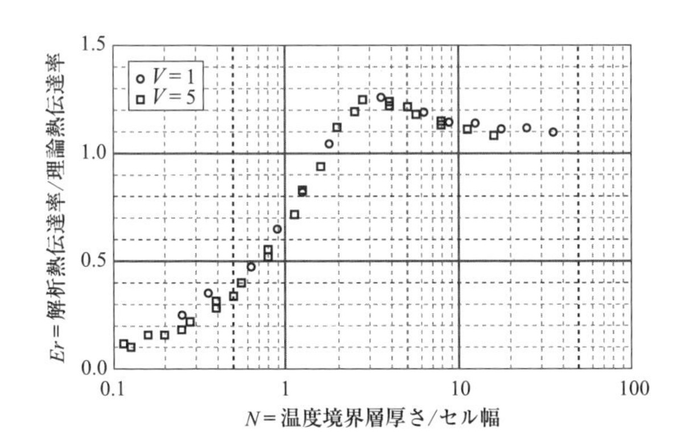


**図2-8　Icepakにおけるセル幅と熱伝達率計算精度例**
*N*は境界層内のメッシュ数、*Er*は熱伝達率誤差を表します
解析は風上一次スキームを使用した例です

ル数の増加によって理論値に近づきます。

このグラフから、境界層内に1セル以上あれば対流熱伝達率の計算誤差は30%以内に収まることになります。このデータは風上1次スキームを用いた場合ですが、風上2次スキームを使えばさらに精度が改善されます。

これまでの比較をまとめると、実用レベルでは境界層内を2分割以上、対流熱伝達率の精度を求める場合には5分割以上することが望ましいといえるでしょう。

## 2.1.2　乱流でのメッシュ分割

### (1) 乱流では適切なメッシュの大きさがある

乱流は流れが複雑であり、その挙動を直接計算することができません。そこで「乱流モデル」と呼ばれる近似計算手法を用います。この手法はミクロな粒子の運動を「拡散現象」として擬似的に表すため、成立するための条件があります。この条件に適合するような大きさのメッシュ分割を行うと精度がよく、粗すぎても細かすぎても精度が悪くなります。

乱流での壁面近傍の流れは、**図2-9**のように、壁面より粘性底層（層流）、乱流遷移域、乱流域という3つの層で構成されます。乱流域は、$k$ - $\varepsilon$モデルに代表される経験則で計算しています。$k$ - $\varepsilon$モデルは乱流エネルギー$k$と乱流消失率$\varepsilon$の関数で乱流の挙動を近似するもので、広く利用されています。しかし、粘性底層や遷移域には、このモデルを適用できません。そこで、壁面での流速を0（m/s）とし、壁面からの第1格子点までの流れの状態を、「壁関数」と呼ばれる対数則やべき乗則を適用して計算します（**図2-10**）。

壁からの距離を無次元化された距離$y^+$（ワイプラス）で表すと以下の関係が成り立ちます。

$$y^+=\frac{u' \cdot y}{\nu} \tag{2・3}$$

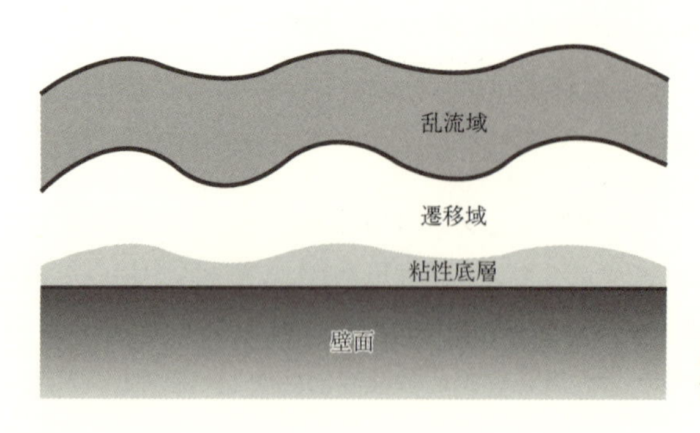


**図2-9**
**乱流での壁面近傍の状態**

$$u' = 0.09^{1/4} \cdot k^{1/2} \qquad (2 \cdot 4)$$

ただし、$u'$：摩擦速度、$y$：壁面から第１格子点までの距離
　　　$\nu$：動粘性係数、$k$：乱流エネルギー

壁関数を適用するには、壁面からの第１格子点が、$y$よりも壁に近い距離にならなければなりません。因みに、粘性底層は、$y^+<5$、遷移域は、$5<y^+<30$、乱流域は、$30<y^+$で、この対数則は、$30<y^+<100$の範囲内で乱流熱伝達条件をよく表現できるといわれています。

乱流モデルのメッシュは、細かすぎても粗すぎてもよくなくて、壁面第１層のセルサイズ（壁面からの第１格子点までの距離$y$）に、適切な値があることになります。

式（2・3）、（2・4）の関係を用い、以下の手順で適切な壁面第１セルの幅を求めることができます。

①乱流エネルギー$k$の算出

粗いメッシュで一度解析し、その解析結果から$k$を求めます。

②摩擦速度$u'$の算出

式（2・4）を用いて$u'$を計算します

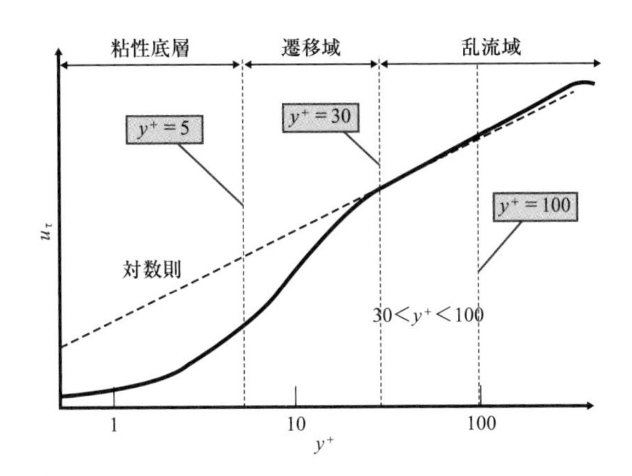


**図2-10**
**壁面近傍の速度分布**

③セルサイズ$y$の算出

摩擦速度$u'$を式（2・3）に代入し、$y^+=30〜100$として、壁面から第１格子点までの距離$y$を求めます。ただし、精度のよい$y^+$の範囲はソフトによって多少異なります。

**（2）市販ソフトでの検証**

上記の考え方は、乱流モデルの基本原理に基づいたものです。では、市販の熱流体解析ソフトでセルサイズを変えた場合、どの程度の誤差を生じるのでしょうか？

ここでは、よく知られる乱流熱伝達率計算式を用いて計算した理論値と解析値を比較した結果を紹介します。

対象としたモデルは**図2-11**に示すような無限平行平板で、プリント基板間の空間をイメージしたものです。平板の長さは300mm、間隔は16mm、幅は10mm、発熱量は300W/m²で、風速は10m/sです。平板間を等間隔に１〜20の範囲でメッシュ分割し、最下流部の平板温度を比較しました。

比較する温度$\Delta T_{max}$は、以下の修正Petukovの式を用いて計算します。

$$Nu=\frac{(f/2)(Re-1000)Pr}{1+12.7\sqrt{f/2}(Pr^{2/3}-1)} \quad (3000<Re<10^6、0.5<Pr<2000) \qquad (2・5)$$

$$Re=\frac{V\cdot d_e}{\nu}$$

ただし、$Nu$：ヌッセルト数、$Re$：レイノルズ数、$Pr$：プラントル数、$f$：管摩擦係数
$v$：風速、$de$：管路断面の等価直径（この例では平板間隔の２倍）、$\nu$：動粘性係数

管摩擦係数$f$はBlasiusの式を使用して計算します。

$$f=0.079/Re^{0.25} \qquad (2・6)$$

この2つの式から、最下流部での空気と平板の温度差$\Delta T_w$を計算できます。

これに下流部の空気の混合平均温度上昇$\Delta T_f$を加えると、流入空気に対する壁面の温度上昇$\Delta T_{max}$が計算できます。$\Delta T_f$は以下の式で計算できます

$$\Delta T_f=\frac{Q}{\rho\cdot C_p\cdot A\cdot u} \qquad (2・7)$$

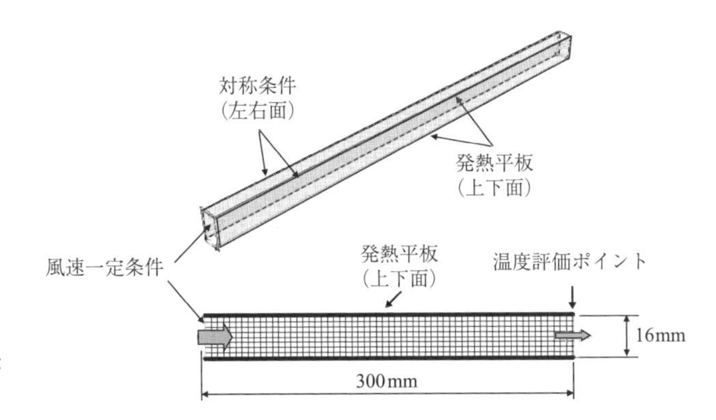


**図2-11**
**乱流の検証に用いたモデル**

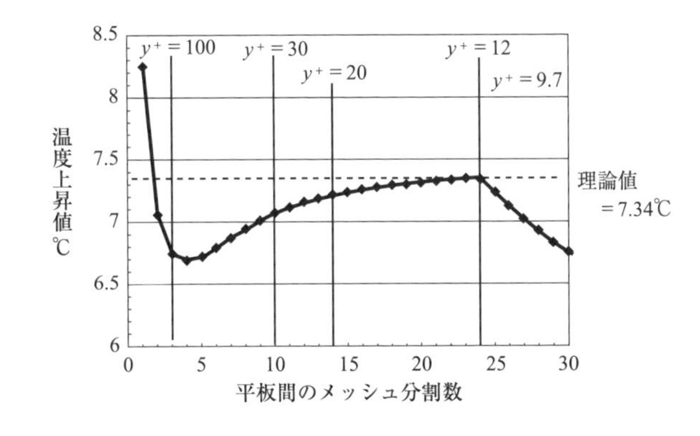


**図2-12**
**乱流での流路分割数と温度上昇計算値との関係（熱設計PAC）**
**平板間隔16mm、風速10m/s、熱流束300W/m²の条件での計算例、理論式で求めた温度上昇は7.34℃**

ただし、$Q$：流路内の空気に伝わる熱流量（W）、$\rho$：空気密度（kg/m³）、
$C_p$：定圧比熱（J/(kg・K)）、$A$：流路断面積（m²）、$u$：空気流速（m/s）

これらの式にモデルの条件を入力すると、$Re = 20215$、$f = 0.006625$、$Nu = 53.5$、$h = 43.7$、$\Delta T_w = 6.86$、$\Delta T_f = 0.48$、$\Delta T_{max} = 7.34$ となり、最下流の壁面温度上昇は7.34℃と$\Delta T_w$予想されます。

**図2-12**は熱設計PACでメッシュ分割数を変えた際の解析結果を調べたものです。流路のメッシュ分割数が2以上あれば、誤差は10%以下に収まっています。理論上は$y^+ = 30$〜100が適切といわれていますが、この例では$y^+$が10〜30の範囲で良好な結果が得られました。

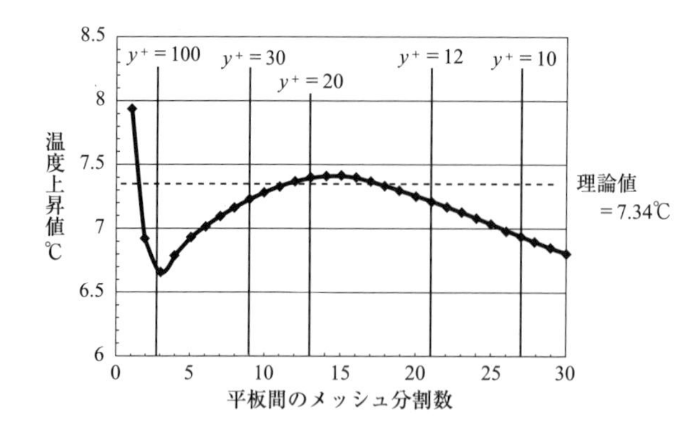


**図2-13**
**乱流での流路分割数と温度上昇計算値との関係（FloTHERM）**
平板間隔16mm、風速10m/s、熱流束300W/m²の条件での計算例、理論式で求めた温度上昇は7.34℃

**図2-13**はFloTHERMの結果です。この例でもほとんど傾向は同じで、$y^+$が12〜30の範囲が理論解に近い値になっています。

この検証結果に見るように、多くの市販ソフトはメッシュが細かく分割された際の誤差を抑える処理を行っています。このため、層流と同じように分割を細かくしていくと精度が向上する傾向にあります。ただし、層流と異なる点は、あまり細かく分割しすぎると精度が悪化することです。ソフトや使用する乱流モデルによってこの傾向は異なるため、分割幅と精度との関係を簡単なモデルを使って調べておくとよいでしょう。

## 2.1.3　メッシュの品質

メッシュは正多面体（正四面体や立方体）に近い形で分割するのが理想で、解析精度も収束性もよくなります。現実の電子機器モデルでは、メッシュ数を抑えようとするとどうしてもアスペクト比（短辺と長辺の比率）の大きいメッシュや形状のひずんだメッシュができてしまいます。

一般にメッシュ数が増大すると計算時間が増大しますが、メッシュ形状を改善すると収束性がよくなり、計算の反復回数が減ります。メッシュ形状を改善するとメッシュ数が増えても、むしろ計算時間が短縮されることがあります。

**図2-14**（a）はセラミック基板の中央に幅20$\mu$mの発熱部品を実装した自然対流のモデルで、アスペクト比が大きい要素が存在する例です。発熱部品上部の空気は高温となり、風速が最大になるはずですが、この解析結果では発熱部

品上部の風速が低下しています。

アスペクト比が大きいメッシュが存在すると、収束性していないにも拘らず、残差が収束判定値を下回って、計算が終了することがあります。この事例では収束判定値を厳しくすることで正常な結果が得られています（図2-14（b））。

**図2-15**は、プリント基板周りの空気の流れを解析した結果で、プリント基板の下流に風速が小さい部分が見られます。これも同じ理由によるものです。

収束判定値を厳しくすると収束しなくなる場合や、結果が改善しない場合は

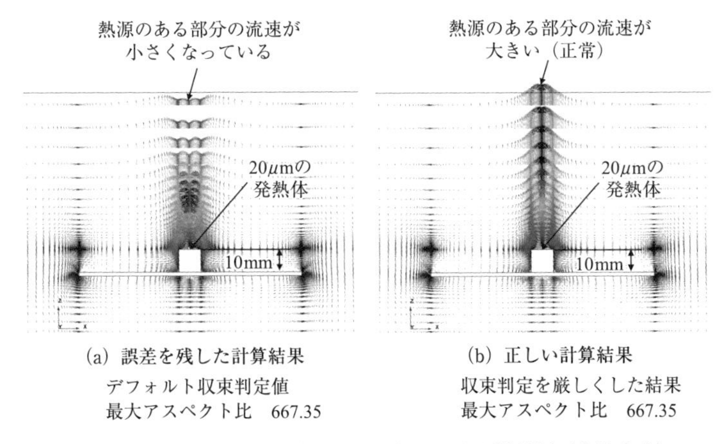


**図2-14　アスペクト比の大きいメッシュによる誤差例（自然空冷）**
部品中央に極小発熱体が存在し、アスペクト比が悪化したケース
収束判定値を厳しくすることで正常な結果が得られている

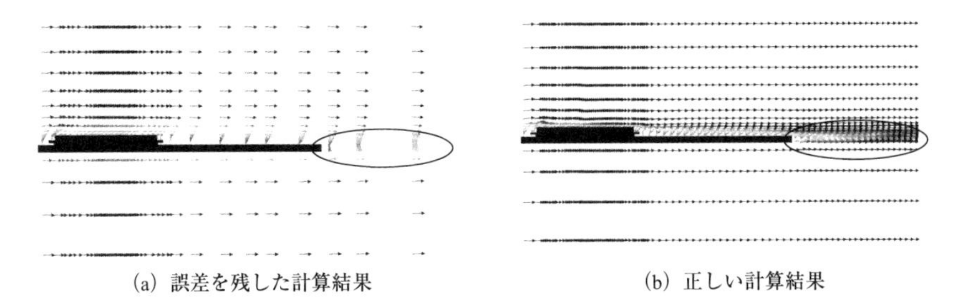


**図2-15　アスペクト比の大きいメッシュによる誤差例（強制空冷）**
プリント基板の微細構造をモデル化し、アスペクト比が悪化したケース

アスペクト比を小さくするようにメッシュ分割を修正します。アスペクト比の目安としては、20以下が推奨されていますが、最悪でも100以下となるようなメッシュを生成します。アスペクト比が200を超えると未収束や発散の可能性が高くなります。

### 2.1.4 パラメータスタディ時のメッシュ分割の留意点

電子機器では、部品のレイアウトや寸法を変えて、温度変化を見ることがよく行われます。形状を修正した際にメッシュ分割が大きく異なると、分割の違いによる誤差が紛れ込み、対策の効果を正しく把握できなくなることがあります。例えば、ヒートシンクのフィン枚数やフィン高さをパラメータとしてその熱抵抗を比較するようなケースで、パラメータを変えると同時にメッシュ分割方法を大きく変えてしまうことはさけるべきです。変更前にはフィン間を3分割し、フィン枚数を増やしたモデルではフィン間を1分割にしてしまうような分割方針の変更を行うと、分割の影響で結果が変動し、正しい結果の比較ができなくなります（**図2-16**）。

乱流モデルを使用する場合は、壁面に接する第1セルのサイズが重要なので、第1セルサイズが大幅に変わらないよう、セルサイズを固定して編集するなどの方法を採ると誤差を最小化できます。

## 2.2 解析領域と境界条件

電子機器の熱流体解析を行う際の解析領域のとり方には2とおりの方法があ

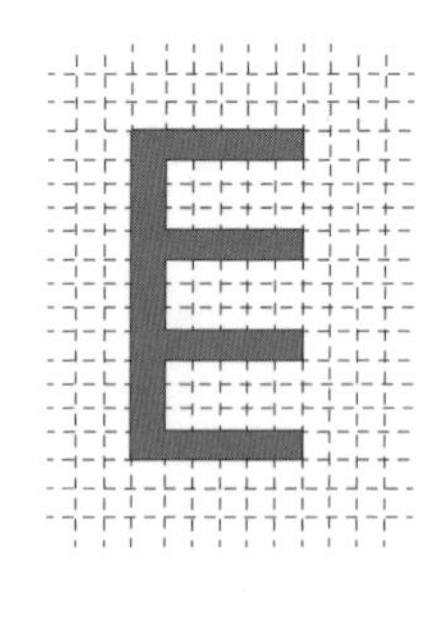

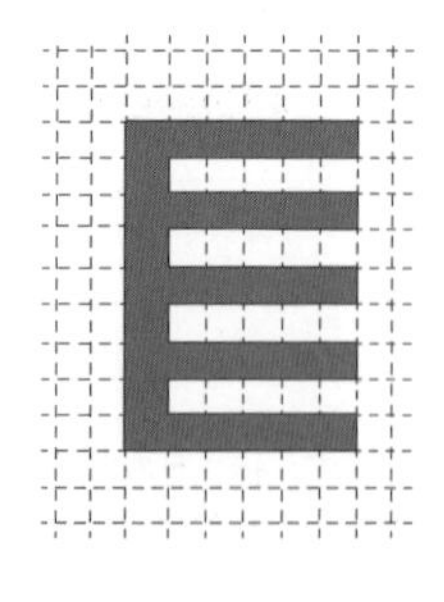

**図2-16**
**メッシュ分割方針の統一**
ヒートシンクのフィン枚数や高さの効果を比較する場合、メッシュ分割方針（フィン間3分割など）を変えると結果の正しい比較が出来なくなることがある

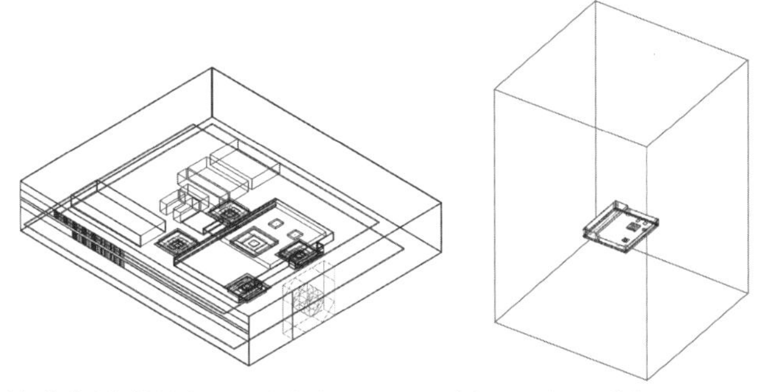

(a) 筐体を解析領域とした閉鎖空間モデル　(b) 開放空間に筐体を置いたモデル

**図2-17　解析領域の設定方法**

ります。筐体内部領域だけを解析するような閉鎖空間モデル（**図2-17**（a））と発熱体を空間に単独で置くような開放空間モデル（図2-17（b））です。

閉鎖空間モデルでは、壁面（筐体面）外側の熱伝達条件の設定によって結果が変わります。開放空間モデルでは、発熱体に対する解析領域の大きさ設定によって解析結果が影響を受けます。

また、解析対象物が対称な場合には、解析領域を全体の1/2や1/4にした対称モデルを利用すると、解析規模を大幅に減らすことができます。

## 2.2.1　解析領域の設定

### （1）筐体壁面を解析領域境界とするモデル（閉鎖空間モデル）

筐体を解析領域とすると、計算は筐体内部だけに限定されるため計算規模が小さくなります。また、筐体外部の空気の流れを解かないので、収束性もよくなります。

しかし、筐体表面の対流を解かないため、適切な境界条件を設定しないと計算精度が落ちます。筐体表面には、伝熱計算式を用いて計算した平均熱伝達率を固定条件として設定しますが、これは厳密解とは異なります。また適用する伝熱計算式によっても結果が変わります。密閉に近い自然空冷機器では、筐体表面の熱伝達率設定が計算結果を左右するため、よほど設定に自信がない限り開放空間モデルにしたほうがよいでしょう（熱伝達率計算方法は、4.1.1参照）。

一方、風量の大きい強制空冷機器など、換気による排熱が支配的な機器では、筐体外表面の熱伝達率を指定しなくても結果に大きな影響を与えません。このようなケースでは、筐体を解析領域境界にしたほうが効率的です。ただし、吸気口の圧損係数などによって換気風量が変わるので、通風の境界条件（ファンと通風口）の設定は慎重に行う必要があります。

**(2) 筐体外も解析領域境界にするモデル（開放空間モデル）**

筐体の外側に解析領域を設定すると、筐体表面の流れを計算して熱伝達率を求めるため、一般に解析精度はよくなります。しかし、「発熱体に対する解析領域の大きさ」が解析精度に影響します。解析領域の大きさの推奨値はソフトによって多少異なりますが、まとめると下記のようになります。

・前後左右の空間の幅は、代表長さ（装置の幅または高さの大きい方）の２～３倍をとる
・上部の空間の高さは、代表長さ（装置の幅または高さの大きい方）の２倍以上とる
・下部の空間の高さは、代表長さ（装置の幅または高さの大きい方）よりも大きくとる（**図2-18**参照）

解析領域を大きくすると解析時間がかかると思われますが、開放空間のメッシュは比較的粗くてよいため、それほど極端な計算時間の増加にはなりません。解析領域が小さすぎると境界面での空気の流出・流入計算が複雑になり、かえって収束性や精度が悪化します。特に境界面で渦が生じると、この傾向は顕著に現れます。このような場合、解析領域を大きくすることで収束性が向上し、メッシュが増えても解析時間が短くなることがあります。

また、境界面から流出した空気が再び流入するような流れが形成された場合、再流入する空気の温度は境界面に設定した温度となります。つまり、実際より低い温度の空気が流入することになり、解析結果が低めになる可能性があります。

それでも解析領域をできるだけ小さく設定したい場合には、境界面の温度や風速を見て大きさが適切かどうかを判断します。

**図2-19**は、一辺10mmの立方体を0.5Wで発熱させた際の解析領域と計算結果について示した例です。発熱体周囲の温度境界層が領域境界面と干渉するよ

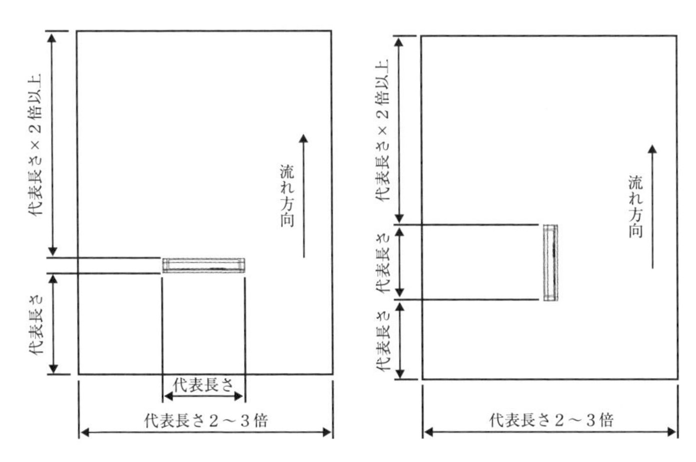


**図2-18　解析領域の大きさの目安**

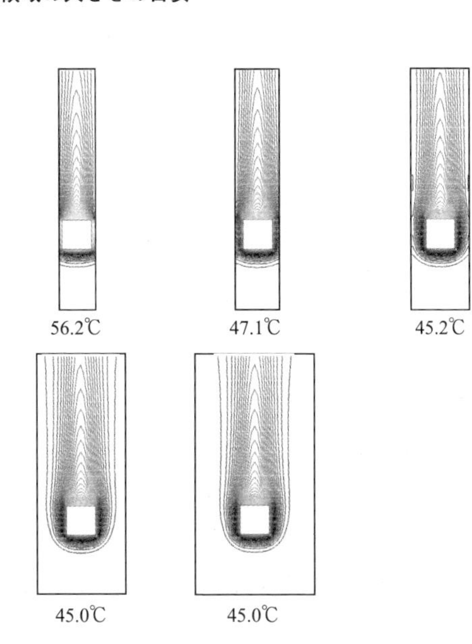


**図2-19**
**計算領域と計算結果**
発熱体材質　Cu、放射率　0.9、発熱量　0.5W、
サイズ　10×10×10mm、環境温度　20℃
分割セル幅はXYZ方向1mm
使用ソフトはFloTHERM
数値は温度上昇を示す

うな領域サイズになると、計算誤差が大きくなり、温度が高めに計算されることがわかります。

**図2-20**はこれをグラフ化したものです。この例では解析領域の幅が発熱体幅の1.5倍以下になると温度が高くなっています。

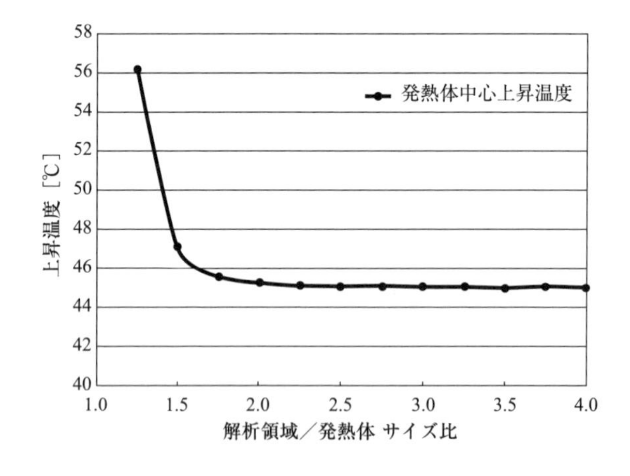


**図2-20**
**解析領域の大きさと計算結果**
この例では計算領域が発熱体の1.5倍以下になると温度が高めになる
使用ソフトはFloTHERM

解析領域を狭くする際には、解析領域境界面の温度が発熱体の影響によって環境温度よりも上昇していないことを確認し、領域の大きさが充分かどうか判断します。

## 2.2.2 解析領域の境界条件

開放空間モデルでは、一般に解析領域に圧力（ゲージ圧）0 Paを与えます。しかし、現実の電子機器は机の上に置かれたり、壁面近くに設置されたりすることも少なくありません。このような周囲の物体は、解析領域の境界面に境界条件を与えることで表現できます。

①固体壁面

機器が床面や壁面に接触して設置されている環境をモデル化するには、これら固体壁面を解析境界領域とします。この境界面を通して流れの出入りはありませんので流れ条件は流速固定壁面（流速0）とし、熱的条件は壁面の状態により、以下のように設定します。

◆固体壁面の温度が一定と仮定できる場合

恒温室などの温度調節がされている壁面、あるいは十分に熱容量が大きい面については、温度一定の境界条件を与えます。

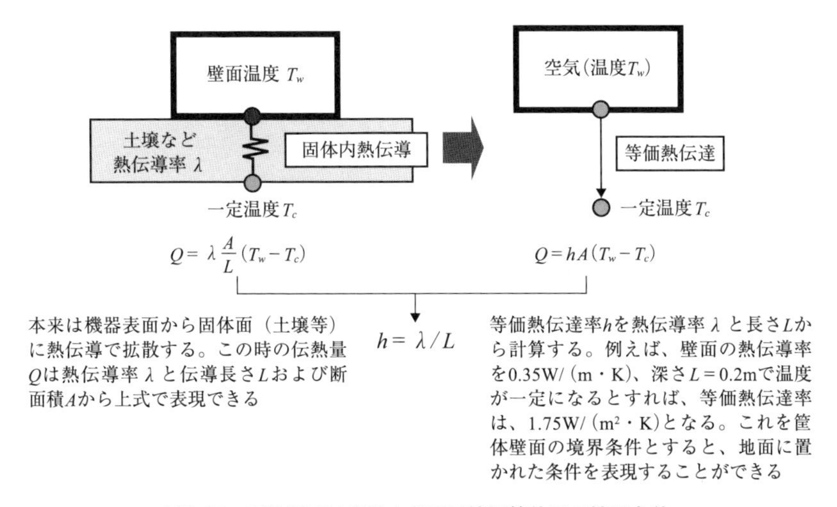


**図2-21　固体壁面に接触する電子機器筐体面の境界条件**
**固体面の熱伝導を等価な熱伝達率で表現します**

◆壁面から伝導によって放熱するが壁面の温度上昇が無視できない場合（**図2-21**）

例えば、地面に置かれた機器では土壌の深い場所の温度は一定と見なされますが、土壌の熱伝導率が小さいため、筐体に面した地面の温度は上昇すると考えられます。この場合には、土壌内の熱伝導を等価熱伝達率$h$で表現します。

$$h = \text{土壌の熱伝導率} / \text{温度一定点までの距離} \qquad (2 \cdot 8)$$

このような手法を使うことで、地面をモデル化しなくても境界面に熱伝達率＝一定の条件を与えるだけで、地面への放熱を等価的に表現できます。

②大気開放境界面

解析領域のすべての境界面に圧力固定条件を設定すると、計算が不安定になる場合があります。これは境界面での流速が低いことが主な原因なので、側面の開放面を壁面に置き換えると改善します。ただし、壁面が発熱体に近いと流れが異なるので領域は大きめにとります（**図2-22**参照）。

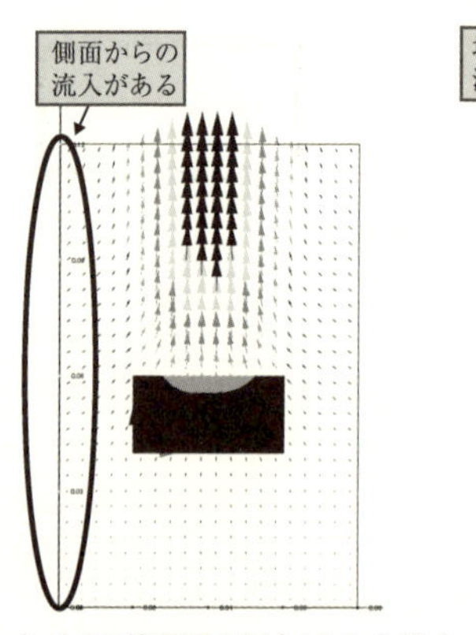


(a) すべての境界面を圧力0とした場合

側面、底面から空気が流入し、流入部の流速は小さくなります

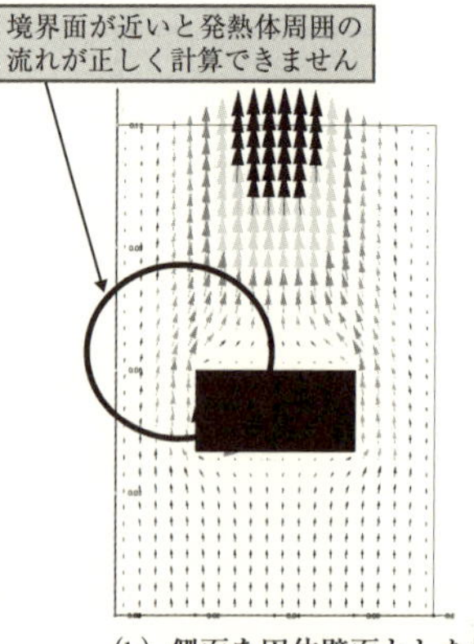


(b) 側面を固体壁面とした場合
(上面、下面を大気開放)

底面からのみ流入するため、流入速度は増加します(解析が不安定な場合には底面に一様流速を与えます)

**図2-22 解析領域の側面を固体壁面とする際の注意**
**収束性は向上するが流れが変わってしまうことがあるため、領域を大きくとる**

# 2.3 対称モデル

## 2.3.1 対称モデルが適用できる条件

熱流体解析でも、構造解析などと同様に対称モデルが使えます。

対象物に対称性がある場合は、規模や収束性などからもメリットの大きい対称モデルを活用した方がよいでしょう。ただし、形状が対称であるだけでなく、物性値や境界条件がすべて対称でなければなりません。適用条件は以下のとおりです。

・形状や物性値が対称である

・発熱分布や風速、温度などの各種境界条件が対称である

・定常流れ解析である

・ファンの旋回流を考慮していない(空気の流れも対称である)

特に注意が必要なのはファンモデルです。精度よく解析するにはファンの旋回成分を考慮しますが、旋回成分を入れたファンの境界条件は面対称にはなりません。非定常流れの解析でも対称モデルは使用できません。タバコの煙を見るとわかりますが、非定常流れでは時間とともにゆらぎが起こり、空気が対称面を出たり入ったりするためです。

対称性のある対象物をフルモデルで解析した際に、解析結果が非対称になることがあります。これは計算誤差やメッシュの非対称性に起因します。このような問題を回避できる点は対称モデルのメリットといえます。

### 2.3.2 対称モデルの作成

対称モデルでは、全体の1/2や1/4だけの形状を入力し、境界面に対称境界条件を設定します。多くの熱流体解析ソフトが対称境界設定機能を持っています。機能がない場合は、対称面に次のような境界条件を設定します（**図2-23**）。

・対称面では熱の移動がないので、断熱条件を設定する
・対称面を横切る風速はないので、面に直交する方向の速度成分をゼロに設定する
・対称面に平行な方向の速度成分は拘束しない(ゼロにすると壁面になります)
・対称面の放射率は0（反射率1、吸収率0）とする
・発熱体を対称モデルにした場合には、発熱量も1/*N*にする

・対称面は断熱
・対称面に直交する方向（*X*方向）の速度成分はゼロ
・対称面に平行方向（*Y*・*Z*方向）の速度成分は拘束しない
・対称面の放射率は0（反射率1、吸収率0）
・発熱体を対称モデルにした場合、発熱量も1/*N*にする

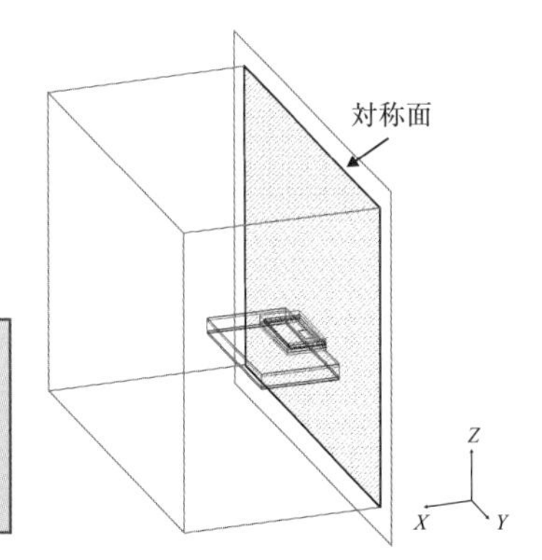


**図2-23　対称面の条件設定**

第3章

# 基本的なモデリングテクニック(2) 流れと熱物性値

## 3.1 流れのモデル　～層流と乱流～

熱流体解析ソフトでは、流れの状態（層流か乱流か）をユーザーが指定します。実際の流れの状態に即した指定を行わないと、正しい解析結果は得られません。

**図3-1**は、JEDEC 規格に準拠した2層、4層のプリント基板にQFPを実装したモデルで熱抵抗値を計算した例です。基板層数の異なる2つのモデルに対し、風速を変えて層流と乱流で解析しています。自然空冷（風速0にプロット）では層流と乱流の結果にほとんど差がありませんが、風速が増大するにしたがって差が大きくなっています。温度分布（**図3-2**）にはそれほど大きな差はみら

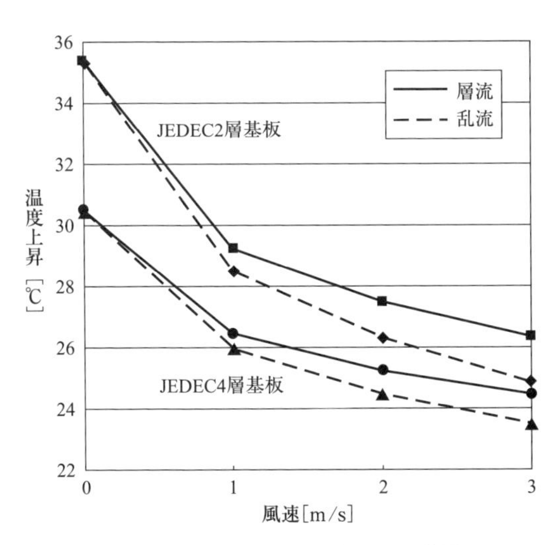


**図3-1　層流と乱流の解析結果の差異**

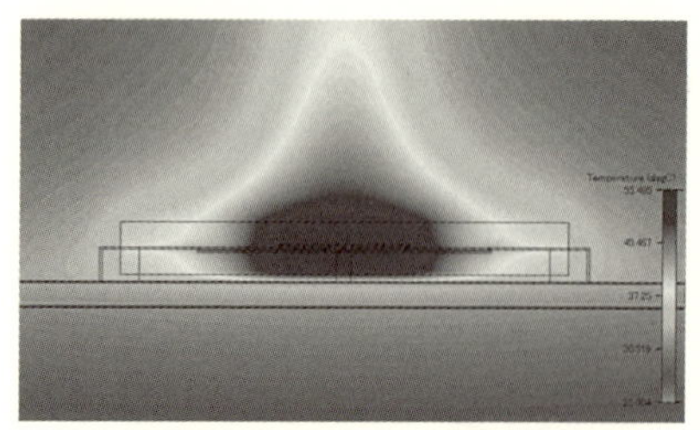

自然対流（$\theta$ja＝30.50℃/W）

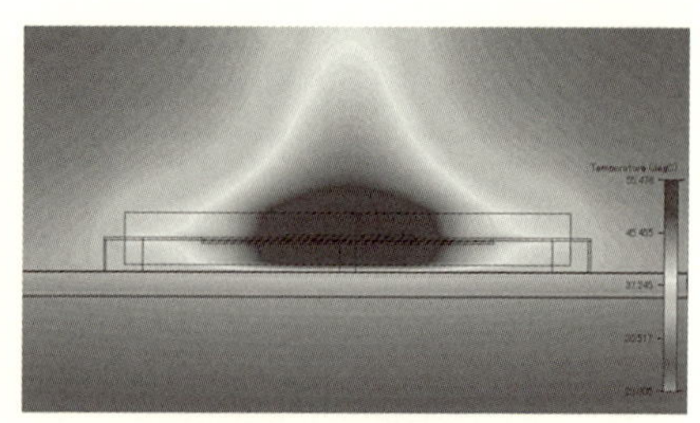

自然対流（$\theta$ja＝30.48℃/W）

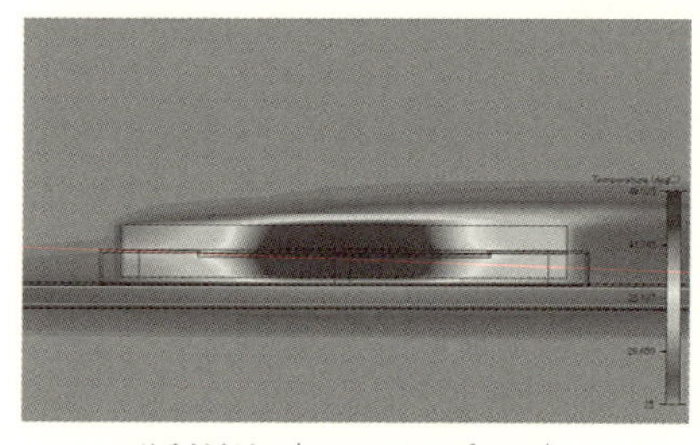

強制対流（$\theta$ja＝24.53℃/W）

1）層流の場合

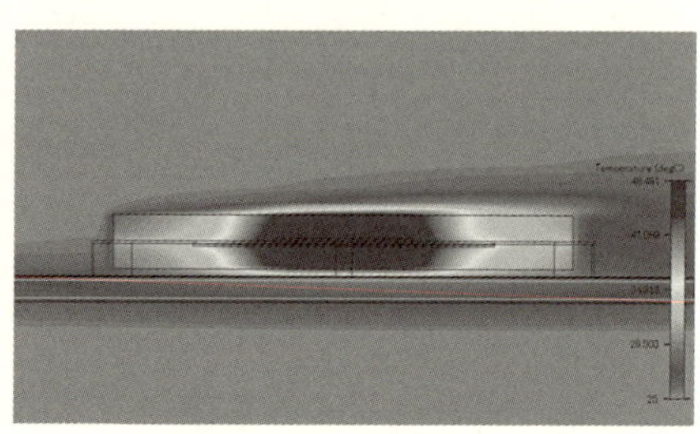

強制対流（$\theta$ja＝23.49℃/W）

2）乱流の場合

**図3-2　層流・乱流の解析結果の差異（温度分布）**

**QFPは、外形28mm×28mm×厚さ3.2mm、208pin、chipサイズ8.3mm×8.3mm温度分布に大きな差はみられない**

れません。

自然空冷なら層流、強制空冷なら乱流という設定で大きく誤ることはありませんが、風量の小さいファンを使って微風で冷却する機器などではその判断に迷うこともあります。その場合には、レイノルズ数$Re$（式（3・1））を計算し、層流か乱流かを切り分けます。

$$Re=\frac{u\cdot L}{\nu}=\rho\cdot u\cdot L/\mu \qquad (3\cdot 1)$$

ただし、$u$：速度（m/s）、$L$：代表長さ（m）、$\nu$：動粘性係数（$m^2/s$）、$\rho$：密度（$kg/m^3$）、$\mu$：粘性係数（kg/m-s）

ここで重要な点は、代表長さ$L$の選定と、レイノルズ数の判定基準です。レイノルズ数の判定基準は、流れの形態（物体の周りの流れか管内流か）によって異なります。

一様な流れのある広い空間にプリント基板を置いた状態では、代表長さ$L$をプリント基板の流れ方向の長さとし、平板周りの流れとしてレイノルズ数$Re$を算出します。この場合、レイノルズ数$Re$は基板の前縁では0で、下流に向かって大きくなり、$Re$が約$5\times10^5$で層流から乱流へ遷移します。

プリント基板が高密度に実装された機器では、内部空間が狭いので管内流と考えて計算します。この場合には、代表長さ$L$には相当直径$d_e$（式3・2）を用い、レイノルズ数$Re$が2,300より大きければ乱流、それ以下であれば層流と考えます。相当直径$d_e$は以下の式で計算します。

$$d_e=\frac{4\cdot S}{l} \qquad (3\cdot2)$$

ただし、$S$：流路断面積（$m^2$）、$l$：濡れぶち長さ（断面での壁面周長）（m）

平行平板での相当直径$d_e$は、流路断面の幅を$a$、高さ（平板間隔）を$b$とすると、

$$d_e=\frac{4\cdot a\cdot b}{2\cdot a}=2\cdot b \qquad (3\cdot3)$$

となり、平板間隔の２倍となります。

また、長方形断面流路では、長辺を$a$（m）、短辺を$b$（m）とし、相当直径$de$（m）は、

$$d_e=\frac{2ab}{a+b} \qquad (3\cdot4)$$

となります。

電子機器の基板壁面は凹凸が大きいため、低めのレイノルズ数で乱流化する場合もあります。

このような手順で対象物のレイノルズ数$Re$を推定して層流/乱流判定を行うことで、確実な判断ができます。

# 3.2 物性値の入手

熱流体解析ソフトでは、3つの保存則を表す方程式（質量保存則、運動量保存則、エネルギー保存則）を解きます（1.3.3項参照）ので、これらの方程式に現れる物性値が解析に必要となります。

定常解析では、流体の熱伝導率・密度・比熱・粘性係数・体積膨張率、固体の熱伝導率が必要です。放射計算を行うには放射率も必要です。非定常解析では、これに加えて固体の密度と比熱が必要になります。

熱伝導率・密度・比熱は材料メーカーから入手できますが、入手できない場合は、理科年表にあるような代表的な値を使用します。ほとんどの熱流体解析ソフトは材料物性ライブラリを備えているので、これらも使用できます。

熱伝導率は、同じ材料でも製品や製造方法によって異なるので、材料メーカーから入手するのが確実です。放射率は表面仕上げや処理、汚れや酸化によって異なるため、厳密には測定が必要になります。簡易的な測定方法については、10.5項に説明してあります。

手軽に入手できる情報源として、国立研究開発法人産業技術総合研究所が提

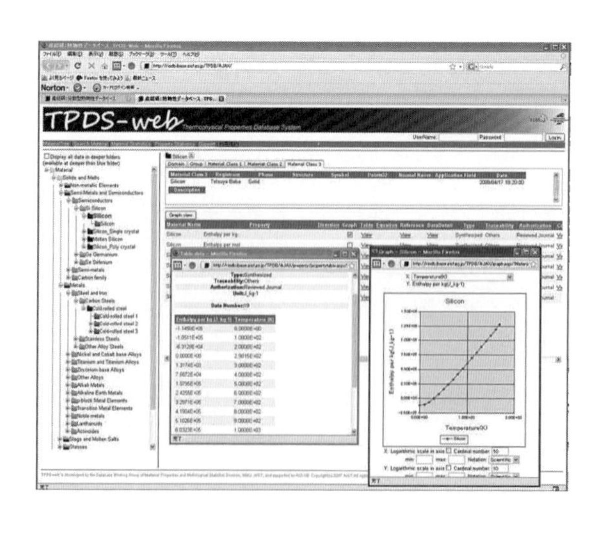


図3-3
分散型熱物性データベース閲覧ソフト
（国立研究開発法人産業技術総合研究所のWebサイト（http://www.aist.go.jp/）より）

供する分散型熱物性データベース閲覧ソフト（TPDS-web）が利用できます（**図3-3**）。

熱物性値を計測したい場合には、公的機関などで測定サービスを行っていますので、巻末の「熱流体解析や計測に関連したサイト」を参照してください。

# 3.3 等価熱伝導率

電子機器を構成する部品は、必然的に導電性材料（高熱伝導材料）と絶縁材料（断熱材料）からなり、しかも導体部の微細化は年々進んでいます。

熱流体解析では、このような微細構造をそのまま形状表現することは困難なため、全体を等価な熱特性をもった材料に置き換えた「熱等価モデル」が不可欠です。ここでは、よく使われる等価熱伝導モデルの作成方法について説明します。

## 3.3.1 等価熱伝導率の考え方

**図3-4**のように厚み$t$や熱伝導率$\lambda$の異なった材料が層状に組み合わされた複合部材を考えます。各層の両端の温度$T_i$、$T_{i+1}$と熱流方向の断面積$A$（$m^2$）、熱伝導率$\lambda$（W/(m・K)）、厚み$t$（m）、熱流量$Q$（W）は以下の関係式で表現

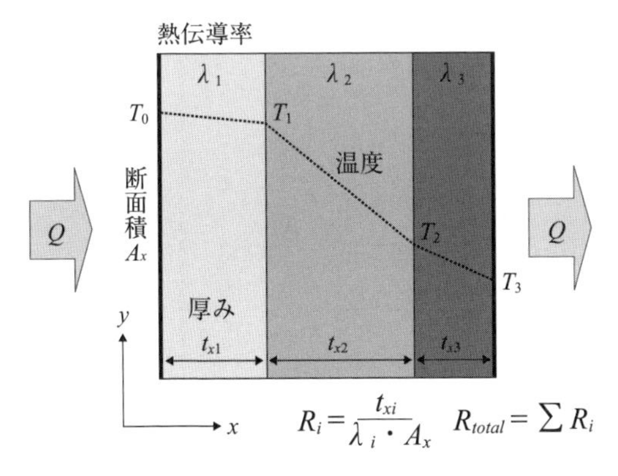


**図3-4　直列に構成された熱抵抗の合成原理**
各層の通過熱流量は等しく、温度勾配が異なる

することができます。

$$Q=\frac{A\cdot\lambda_i}{t_i}(T_{i+1}-T_i) \qquad (3\cdot 5)$$

この物体の左端から右端に向かって熱が流れるとすると、各層を流れる熱流量$Q$は等しいので、それぞれの層の両端の温度差は、層の熱伝導率$\lambda_i$と厚み$t_{xi}$に依存し、熱抵抗 が小さいほど温度差が小さくなります。

物体の両端の温度差は、各層の温度差の合計になるので、両端の間の熱抵抗は、各層の熱抵抗を合計したものになります。

$$T_0-T_3=R_{total}\times Q=\sum R_i\times Q \qquad (3\cdot 6)$$

よって、次式が成り立ちます。

$$R_{total}=\sum R_i \qquad (3\cdot 7)$$

これは熱抵抗の直列則と呼ばれるもので、熱流方向に直列に熱抵抗が存在する場合、合成熱抵抗は各熱抵抗の和になることを示しています。

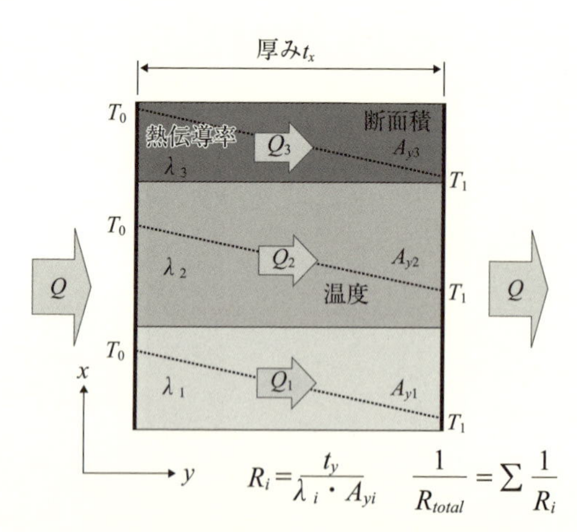


**図3-5　並列に構成された熱抵抗の合成原理**
各層の温度勾配は等しく、通過熱流量が異なる

一方、**図3-5**のように異なった材料が熱流に平行な方向に並列に構成された場合、各層の温度勾配は同じですが、層ごとに熱伝導率や断面積が異なるため、熱流量$Q_i$が異なります。トータル熱流量$Q$は各層の熱流量$Q_i$の合計になるので、次式が成り立ちます。

$$Q=(A\cdot\lambda/t)\times(T_0-T_1)=\sum\frac{1}{Ri}(T_0-T_1) \qquad (3\cdot 8)$$

各層の熱抵抗を$R_i=t_y/(\lambda_i\cdot A_{yi})$とすれば、以下の式が導かれます

$$\frac{1}{R_{total}}=\sum\frac{1}{R_i} \qquad (3\cdot 9)$$

これは熱抵抗の並列則と呼ばれるもので、熱流方向に並列に熱抵抗が存在する場合、合成熱抵抗は各熱コンダクタンス（熱抵抗の逆数）の和になることを示しています。

ここで**図3-4**の構造を１つのかたまりと考えると、この物体は左側から熱流量$Q$を流すと両端に$T_0-T_3$の温度差を生じる熱伝導率$\lambda_{ex}$の熱伝導体と見なすことができます。この熱伝導体の熱抵抗は、各層の熱抵抗の合計値なので、以下のようにして$\lambda_{ex}$を計算することができます。

$$\frac{t}{A\cdot\lambda_{ex}}=\sum\frac{t_i}{A\cdot\lambda_i} \qquad (3\cdot 10)$$

$$\lambda_{ex}=\frac{t}{\sum(t_i/\lambda_i)} \qquad (3\cdot 11)$$

この$\lambda_{ex}$を等価熱伝導率（$x$方向）と呼びます。

一方、**図3-5**の物体では、左端から熱流量$Q$を流すと両端に$T_0-T_1$の温度差を生じる熱伝導率$\lambda_{ey}$の熱伝導体と見なすことができます。ここでは左右端は均一な温度$T_0$、$T_1$、になっていると考えます。

この熱伝導体の熱コンダクタンスは、各層の熱コンダクタンスの合計値なので、以下のようにして$\lambda_{ey}$を計算することができます。

$$\frac{A\cdot\lambda_{ey}}{t}=\sum\frac{A_{yi}\cdot\lambda_i}{t} \qquad (3\cdot 12)$$

$$\lambda_{ey}=\frac{\sum A_{yi}\cdot\lambda_i}{A} \qquad (3\cdot13)$$

この $\lambda_{ex}$ を等価熱伝導率（$y$ 方向）と呼びます。

### 3.3.2 等価熱伝導率使用時の注意点

等価熱伝導率はあくまでも、熱流量と温度差との関係を近似的に表現するものなので、細かく見ると、実物とは異なります。

**図3-6**のように熱伝導率の異なる物質が直列に構成された等価熱伝導体では、熱流量と両端の温度差との関係は一致しますが、物体内部の温度分布は実物とは異なります。

また、**図3-7**のように熱伝導率の異なる物質が並列に構成された物体では、熱伝導率の大きい物質と、熱伝導率の小さい物質で両端の温度は異なったものになります。等価熱伝導体で表現された物体では、この温度差は考慮されず、均一な温度になります。実物の両端面の平均温度のみが等価熱伝導体の温度と一致します。

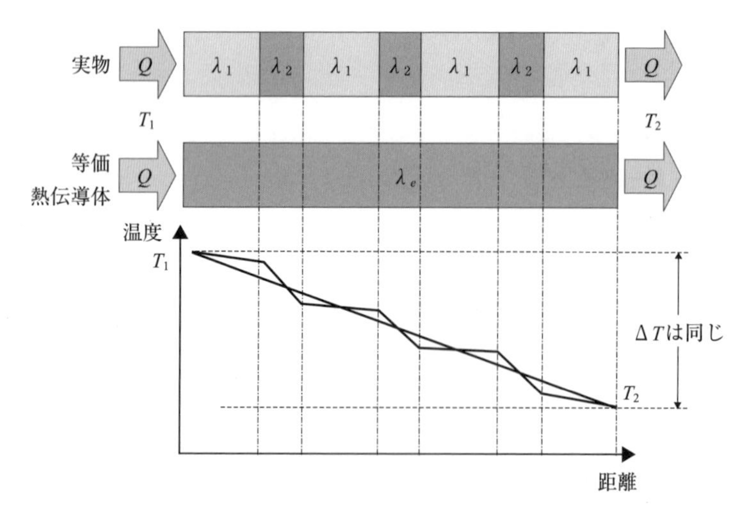


**図3-6　実物と等価熱伝導体の差異（直列）**

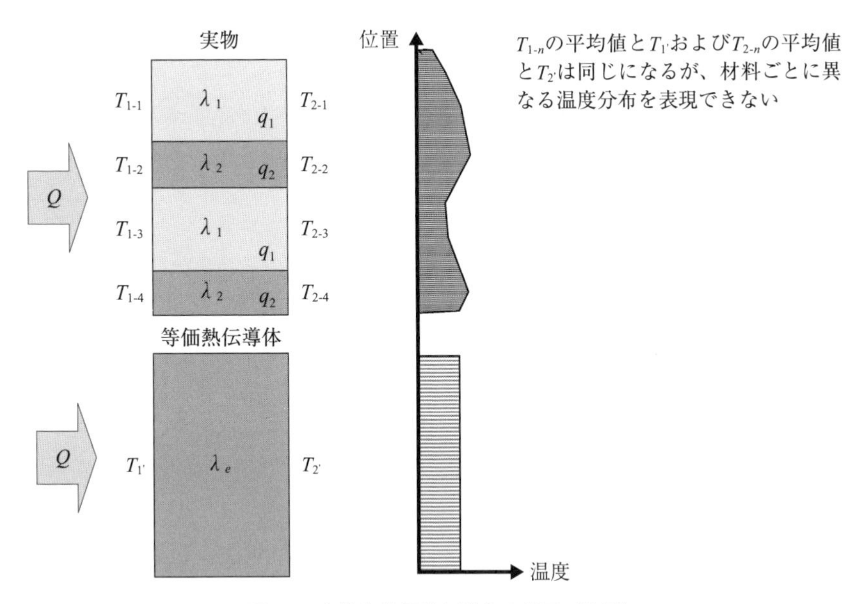


**図3-7　実物と等価熱伝導体の差異（並列）**

このように等価熱伝導率を用いると、微細構造を省略できますが、等価熱伝導体そのものの温度分布は実物とは異なることを認識しておく必要があります。

## 3.3.3　プリント基板の等価熱伝導率

プリント基板を異方性等価熱伝導体で表現すると、配線パターンの影響を考慮したコンパクトなモデルを作ることができます。

プリント基板の面方向には樹脂と銅箔が並列に配置され、厚み方向には直列に配置されていると考えられます。プリント基板に異方性等価熱伝導率の考え方を適用すると、以下のような等価熱伝導率が算出できます。

（1）プリント基板の面方向の等価熱伝導率　$\lambda_{\mathrm{xy}}$

$$\lambda_{xy}=\frac{\sum(\lambda_i\times t_i)}{\sum t_i} \qquad (3\cdot 14)$$

ただし、$\lambda_i$：各層の熱伝導率（W/(m・K)）、$t_i$：各層の厚み（m）

各層の熱伝導率 $\lambda_i$（W/(m・K)）は、$i$層が樹脂層の場合は「樹脂の熱伝導率」となります。

$i$層が配線パターン層の場合には、層内に銅箔と樹脂が混在するため、層の熱伝導率 $\lambda_i$ そのものを等価熱伝導率で表現します。これは以下の式になります。

$$\lambda_i = \lambda_{cu} \times \phi + \lambda_p \times (1 - \phi) \qquad (3 \cdot 15)$$

ただし、$\lambda_{cu}$：銅箔の熱伝導率（W/(m・K)）、$\lambda_p$：樹脂の熱伝導率（W/(m・K)）
$\phi$：$i$層の銅箔の残存率（0～1の値）

樹脂の熱伝導率は銅箔の熱伝導率の1/1000なので、右辺第2項は非常に小さく、以下のように簡略化して使うことができます。

$$\lambda_i = \lambda_{cu} \times \phi \qquad (3 \cdot 16)$$

以上をまとめると、プリント基板の面内方向の等価熱伝導率 $\lambda_{xy}$ は、次式のようになります。

$$\lambda_{xy} = \frac{\sum(\lambda_i \times t_i \times \phi)}{\sum t_i} \qquad (3 \cdot 17)$$

ただし、$\lambda_i$：$i$層の熱伝導率（W/(m・K)）、$t_i$：$i$層の厚み、$\phi$：$i$層の材料の残存率、
$\Sigma_{ti}$：プリント基板のトータルの厚み（m）

（2）プリント基板の厚み方向の等価熱伝導率　$\lambda_z$

厚み方向は、銅箔層と樹脂層が直列に並んでいるため、厚み方向の等価熱伝導率 $\lambda_z$ は以下の式になります。

$$\lambda_z = \frac{\sum t_i}{\sum \frac{t_i}{\lambda_i}} \qquad (3 \cdot 18)$$

ここでも、$i$層が配線パターン層の場合には銅箔と樹脂が混在するため、$i$層の熱伝導率 $\lambda_i$ は式（3・14）または式（3・15）を使用します。

まとめると、プリント基板の厚み方向の等価熱伝導率 $\lambda_z$ は、次式のようになります。

$$\lambda_z=\frac{\sum t_i}{\sum\frac{t_i}{(\lambda_i\times\phi)}} \qquad (3\cdot19)$$

銅箔の熱伝導率は樹脂の熱伝導率に比べて大きいので、銅箔層の熱抵抗をゼロと近似すると、厚み方向の等価熱伝導率 $\lambda_z$ は、下式のように簡素化できます。

$$\lambda_z=\lambda_p\cdot\frac{\sum t_i}{\sum t_p} \qquad (3\cdot20)$$

ただし、$\Sigma ti$：プリント基板の厚み（m）、$\Sigma tp$：樹脂層の合計厚み（m）、
$\lambda_p$：樹脂層の熱伝導率（W/(m・K)）

銅箔層の合計厚みは小さく、プリント基板の厚みは樹脂層の合計厚みに近いので、$\lambda_z$ はほぼ樹脂の熱伝導 $\lambda_p$ になります。

なお、プリント基板の等価熱伝導体モデルには、その詳細度に応じたタイプがあります。実際のモデル化にあたっては、4.4項を参照ください。

この他にも、異方性等価熱伝導体の考え方は電子機器や部品のさまざまな部位に適用できます。主だった対象を列挙すると、

①BGAのはんだボール部、QFPのリード部など、部品の接続部
②部品内部のボンディングワイヤ
③ケーブルやコード等の電線類
④トランスやコイル、モータの巻線

などです。これらについては各部品のモデリングで解説します。

## 3.4 非定常計算

時間による変化を伴う「非定常計算（過渡解析）」は、流れ場の非定常と温度場の非定常に分けることができます。電子機器では主に温度の時間変化が対象になるため、温度場の非定常を扱います。流れ場の変化は、温度場の変化時間に比べると速いので、通常は無視します。例えばファンが停止するとすぐに流速は低下しますが、部品の温度は徐々に上昇します。このような場合には温度場の非定常のみを扱えばよいということです。

### 3.4.1　非定常計算の方法（陽解法と陰解法）

温度場の非定常熱解析では空間と同様に、時間を分割して計算します。微小時間$\Delta t$後の温度$T_{t=1}$は、現在温度$T_{t=0}$用いて以下のように求められます。

$$T_{t=1}=\frac{(Q_{out}-Q_{in})\Delta t}{\rho c\Delta V}+T_{t=0} \qquad (3\cdot 21)$$

$Q_{in}$：セルへの流入熱流量（W）、$Q_{out}$：セルからの流出熱流量（W）、$\rho$：密度（kg/m³）、
$c$：比熱（J/(kg・K)）、$\Delta V$：セルの体積（m³）

この式で$Q_{out}$と$Q_{in}$が求められれば、$T_{t=1}$の温度が予測できます。ただし、微小時間$\Delta t$内のどの時点での熱収支を計算するかによって、2つの方法に分かれます。

＜陽解法＞

$t=t_0$のときの熱収支から$t=t_0+\Delta t$の温度を計算します。原理的に時間刻みを大きくすることができないため、長い時間の計算には向きません。

＜陰解法＞

$t=t_0$および$t=t_0+\Delta t$のときの熱収支を用いて温度を計算します。熱流体解析ソフトでは主にこちらが使用されています。1ステップごとに未来の熱収支を計算する必要があるため、反復計算が必要になります。

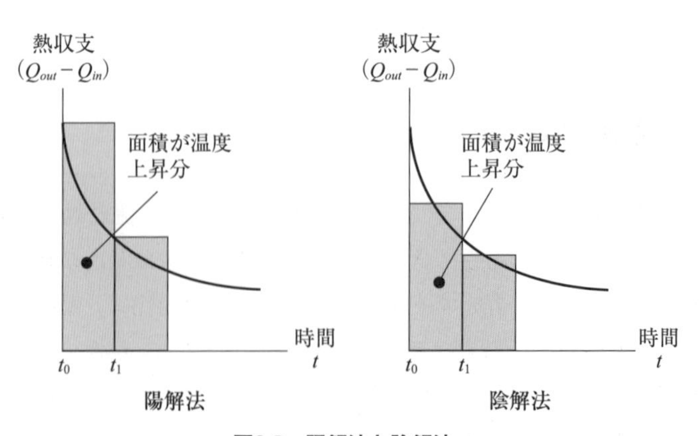


図3-8　陽解法と陰解法

両者のイメージを**図3-8**に示します。

式3・21から、温度変化（$T_{t=1} - T_{t=0}$)/Δtは、$Q_{out} - Q_{in}$に比例するので、陽解法では$t = t_0$での傾きのみを使用して、未来の温度を予測します。

一方、陰解法では、$t = t_0$の傾きと反復計算で求めた$t = t_0 + \Delta t$から、$t = t_0 + \theta\Delta t$の傾きを求め、これを使って未来の温度を予測します。

熱収支を評価する点の違いにより、結果に影響が出ることがわかります。両者ともに時間刻みを小さくとることによって精度は改善できますが、陰解法の方が時間刻みを長く取ることができます。

## 3.4.2　非定常計算に必要な時間刻み

このように、非定常計算では空間のメッシュ分割に加えて時間の分割が精度に影響をおよぼすため、適切な時間分割が重要になります。

（1）温度場の時間刻み

陽解法での時間刻み$\Delta t$は、以下の式を満たすように設定します

$$\Delta t < \frac{\rho c (\Delta \ell)^2}{M\lambda} \tag{3・22}$$

係数$M$は、1次元空間では2、2次元空間では4、3次元空間では6とします。

$\Delta\ell$は空間セルの幅です。(セルは立方体と仮定しています)

この式は、「熱が$\Delta\ell$の空間を移動するのにかかる時間よりも$\Delta t$を小さくする」という意味合いを持ちますので、空間分割が細かい場合には、時間刻みも小さくすることになります。特に温度変化の大きい計算初期ではこれを目安に設定します。温度変動が落ち着いた段階では、時間刻みを大きくとることができます。

陰解法ではこの条件よりも粗い時間刻みで解析が可能です。

最初から細かい時間刻みで計算すると時間がかかるので、まず粗い時間刻みで計算し、温度変化を見ながら徐々に細かくしていきます。上記の$\Delta t$は下限として使うとよいでしょう。

（2）流れ場の時間刻み

電子機器では流れ場の非定常解析はまれですが、流れ場の非定常を計算する

場合は、流れが幅$\Delta \ell$のセルを通過する時間を刻み幅として採用し、以下の式を満たすように設定します（陽解法の場合）。

$$\Delta t < \frac{\Delta \ell}{u} \qquad (3 \cdot 23)$$

$\Delta \ell$は空間セルの幅、$u$は予測される流速です。

### 3.4.3 時間刻みと計算精度の具体例

ここでは、完全陰解法（時間１次精度）を用いて時間刻みと精度との関係を調べた例を紹介します。

**図3-9**に示すような「JEDECチャンバー」（JEDEC規格に基づく半導体部品の熱抵抗測定用の環境：10.6項参照）に実装された部品の発熱開始から300秒間の温度上昇を計算しています。解析モデルは以下のとおりです

＜解析モデルと計算条件＞

- 自然対流チャンバー：304mm×304mm×304mm
- 強制対流チャンバー：152mm×152mm×304mm
- 強制対流の風速：1m/s
- 部品の発熱量：10W
- 部品の物性値：熱伝導率1W/(m·K)、密度1000kg/m$^3$、比熱1000J/(kg·K)
- 基板の物性値：平面方向熱伝導率10W/(m·K)、垂直方向熱伝導率0.4W/(m·K)、密度1300kg/m$^3$、比熱1250J/(kg·K)

300秒間の時間分割を５分割（60秒）から100分割（3秒）まで変化させたと

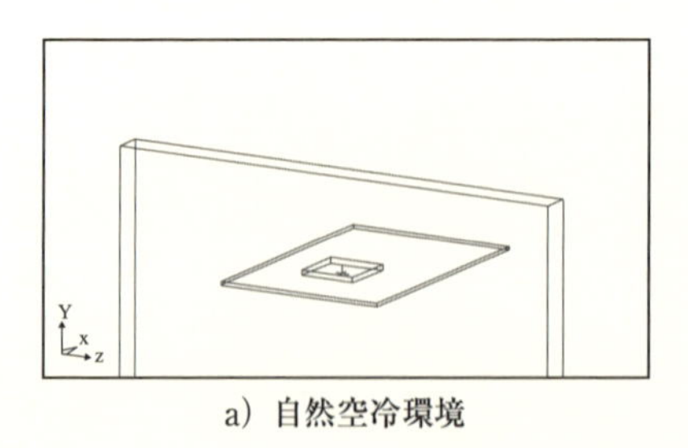


a）自然空冷環境

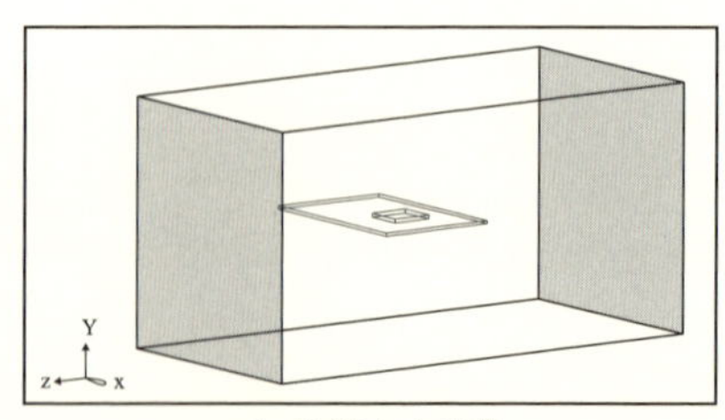


b）強制空冷環境

図3-9　JEDECチャンバーのモデル

きの温度上昇カーブを**図3-10**、**図3-11**に示します。

自然空冷、強制空冷とも、分割数が少ないと計算初期の立ち上がりに誤差が大きくなりますが、全体を20分割（15秒）以上行えば誤差は少なく、100分割と50分割の差はほとんどありません。

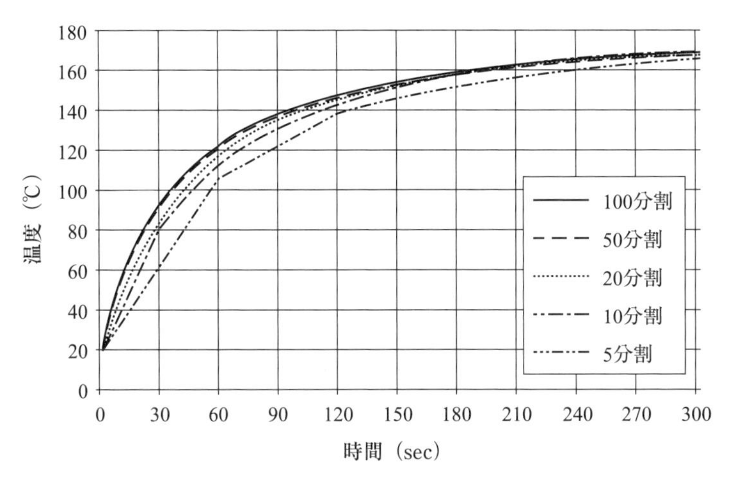


**図3-10　自然対流の結果**

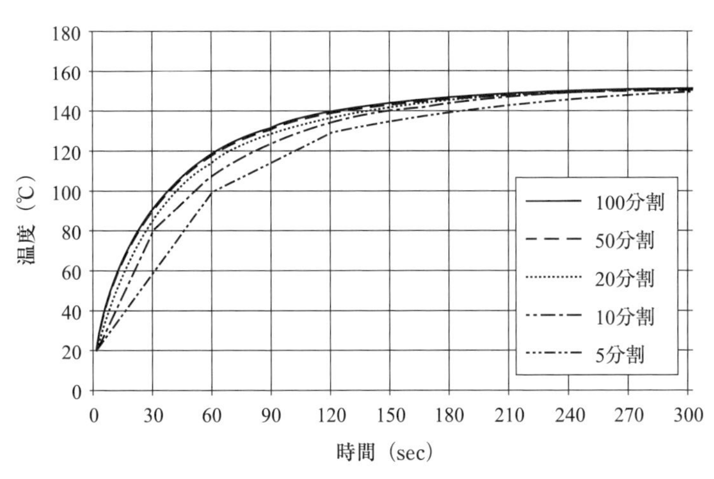


**図3-11　強制対流の結果**

次に厳密解との比較例を紹介します。

等温物体の$t$秒後の温度$T_t$は、初期温度を$T_0$及び流体温度を$T_f$とすれば、以下の理論式で表すことができます。

$$\frac{T_t-T_0}{T_f-T_0}=(1-e^{-(\frac{hS}{\rho cV})t})=(1-e^{-\frac{t}{RC}}) \qquad (3 \cdot 24)$$

ただし、$\rho$：物体の密度（kg/m³）、$c$：物体の比熱J/(kg・k)、$V$：物体の体積（m³）
$h$：物体表面の熱伝達率（W/(m²・K)、$S$：物体の表面積（m²）

これは電気回路（RC回路）の1次遅れ系のステップ応答に相当します。

$\rho cV$は熱容量$C$、1/($hS$) は熱抵抗$R$と置き換えることができ、熱抵抗$R$×熱容量$C$は時定数（定常の63%まで温度上昇する時間）を表します。

**図3-12**は、1辺20mmの立方体を初期温度20℃から加熱した場合の温度上昇曲線の理論解と計算結果を比較したものです。この例においても傾向は同様で、定常までの分割数を20～30程度（時定数の1/4～1/5程度）としておけば充分と考えられます。対象物の時定数が推定できる場合には、時間刻みを決定する指標とするとよいでしょう。

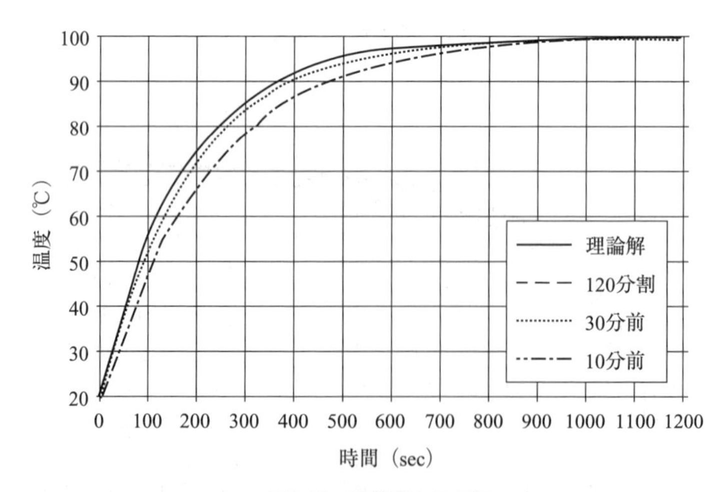


**図3-12　理論解との比較**

密度：1000kg/m³、比熱：1000J/(kg・K)、熱伝導率：1000W/(m・K)、熱伝達率：20W/(m²・K)（参照温度100℃）、1辺20mmの立方体を初期温度20℃から加熱した熱伝導解析
※ビオ数が非常に小さい場合に成立（Bi≪1）

### 3.4.4 パルス発熱時の時間刻み

発熱量や加熱温度が一定の場合は、このような考え方で時間刻みを決めますが、発熱が時間変化するパルス発熱のような条件では誤差が大きくなることがあります。

具体的な検証例として、図3-9（b）の強制空冷部品に、30秒間 10W、120秒間0Wのパルス発熱（**図3-13**）を繰り返し印加した場合について計算します。

計算結果を**図3-14**に示します。このグラフは発熱量が10Wから0Wに切り替わる時間の前後30秒間の温度変化を示しています。この場合、全体の時間や時定数から時間刻みを決定するだけでは粗く、精度を求めるには、発熱時間（この場合30秒）を５分割以上する必要があります。

非定常解析では、まず粗めの時間刻みで計算し、徐々に時間刻みを細かくして、結果が変わらない状態での時間刻みを採用するとよいでしょう。

また、計算時間を短縮するためには、時間刻みを一定にするのではなく、変化の起こる部分に細かい時間刻みを適用する「可変時間刻み」が有効です（**図3-15**）。

非定常解析では、時間刻み幅だけでなく、各時間ステップ内で行う計算の収束性も重要です。陰解法では、過去の温度や流れ場を参照し、次の時間の値を反復計算によって得ます。そのため、各時間ステップでの収束が不十分だと、誤差が蓄積していくことになります。

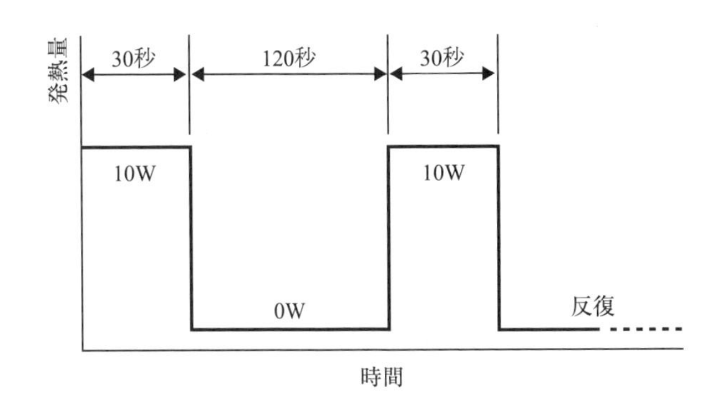


**図3-13**
**パルス発熱パターン**

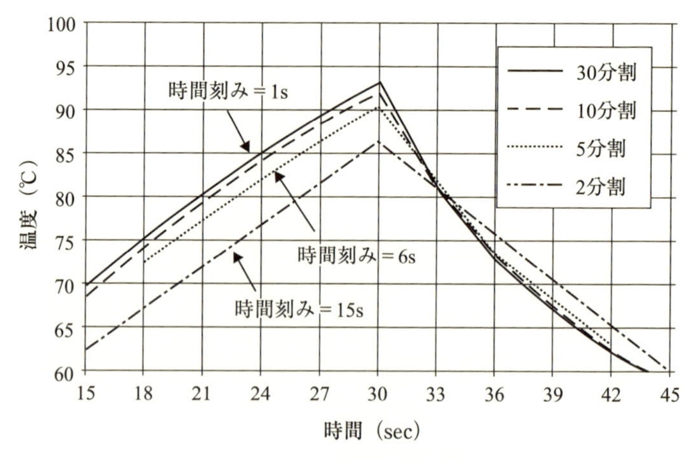


**図3-14　パルス発熱の計算結果**

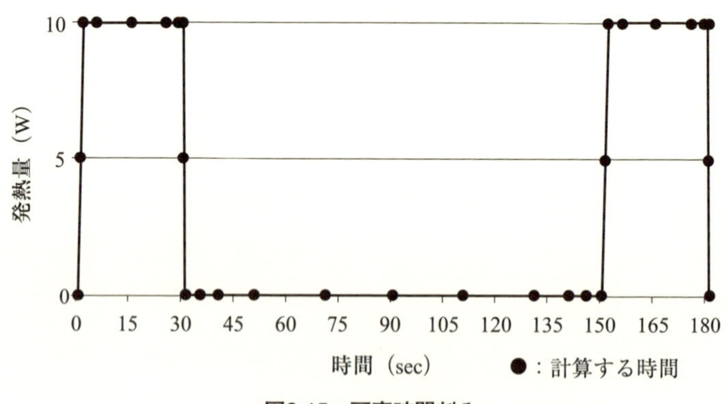


**図3-15　可変時間刻み**

強制対流では流れの発達が早いため、時間刻み内での収束は良好ですが、自然対流では温度上昇によって流れが発達するため、各ステップの計算は十分に収束させなければなりません。**図3-16**は1つの時間刻み内で5回の反復計算を行った際の残差の変化を示したものです。温度が立ち上がる計算初期では、未収束の状態で次のステップに移行しており、誤差が蓄積しています。このような状態では計算初期の15ステップの計算は精度が悪くなります。

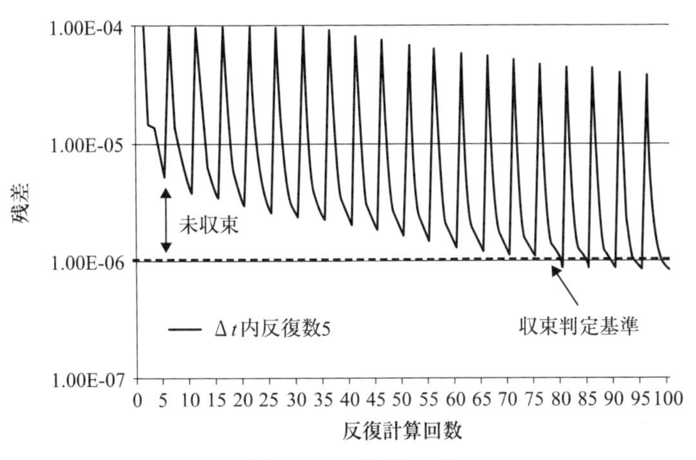


**図3-16　収束不足の例**

## 3.4.5　非定常計算でのその他注意点

非定常計算を行う場合、「温度の初期値」が必要になります。

一般に、初期値を与えないと、初期温度は環境温度と同じと見なされます。

また、正常動作中に異常発熱した場合やファンが故障した場合など、定常状態を初期値として非定常の計算を行うケースがあります。この場合には2つの方法があります。ひとつは、定常計算の結果を取り込む方法です。最初に正常状態で定常計算を行い、この結果を非定常計算の初期値とします。もうひとつは、粗い時間刻みで非定常計算を行い、定常状態に近くなったら時間刻みを細かくして厳密な非定常計算に切り替える方法です。

いずれにしても、非定常計算では必ず初期温度を意識して解析条件を設定しなければなりません。

第4章

# 筐体とプリント基板のモデリング

本章からは電子機器固有のモデリング方法について解説します。最初に電子機器の基本構成要素である筐体と基板を取り上げます。

## 4.1 筐体のモデリング

2.2項で説明したように、筐体のモデル化には、筐体壁面を解析領域の境界面とする方法（閉鎖空間モデル）と、筐体外側にも解析領域をとる方法（開放空間モデル）があります。開放空間モデルの注意点については2.2項で説明したので、ここでは筐体壁面を解析領域境界とする方法について説明します。

### 4.1.1 筐体壁面を解析領域とするモデルの境界条件

このモデルでは筐体外側の空間を解析対象外とし、筐体表面に境界条件を与えます。通風口やファン以外の壁面には、空気の流入流出はありませんが、熱の出入りはあります。筐体の表面の熱伝達率はユーザー指定のため、適切な値の設定が必要です。

筐体表面（解析領域境界面）の熱伝達率は、自然対流熱伝達率$h_c$と放射熱伝達率$h_r$の合計値$h_t$（$= h_c + h_r$）として計算します。

自然対流熱伝達率$h_c$は、筐体面が水平上向き面、水平下向き面、垂直面のいずれかから構成されると考え、以下の式で計算できます。

$$h_c = \frac{Nu \cdot \lambda}{L} = \frac{C \cdot (Gr \cdot Pr)^{1/4} \cdot \lambda}{L} \qquad (4 \cdot 1)$$

ただし、$Nu$：ヌセルト数（無次元の熱伝達率）
$C$：面の向きによって決定される係数（**表4-1**参照）
$L$：$C$と併せて定義される代表長さ（m）（表4-1参照）
$\lambda$：空気の熱伝導率（W/(m・K)）、$Pr$：プラントル数

$Gr$はグラスホフ数と呼ばれる浮力と粘性力の比率を表す無次元数で、以下

**表4-1　熱伝達率の計算に使用する係数$C$と代表長さ$L$**

| 形状と設置条件 | | $C$ | $L$ |
|---|---|---|---|
| | 鉛直に置いた平板 | 0.56 | 高さ |
| | 水平に置いた平板<br>(熱い面が上) | 0.54 | $\frac{縦 \times 横 \times 2}{縦 + 横}$ |
| | 水平に置いた平板<br>(熱い面が下) | 0.27 | $\frac{縦 \times 横 \times 2}{縦 + 横}$ |

の式で計算できます。

$$Gr = \frac{L^3 \cdot \beta \cdot g(T_w - T_a)}{\nu^2} \qquad (4 \cdot 2)$$

ただし、$g$：重力加速度（m/s²）、$\beta$：体積膨張率（1/K）、$T_w$：平板表面温度（K）
$T_a$：周囲温度（K）、$\nu$：動粘性係数（m²/s）

放射熱伝達率$h_r$は、以下の式で計算します。

$$h_r = \sigma \cdot \varepsilon \cdot (T_w^2 + T_a^2) \cdot (T_w + T_a) \qquad (4 \cdot 3)$$

式（4・3）を簡略化した以下の計算式も使われます

$$h_r = 4 \cdot \sigma \cdot \varepsilon \cdot T_m^3 \qquad (4 \cdot 4)$$

ただし、$T_m = (T_w + T_a)/2$　(K)、$\varepsilon$：筐体表面の放射率、
$\sigma$：ステファン・ボルツマン定数（$5.67 \times 10^{-8}$W/(m²・K⁴)）、
$T_w$：筐体表面温度（K）、$T_a$：周囲温度（K）

これらの熱伝達率は、壁面の温度$T_w$がわからないと計算できませんので、最初は$T_w$を仮定して計算します。計算結果と仮定値が大きくずれた場合には、計算結果から$T_w$の平均値を用いて再計算します。

ここで求めた熱伝達率$h_t(= h_c + h_r)$を、解析領域境界である筐体外表面に設定します。筐体と設置面との間に空間がある場合は、底面にも熱伝達率を設定します。機器が机や地面に接して置かれる場合には、2.2.2項で紹介した方法に従って等価熱伝達率を計算し、底面に与えます。地面に置かれる場合には、

$h_t = 1.8$W/（m²・K）がよく使われます。

**【計算例】**

幅・奥行・高さがそれぞれ500mmの立方体型筐体を例に、熱伝達率計算方法を説明します。周囲温度は300Kとし、筐体表面温度は均一で、温度上昇値$\Delta T_w$（$= Tw - Ta$）を30Kと仮定します。表面の放射率は0.4とします。

空気の物性値は、下式で計算した温度における値を使います

$$T_{ave} = T_w - 0.38(T_w - T_a) \qquad (4 \cdot 5)$$

**【解答】**

式（4・5）から空気の物性値は、320Kの値を用います。具体的には、体積膨張率$\beta = 1/320\text{K}^{-1}$、平板表面温度$T_w = 330$K、雰囲気温度$T_a = 300$K、プラントル数$Pr = 0.719$、動粘性係数$\nu = 17.86 \times 10^{-6}\text{m}^2/\text{s}$、空気の熱伝導率$\lambda = 0.02759$W/（m・K）となります。

これら物性値と代表長さ$L = 0.5$m、重力加速度$g = 9.8\text{m/s}^2$を式（4・1）（4・2）に代入すると、筐体上面、側面、底面の熱伝達率は、それぞれ以下のようになります。

$h_{c-top} = 3.78$W/（m²・K）

$h_{c-side} = 3.92$W/（m²・K）

$h_{c-bottom} = 1.89$W/（m²・K）

放射熱伝達率は各面とも同じ値になり、以下の式で計算できます。

$h_r = \sigma \cdot \varepsilon \cdot (T_w^2 + T_a^2) \cdot (T_w + T_a) = 5.67 \times 10^{-8} \times 0.4 \times (330^2 + 300^2)(330 + 300) = 2.84$W/（m²・K）

対流と放射を加え、各面に以下の熱伝達率を与えます

$h_{t\text{-}top} = 3.78 + 2.84 = 6.62$W/（m²・K）

$h_{t\text{-}side} = 3.92 + 2.84 = 6.76$W/（m²・K）

$h_{t\text{-}bottom} = 1.89 + 2.84 = 4.73$W/（m²・K）

これらの値は筐体表面温度上昇＝30Kの仮定に基づくものなので、筐体表面温度の計算結果が仮定値と大きく食い違った場合には、熱伝達率の再計算が必要です。

### 4.1.2　筐体モデルの「接触熱伝導」に関する注意

機器に実装されるプリント基板やユニットと筐体面との接触部分の設定が、放熱に影響を与えることがあるので、注意が必要です。

プリント基板と筐体の接触部は、特に設定しない限り、ほとんどのソフトが接触熱抵抗＝0として扱います。熱伝導率の大きいプリント基板がアルミの筐体に接するようなケースでは、実際よりも多くの熱が筐体に伝わり、部品の温度が低めになります。接触面には一定の接触熱抵抗を与えておくべきです。しかし、接触熱抵抗を精度よく求めるのは難しく、計算には面粗さなどのパラメータが必要になります（7.3項参照）。

接触熱抵抗が不明な場合に「それらしい値」を決めるには、接触面に一定厚みの空気層が存在すると考えて計算します（7.3.2参照）。概算値ですが、接触熱抵抗0で計算するよりは、はるかに現実的な結果が得られます。

また、発熱体を積極的に筐体に接触させて伝導放熱を行う場合には、筐体面の熱伝導を考慮しなければなりません。筐体面を「厚み方向の熱伝導だけを考慮する要素」でモデル化すると、面方向の熱拡散を考慮できないため、発熱体の温度が高めになってしまいます。

## 4.2　通風口のモデリング

### 4.2.1　通風口のモデルとその使い分け

通風口のモデル化には、一つひとつの穴をそのまま「100％開口の穴」としてモデル化する方法と、多数の穴が設けられた領域を1つの流体抵抗とみなして開口率や圧損係数を与える「流体抵抗体」でモデル化する方法とがあります。

前者は流れを正しく計算しますが、解析規模が大きくなります。1つひとつの穴は3分割以上しなければ正しい流れが計算できないので、パンチングメタルのように多数の小径穴から構成される通風口ではメッシュ数が増えます。

一方、流体抵抗で表現した通風口は、風量と圧力の関係は正しく解かれます

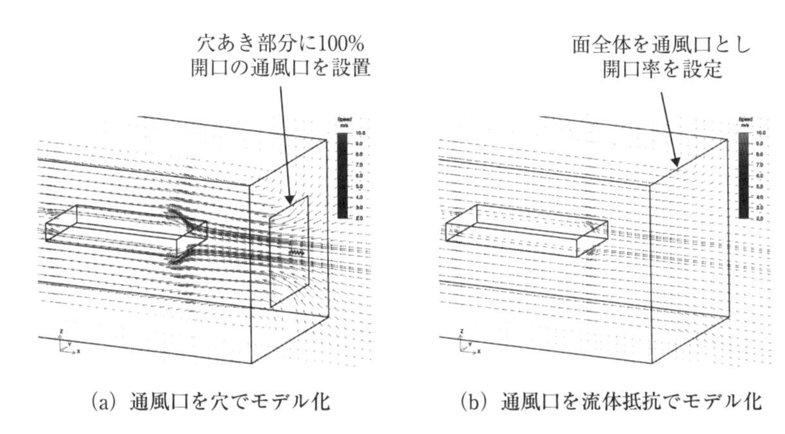


(a) 通風口を穴でモデル化　　(b) 通風口を流体抵抗でモデル化

**図4-1　通風口のモデル化による差**

**穴でモデル化した場合と流体抵抗でモデル化した場合、風量は一致するが風速は大きく異なる**

が、風速の分布は実物とは異なります。

このため、風速を重視するかどうかで通風口のモデルを使い分けます。通風口を通過する速い気流を利用して、近傍の部品を冷却するような構造では、メッシュが増えても穴をリアルにモデル化しなければなりません。

一方、単なる換気口にパンチメタルを使用するような場合には、通風口の流体抵抗が正しければ、換気風量を正確に求めることができます。このようなケースでは、流体抵抗体で表現すればコンパクトで精度のよい解析ができます。

**図4-1**は通風口を100%開口の穴としてモデル化した場合（a）と、面に開口率に相当する流体抵抗を与えてモデル化した場合(b)の結果を比較したものです。(a)では部品近傍の風速が大きく、部品の温度が下がりますが、(b)では風速が平均化されるため、部品の温度は高くなっています。

## 4.2.2　圧力損失係数

パンチングメタルのような通風口を空気が通過すると、その前後に圧力差が生じます。これを圧力損失といいます。圧力損失は流体抵抗体を通過する際にできる乱れにより、流体の持つ圧力・運動エネルギーが熱に変換されるために発生します。例えば、エアコンのエアフィルタが目詰まりすると、圧力損失が大きくなり、風量や風速が低下します。

流体抵抗体を通過する際に生じる圧力損失を$\Delta P_{loss}$で表すと、以下の式（ベルヌーイの法則）が成り立ちます。

$$P_{s1}+\frac{\rho \cdot u_1^2}{2}=P_{s2}+\frac{\rho \cdot u_2^2}{2}+\Delta P_{loss} \qquad (4 \cdot 6)$$

ただし、$P_{S1}$・$P_{S2}$：流体抵抗体前後の静圧（Pa）、$\rho$：流体の密度（kg/m³）
$u_1$、$u_2$：流体抵抗体前後の流速（m/s）

この式の両辺の第2項は動圧（または速度圧）と呼ばれます。また静圧$P_S$と動圧の和は全圧$P_T$と呼ばれ、次式で表されます。

$$P_T=P_S+\frac{\rho \cdot u^2}{2} \qquad (4 \cdot 7)$$

圧力損失$\Delta P_{\mathrm{loss}}$は流体抵抗体の前後の全圧を$P_{T1}$、$P_{T2}$とすれば、

$$\Delta P_{\mathrm{loss}}=P_{T1}-P_{T2}=\frac{1}{2} \cdot C_f \cdot \rho \cdot u^2 \qquad (4 \cdot 8)$$

$$C_f=\frac{C \cdot (1-\beta)}{\beta^2} \qquad (4 \cdot 9)$$

となります。

ただし、$u$：流体抵抗体前の流速、$C_f$：圧力損失係数、$\beta$：開口率、
$C$：抗力係数（流体抵抗体固有の定数）

圧力損失係数$C_f$は流体抵抗体の形状によって変わります。

熱流体解析ソフトでは、通風口の開口率を入力すると、圧力損失$\Delta P_{loss}$を自動設定します。$C$の値の初期値はソフトごとに異なりますが、変更も可能です。

### 4.2.3 通風口の形状と圧力損失係数の計算方法

主な流体抵抗体の圧力損失係数の算出方法を以下に説明します。

#### (1) パンチングメタル

**<自然空冷の場合>**

自然空冷など、風速の小さい領域（$Re<100$）では、板厚を$t$、穴の直径を$d$とすると、$t/d=0.5$近辺で

$$C_f = 40 \cdot \left( \frac{Re \cdot \beta^2}{1-\beta} \right)^{-0.65}$$

$$Re = \frac{u \cdot d}{\nu} \qquad (4 \cdot 10)$$

となります。$u$は流体抵抗体上流側の風速（m/s）で、$\beta$は開口率（0～1）で、$\nu$は空気の動粘性係数です。

一方、$Re \geqq 100$の領域では以下の式が適用できます。

$$C_f = \frac{2.5 \cdot (1-\beta)}{\beta^2} \qquad (4 \cdot 11)$$

吸い込み口にパンチングメタルを設けた自然対流で実験によって開口率と圧力損失係数$C_f$の関係を実測した結果を、**表4-2**に示します。

この結果から、抗力係数$C$を下式で逆算すると**表4-3**のように開口率によって変動することがわかります。

$$C = \frac{C_f \cdot \beta^2}{1-\beta} \qquad (4 \cdot 12)$$

**＜強制空冷の場合＞**

吹き出し口にパンチングメタルを設けた強制対流実験で求めた圧力損失係数$C_f$と開口率の関係を**表4-4**に示します。

**表4-2　自然対流での開口率と圧力損失係数$C_f$（抵抗体を吸い込み口側に設置）**

| 開口率 | 0.2 | 0.4 | 0.6 | 0.8 |
|---|---|---|---|---|
| 圧力損失係数$C_f$ | 35 | 7.6 | 3.0 | 1.2 |

出典：空気調和ハンドブック、丸善(株)

**表4-3　自然対流実験から求めた抗力係数C**

| 開口率 | 0.2 | 0.4 | 0.6 | 0.8 |
|---|---|---|---|---|
| 抗力係数$C$ | 1.75 | 2.03 | 2.70 | 3.84 |

出典：空気調和ハンドブック、丸善(株)

**表4-4　強制対流での開口率と圧力損失係数$C_f$（抵抗体を吐き出し口側に設置）**

| 風速 (m/s) | 開口率 | | |
|---|---|---|---|
| | 0.2 | 0.4 | 0.6 |
| 0.5 | 30 | 6.0 | 2.3 |
| 1.0 | 33 | 6.8 | 2.7 |
| 1.5 | 36 | 7.4 | 3.0 |
| 2.0 | 39 | 7.8 | 3.2 |
| 2.5 | 40 | 8.3 | 3.4 |
| 3.0 | 41 | 8.6 | 3.7 |

出典：空気調和ハンドブック、丸善(株)

開口率が小さい多孔板を通風口に使用した自然空冷機器では、熱流体解析ソフトで初期設定されている圧力損失係数$C_f$を用いて計算すると、換気量を大きめに計算してしまう場合があります。開口率が小さい場合には初期設定値を使わず、上記式や表を用いて、圧力損失係数$C_f$を設定した方が、精度がよくなります。

### （2）金網

金網では、風速の小さい領域（$Re<100$）で、

$$C_f = 28 \cdot \left( \frac{Re \cdot \beta^2}{1-\beta} \right)^{-0.95} \qquad (4 \cdot 13)$$

$$Re = \frac{u \cdot d}{\nu}$$

$Re>100$の場合には

$$C_f = \frac{0.85 \cdot (1-\beta)}{\beta^2} \qquad (4 \cdot 14)$$

となります。ただし、$d$は金網の線径です。

### （3）圧力損失係数が不明な流体抵抗体

上記以外にも通風口には様々な形状のものがあります。最近多いプラスチックモールド筐体では、3次元的な断面の通風口もめずらしくありません。

このような通風口の圧損係数を求めるには、厳密な形状を表現した通風口モデルを仮想風洞内に作成して、流体解析を行います。

この方法では以下の点に注意します。

・風洞壁面での摩擦損失の影響を抑えるため、風洞の流路断面を大きく取ります。あるいは、入口と出口を除く壁面にスリップ条件を設定します。

・風洞の流路断面積と流体抵抗体の面積の比率に応じて圧力損失が変わるため、流路断面積と流体抵抗体の面積比は実機に近い比率とします。

・解析領域の内部に風洞の入口や出口があると、そこで圧力損失を生じるため、入口と出口は解析領域境界面の境界条件として与えます。

・解析の結果から圧力値を読み取る際には、流体抵抗体前後の流路中心の値を採用します。

このようにして、解析で流体抵抗体前後の全圧 、およびダクト内（流体抵抗体の上流側）の風速$u$を求め、以下の式で圧力損失係数$C_f$を算出します。

$$C_f = \frac{2 \cdot (P_{T1} - P_{T2})}{\rho \cdot u^2} \qquad (4 \cdot 15)$$

## （4） 3次元圧力損失の使用

これまで説明した圧力損失は「2次元圧力損失」と呼ばれ、面に対して直交する方向の流れに対するものです。一般的にはこの圧力損失が使われますが、2次元圧力損失は面に垂直な方向の風速成分に対してのみ損失が働きます。このため多孔板に対して角度をもつ流れには「3次元圧力損失」を使用し、面に平行な方向の圧力損失も与えます。

**図4-2**は、一端を閉じた矩形管の上面に圧力損失を持つ通風口を設けたものです。(a) は2次元圧力損失モデル、(b) は2次元圧力損失モデル化の解析結果です。2次元圧力損失では面に平行な方向の風速に圧力損失が働かないため,

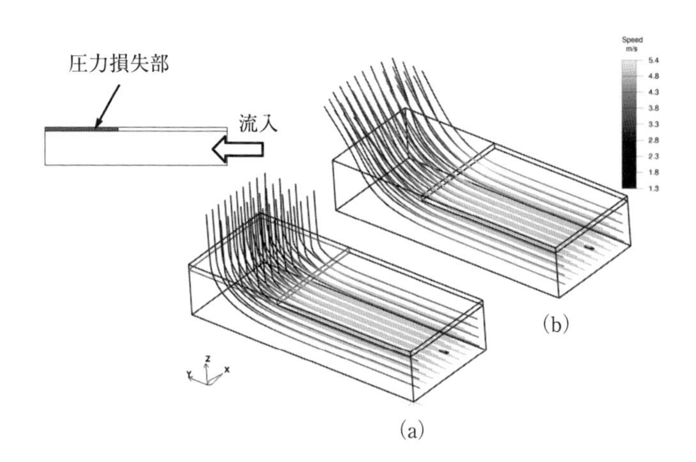


**図4-2　圧力損失のモデル化による流れの違い**
(a) 3次元圧力損失、(b) 2次元圧力損失

現実には穴の部分の板厚で抑制される面に平行な方向の流れが残っており,吹き出し側の流れの傾きが大きくなっています。3次元圧力損失を用いることで、これが抑制されます。

## 4.3 筐体の日射受熱

屋外に置かれる機器などで太陽からの日射を受ける場合には、筐体面に日射受熱量に相当する発熱量を与えます。日射による受熱量$W$は以下の式で計算することができます。

$$W = W_s \times S \times \varepsilon_s \tag{4・16}$$

ただし、$W_s$：面の日射量（W/m²）、$S$：受熱面の面積（m²）、

$\varepsilon_s$：面の太陽吸収率

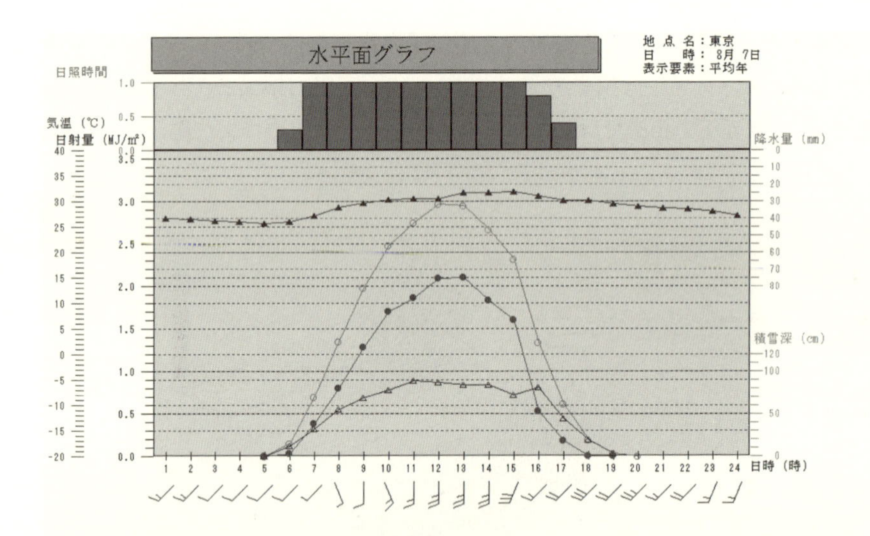


**図4-3 NEDOの公開日射量実測値例**

NEDO公開プログラムより引用（http://www.nedo.go.jp/）

※日射量の単位（MJ/m²）は1時間の積算値。0.0036で割ると平均日射量（W/m²）になる

日射量に関しては、NEDO（国立研究開発法人新エネルギー・産業技術総合開発機構）が、実測値を公開していますので、これを参考に設定するとよいでしょう（**図4-3**）。

日射量は、全天日射量、直達日射量、散乱日射量（天空輻射量）に分けられます。直達日射量とは、太陽から大気を透過して直接物体に到達する日射量です。散乱日射量とは、大気で一度散乱された放射エネルギーが地上に届くもので、日かげの日射量に相当します。全天日射量は、直達日射量と散乱日射量との合計で、日差しを受けている面の日射量に相当します。日なたに置かれる面は全天日射量を受け、日かげに置かれる面は散乱日射量を受けます。面の日射量は太陽に対する面の角度によって変わり、緯度や季節、時刻、面の設置方向などが関係します。図4-3は８月における東京の水平面の日射量の例です。

太陽吸収率は、筐体面が太陽からの日射に多く含まれる波長の電磁波を吸収する度合いを示す値です。太陽吸収率が大きいと日射エネルギーをよく吸収し、面の発熱量が大きくなります。一般に、黒っぽい色は太陽吸収率が大きく、白っぽい色は、太陽吸収率が小さくなります。また、汚れや変色によって増加します。

一般的な材料、表面状態と太陽吸収率を**表4-5**に示します。

**表4-5　材料・表面状態と太陽吸収率**

| 材料と表面状態 | 太陽吸収率 |
|---|---|
| ●非金属 | |
| ・アスファルト，スレート，ペイント，紙などの黒い非金属表面 | 0.85～0.98 |
| ・赤いれんがと瓦、コンクリートと石，さびた鋼と鉄，暗色ペイント（赤、褐、緑） | 0.65～0.80 |
| ・黄および鈍黄色のれんがおよび石，耐火れんが，耐火粘土 | 0.50～0.70 |
| ・白，または淡いクリーム色のれんが，瓦，ペイントまたは紙、プラスター、しっくい | 0.30～0.50 |
| ●金属系 | |
| ・光ったアルミニウムペイント，金色または黄銅ペイント | 0.30～0.50 |
| ・光沢のない真鍮，銅またはアルミニウムめっきした鋼 | 0.40～0.65 |
| ・磨いた鉄、みがいた黄銅，銅 | 0.30～0.50 |
| ・よく磨いたアルミニウム，ブリキ，ニッケル，クロム | 0.10～0.40 |

# 4.4 プリント基板のモデリング

## 4.4.1 モデル化の考え方

プリント基板は、筐体と並んで電子機器の重要な構成要素です。プリント基板は部品を保持するとともに部品間を配線パターンで接続して電子回路を構成します。導体と絶縁体が複雑に構成されたプリント基板は、熱解析の観点で見ると２つの特徴があります。

**・熱伝導率が大きく異なる材料で構成されている**

プリント基板は、銅の導体部とFR－4(耐熱性ガラス基材エポキシ樹脂積層板)などの絶縁体部から構成されます。導体部は熱伝導率が大きく、絶縁体部では小さくなります。銅の熱伝導率が398W/(m・K) なのに対し、FR－4の熱伝導率は、厚み方向0.4W/(m·K)、面方向0.5～0.8W/(m·K) 程度と、1/1000の大きさになります。

**・導体部の形状が微細で複雑である**

プリント基板の配線パターンおよび断面構造を**図4-4**、**図4-5**に示します。このように配線パターンの形状は複雑で、その厚みは薄く（数10$\mu$m)、複数の層から構成されます。この配線形状を詳細に表現した解析モデルを作成すると、メッシュ数が増えるため、目的に合わせた簡略化が必要になります。

配線パターンの影響を考慮しつつ、メッシュ数を抑えるため、熱流体解析ではプリント基板の熱物性を「等価熱伝導率」で表現します。また、等価熱伝導率は配線の粗密で異なるため、これにあわせて領域を分割します。この等価熱伝導率の算出方法と領域分割方法を組み合わせると、さまざまな解析モデルが作成できます。

**（1）等価熱伝導率の種類**

プリント基板は、配線パターンの方向に熱が伝わりやすいことから、方向によって熱伝導率が異なります。これは熱流体解析ソフトでは「異方性熱伝導率」と

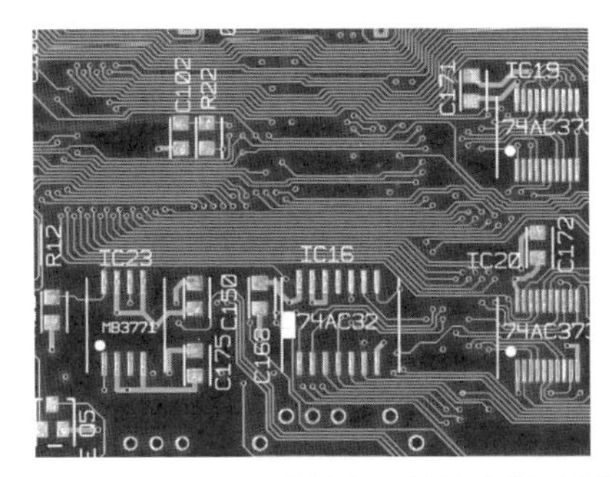


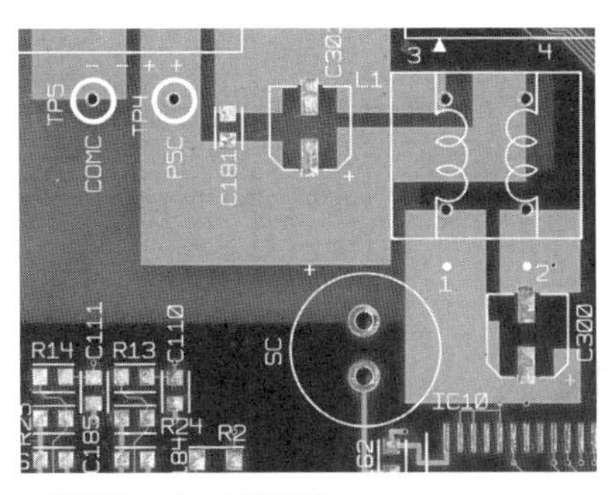


図4-4　プリント基板の例（左：信号部、右：電源部）

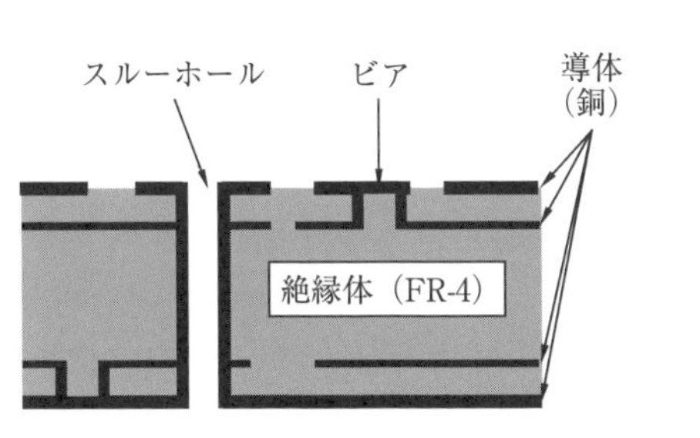


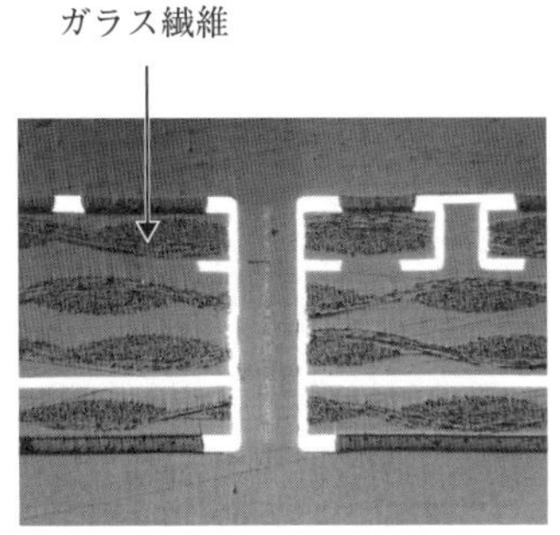


図4-5　プリント基板の断面構造模式図と断面写真（写真提供：沖プリンテッドサーキット（株））

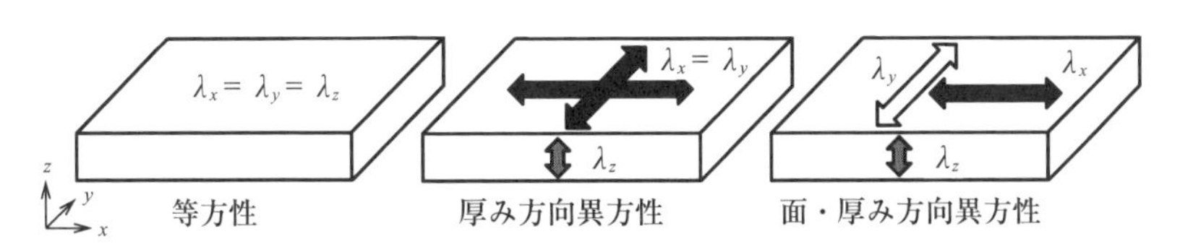


図4-6　プリント基板の熱伝導率の与え方

して設定することができます。プリント基板の熱伝導率は「等方性」、「厚み方向のみ異方性」、「面方向・厚み方向とも異方性」の3パターンが用いられます（**図4-6**）。

### （2）領域分割方法

実際のプリント基板では、配線密度が場所により異なります。また、配線層

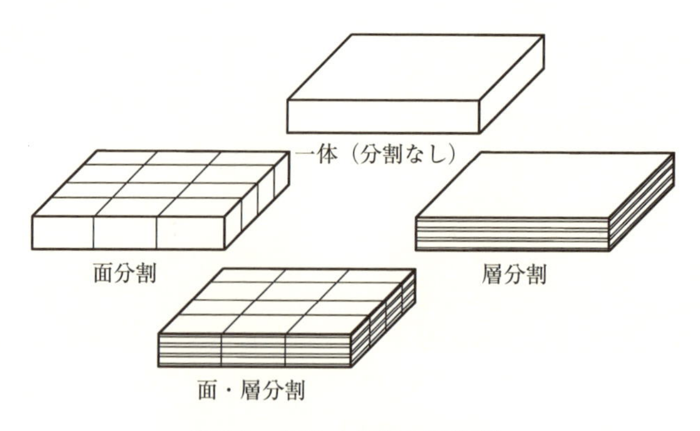


**図4-7　プリント基板の分割手法**

によっても異なります。これを表現するために、プリント基板を複数の領域に分割し、それぞれの配線密度から算出した等価熱伝導率を領域ごとに設定します。分割手法としては、面分割、層分割、面・層分割が使用されます（**図4-7**）。

**（3）等価熱伝導率と領域分割の組み合わせ**

プリント基板モデルは、等価熱伝導率の設定と領域分割方法の組み合わせによって決まります。これら組み合わせのうち主に使用されるのは6種類です。どのモデルを使うかは設計段階（配線設計の前か後か）によって異なります。ここで説明するモデル化は、プリント基板だけではなく、ICパッケージのサブストレート（インターポーザ）のモデリングにも適用できます。

## 4.4.2　モデル化の実際

実際の解析でよく使われる6つのモデリング方法について説明します。

【モデルⅠ】［等方性熱伝導］+［領域分割なし］

プリント基板全体について、導体と絶縁体の体積比から等価熱伝導率を算出します。等価熱伝導率は、以下の式で計算します

$$\lambda_{eq}=\frac{\lambda_c\times V_c+\lambda_d\times V_d}{V_c+V_d} \qquad (4\cdot 17)$$

ただし、$\lambda_c$：導体の熱伝導率（W/(m・K)）、$V_c$：導体の体積（m³）、
$\lambda_d$：絶縁体の熱伝導率（W/(m・K)）、$V_d$：絶縁体の体積（m³）、
$V_c+V_d$：基板全体の体積（m³）

<計算例>

基板の板厚を1.6mm、銅箔厚を35μm、層数を4、残銅率を70%、銅の熱伝導率を398W/(m・K)とすると、

$(398\times35\times10^{-6}\times4\times0.7+0.54\times(1.6\times10^{-3}-35\times10^{-6}\times4\times0.7))/1.6\times10^{-3}$
$=23.9\mathrm{W/(m\cdot K)}$

が得られます。

プリント基板は導体層が絶縁層で分けられた積層構造となっているため、厚み方向の等価熱伝導率は、絶縁体の熱伝導率に近い値になります。

このモデルのように基板全体を等方性とすると、厚み方向の熱伝導率は大きめに、面方向の熱伝導率は小さめに設定されます。

【モデルⅡ】［厚み方向異方性熱伝導］＋［領域分割なし］（**図4-8**）

モデルⅠと同様にプリント基板全体を1つのブロックで表現しますが、面方向と厚み方向で異なった熱伝導率を与えます。プリント基板の面方向は導体層と絶縁層が並列に配置されているため、それぞれの熱抵抗を並列合成することができ、次式で計算できます。

$$\lambda_{xy}=\frac{\sum(\lambda_i\times t_i\times\phi)}{\sum t_i} \qquad (4\cdot18)$$

$\lambda_i$：$i$層の熱伝導率（W/(m・K)）、$t_i$：$i$層の厚み（m）、$\phi$：$i$層の材料の残存率、
$\sum t_i$：プリント基板のトータルの厚み（m）

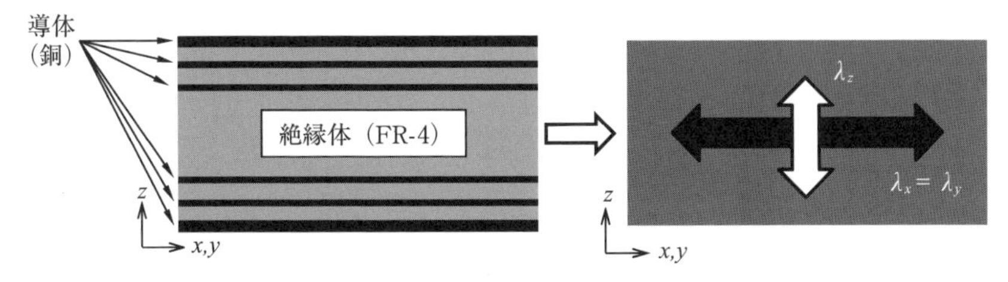


**図4-8　厚み方向異方性熱伝導率モデル（【モデルⅡ】【モデルⅢ】）**

$i$層は配線層および絶縁層に適用し、絶縁層では$\phi$＝1とします。銅箔残存率が大きい場合には、絶縁層を無視してもかまいません。

プリント基板の厚み方向は、導体層と絶縁層が直列に配置されており、等価熱伝達率は直列合成によって得られる以下の式で計算できます（記号の定義は式（4・18）と同じ）。

$$\lambda_z = \frac{\sum t_i}{\sum \frac{t_i}{(\lambda_i \times \phi)}} \tag{4・19}$$

厚み方向の等価熱伝導率はほぼ絶縁層の熱伝導率になります。

【モデルIII】［厚み方向異方性熱伝導］＋［面方向領域分割］

モデルⅠ、Ⅱではプリント基板全体を1つのブロックとしましたが、プリント基板は場所によって配線密度が大きく異なる場合があります。これを表現するため、基板の配線密度に合わせて面方向に領域を分割し、それぞれに異なった異方性熱伝導率を与えることで、より現実に即した熱特性を与えることができます。面方向に領域分割したモデルとしないモデルの差異を**図4-9**に示します。モデルⅡでは温度が平均化されていますが、モデルⅢで領域分割を行うと温度差が拡大することがわかります。

【モデルⅣ】［各層等方性熱伝導］＋［層方向領域分割］

モデルⅠ～Ⅲでは、導体層や絶縁層の位置や厚みなどの物理情報は考慮していません。このため、表層のベタパターンと内層のベタパターンは同じ扱いになります。また、発熱体と導体層の接続状態も考慮できません。

しかし、片面基板や両面基板のように熱を伝える導体層が少ない場合、発熱体と導体層の距離が温度に影響を与えます。例えば、部品面側のベタパターンと裏面側のベタパターンでは、部品に対する影響が大きく異なります。

導体層と絶縁層を別々の固体として分け、それぞれ異なった物性値を与えることでより現実的な結果が得られます（**図4-10**）。導体層は1層ごとに式（4・17）で等価熱伝導率を計算します。絶縁層は絶縁体の熱伝導率を与えます。

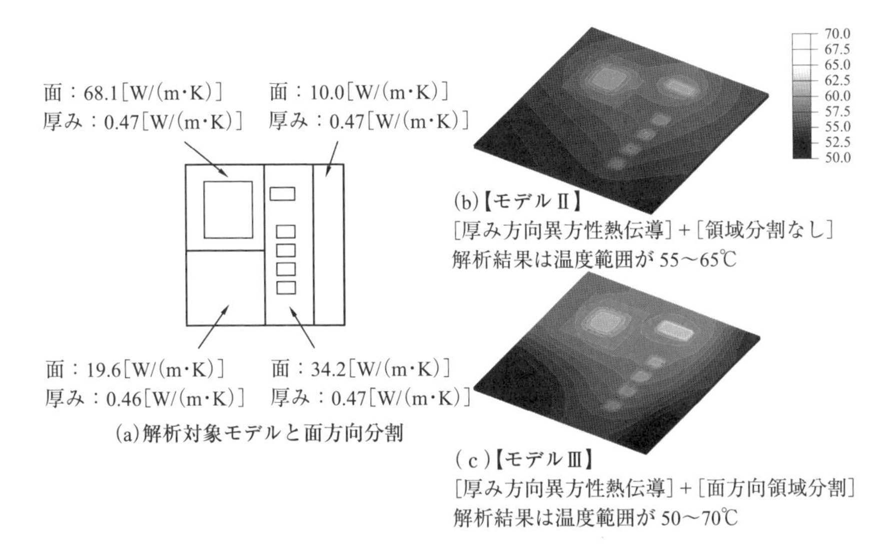


**図4-9　モデルⅡとモデルⅢの解析結果の違い（例）**
**配線パターンの粗密による等価熱伝導率を領域ごとに与えることで温度分布が正確になる**

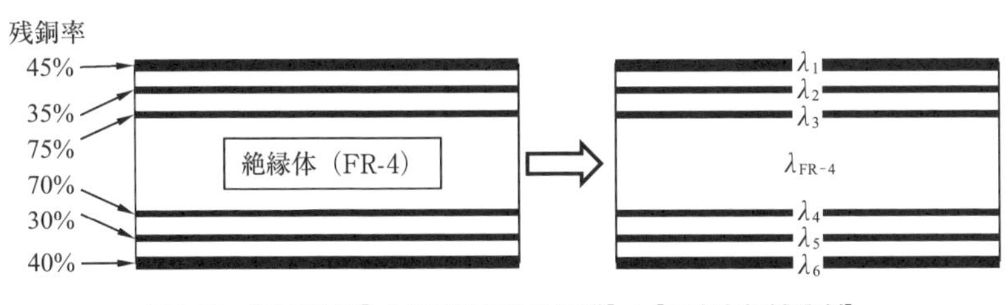


**図4-10　【モデルⅣ】［各層等方性熱伝導］＋［層方向領域分割］**

ビアは無視します。

【モデルⅤ】［面方向異方性熱伝導］+［層方向・面方向領域分割］

熱は、配線パターンの方向にはよく伝わりますが、配線に直交する方向にはあまり伝わりません。プリント基板の面方向の熱伝導率を均一分布と考えると、部品の熱は面に一様に伝わるため、実物と温度分布が異なる場合があります。このような場合には、配線の密度と方向を考慮した「面方向異方性熱伝導率」

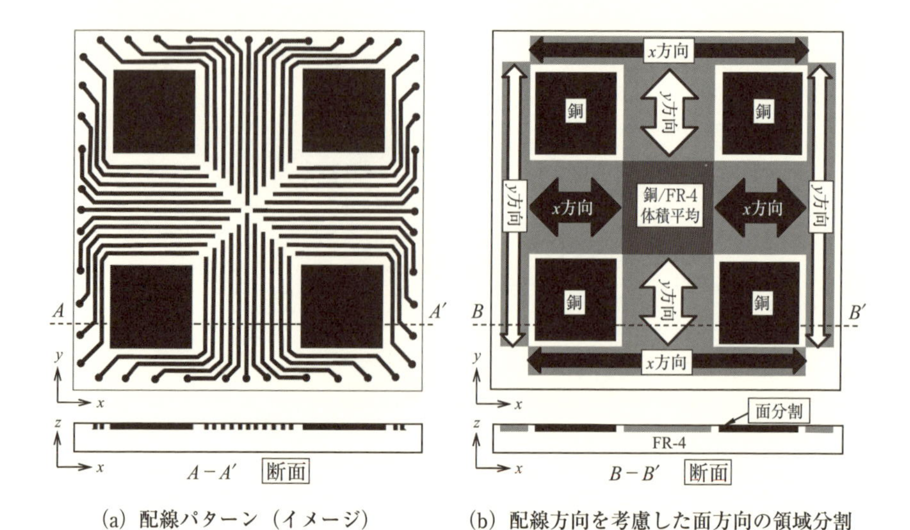


(a) 配線パターン（イメージ）　(b) 配線方向を考慮した面方向の領域分割

**図4-11 【モデルV】［面方向異方性熱伝導］＋［層方向・面方向領域分割］**

を与えると実際に近い結果を得ることができます。

**図4-11** (a) のような配線パターンを持つプリント基板では、厚み方向は導体層と絶縁層に分割できます。また面方向は、配線が「X方向」、「Y方向」、「XY方向混在」、「ベタ」の4領域に分類できるので、これに合わせて基板を分割します。各領域について、配線の密度と方向から面内方向の熱伝導率を算出して設定します（図4-11 (b)）。

このとき、配線パターンに並行な方向の等価熱伝導率は、式（18）で計算できます。また配線パターンに直交する方向の等価熱伝導率は、次の式で計算します

$$\lambda_y = \frac{\sum w_p + \sum w_s}{\dfrac{\sum w_p}{\lambda_p} + \dfrac{\sum w_s}{\lambda_s}} \qquad (4 \cdot 20)$$

ただし、$\Sigma w_p$：配線パターンの幅の合計（m）、$\lambda_p$：導体の熱伝導率（W/(m・K)）、
$\Sigma w_s$：配線パターン間隙の合計（m）、$\lambda_s$：配線パターン間隙の材料の熱伝導率（W/(m・K)）

領域分割の細かさは、配線の状態や求める精度によって異なりますが、極限

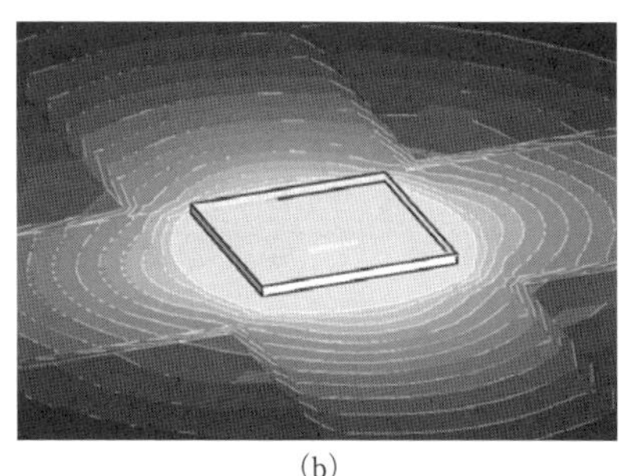

(a)
【モデルⅣ】［各層等方性熱伝導］+［層方向領域分割］

(b)
【モデルⅤ】［面方向異方性熱伝導］+［層方向・面方向領域分割］

**図4-12　面方向等方性と異方性の温度分布の差異**

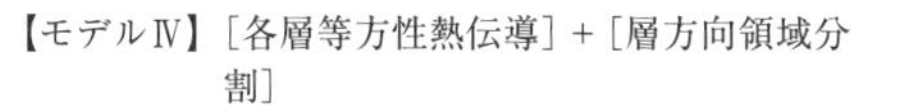

まで細かく分割すると、配線形状をそのままモデル化した状態になります。熱流体解析ソフトには、基板CADデータをインポートして、配線形状をそのままモデルできるものや、領域ごとの等価熱伝導率を自動計算できるものもあります。

**図4-12**は、JEDEC規格準拠の4層プリント基板にBGAパッケージを実装した解析例です。配線パターンはパッケージの4辺から各方向に引かれています。等方性熱伝導率の結果（a）と異方性熱伝導率（【モデルⅤ】）の結果には大きな温度分布の差が見られます。

【モデルⅥ】［面方向異方性熱伝導］+［層方向・面方向領域分割］+［ビア異方性］

モデルⅠ～Ⅴでは、ビアによる厚み方向の熱伝導率向上効果が考慮されていません。ビアの密度が低く、基板全体に分散している場合には大きな影響はありませんが、半導体パッケージの直下に集中配置されたビア（特に放熱を意図した「サーマルビア」）を考慮しないと、温度を高めに予測します。ビアが集中配置された領域には、ビアを考慮した厚み方向の等価熱伝導率を設定します（**図4-13**）。

ビアを含む領域を、導体部と絶縁体部による並列配置として捉え、以下の式で等価熱伝導率を算出します。

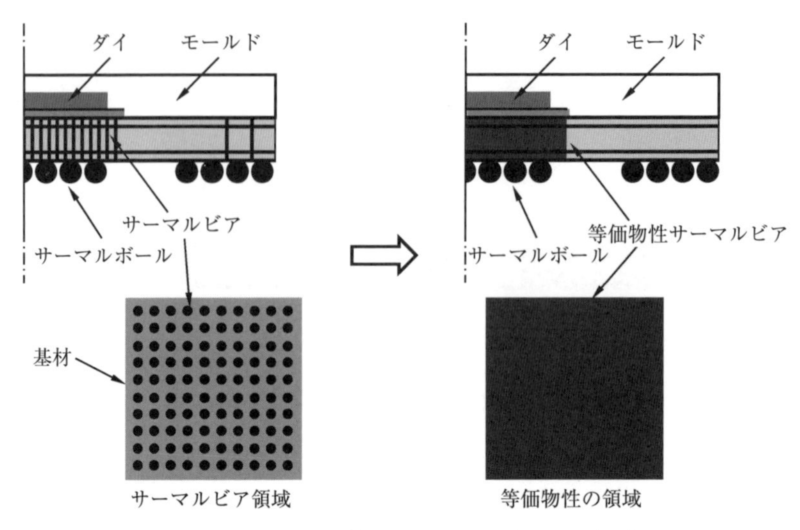


**図4-13　BGAパッケージ基板のサーマルビアのモデル化**

$$\lambda_z=\frac{\lambda_{Cu}\times A_{Cu}+\lambda_{GE}\times A_{GE}}{A_{Cu}+A_{GE}} \qquad (4\cdot 21)$$

ただし、$\lambda_{Cu}$：銅の熱伝導率（W/(m・K)）、$A_{Cu}$：銅の面積（m²）
$A_{GE}$：基材の熱伝導率、$A_{GE}$：基材の面積（m²）

**図4-14**は、FCBGAパッケージ基板（サブストレート）のサーマルビアを考慮したモデルの例です。ビアの効果は厚み方向の等価熱伝導率に反映されています。**図4-15**はビアを考慮したモデルとビアを考慮しないモデルの計算結果（熱抵抗）を比較したものです。ビアを考慮しない場合では、熱抵抗が20％程度高めに計算されています。

プリント基板は、モデルの詳細度が高いほど精度はよくなりますが、解析規模も大きくなります。モデルⅤやⅥは精度のよいモデルですが、全ての場合に必要とは限りません。プリント基板の種類や設計の段階に応じて適切なモデルは異なります。

配線パターンの設計前は、モデルⅠ～Ⅲが主となります。シミュレーションで部品の放熱性や部品間の相互影響を把握し、適切な等価熱伝導率を求め、基

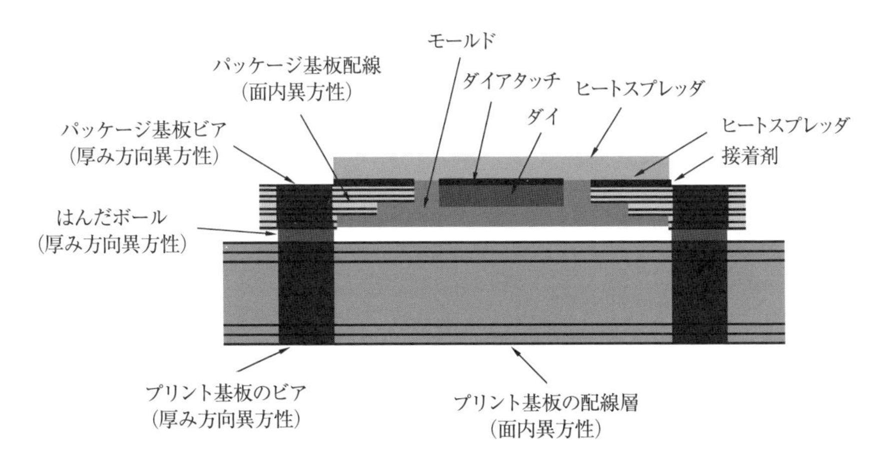


**図4-14　FCBGAパッケージとプリント基板のモデル例**

部品内部のパッケージ基板と部品を搭載するプリント基板のビアを接続して放熱経路を形成しており、これを表現するため異方性等価熱伝導率モデルを多用してモデル化した

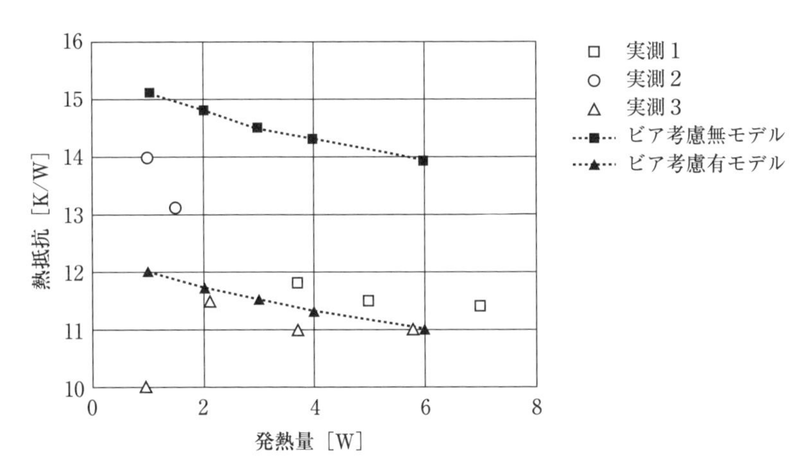


**図4-15　FCBGAパッケージおよび実装基板のビア考慮の影響**

(ビアを考慮しないと熱抵抗が大きめになる)

2003年熱設計・対策技術シンポジウム「熱設計解析コード使用のノウハウ」から引用)

表4-6　PCB熱伝導率集中定数モデル化適用のガイドライン

| 設計段階 | プリント基板のタイプ | 代表例 | モデルのタイプ |
|---|---|---|---|
| 配線設計前 | すべての基板 | | I, II, III, IV |
| 配線設計後 | 配線層の少ない基板 | 片面基板、両面基板 | V |
| | 多層基板 | ノートPCなどのメイン基板 | IV, V, VI |
| | 小型の多層板でビアの配置面積比率が大きい基板 | 半導体パッケージ内の基板 | IV、V、ビアが多い場合はVI |

板設計ではこの要件を満足する配線パターンを設計していくという手順になります。

一般には**表4-6**に示すガイドラインで、対象によって使い分けるのがよいでしょう。

## 4.4.3　プリント基板のその他の物性値

ここでは、主に定常解析における基板の領域分割と等価熱伝導率の設定方法について説明しましたが、非定常解析では比熱、密度が必要になります。これらは構成材料の体積比で重み付けして等価な値を算出します。また基板表面の放射率は、ソルダーレジストがコーティングされていれば0.85～0.9程度、銅箔がむき出しのものについては、0.1～0.3程度となります。

第5章

# 半導体パッケージのモデリング

電子機器の熱流体解析の目的は、実装部品の温度予測や熱対策の検討にあるといってもよいでしょう。特に半導体部品は、発熱源であるとともに温度に敏感なため、この温度をいかに精度よく推定できるかが熱流体解析活用の鍵になります。

しかしながら、半導体パッケージは構造が微細で複雑なため、モデリングは簡単ではありません。半導体部品は、半導体チップとそれを保護するパッケージ、外部と電気的な接続を行う構造物（リードフレームやパッケージ基板など）および接続端子から構成されます（**図5-1**）。

発熱源は半導体チップで、この温度（以下、ジャンクション温度$T_j$）が管理対象になります。ジャンクション温度とは、本来は異種半導体の接合部（ジャンクション）の温度ですが、集積回路ではチップ温度を示します。このジャンクション温度が、メーカーの提示する温度上限を超えると、半導体が正常に動

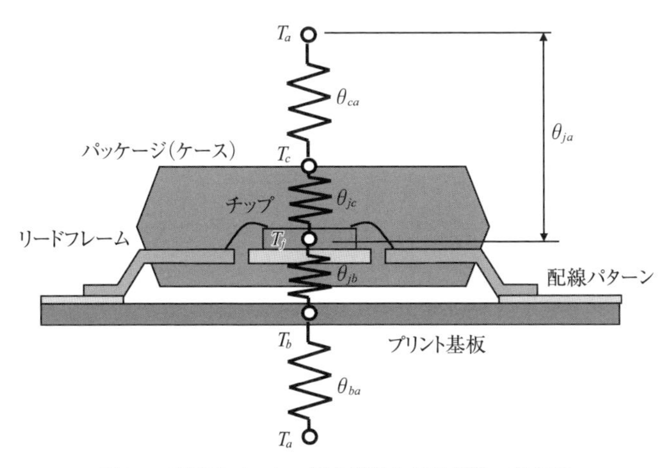


**図5-1　半導体パッケージの構造と放熱経路、熱抵抗**

**添字は$j$：ジャンクション、$c$：部品ケース、$b$：基板、$a$：周囲空気、$\theta_{jb}$は、チップと半導体パッケージの外周から1mm以内の基板表面との間の熱抵抗であるが、図では便宜上、部品直下の基板表面としている。**

作しなくなったり、部品の故障確率が増加して、寿命が短くなったりします。

ICの寿命は次式で示すことができます。

$$L = A \cdot \exp\left(\frac{E_a}{K \cdot T_j}\right) \qquad (5 \cdot 1)$$

ただし、$L$：寿命、$T_j$：ジャンクション絶対温度（K）、$A$：定数、
$K$：ボルツマン定数（$8.6159 \times 10^{-5}$eV/K]）、$E_a$：活性化エネルギー［eV］

この式から、ジャンクション温度$T_j$の上昇につれて、寿命が急激に短くなることがわかります。電子機器の設計に際しては、このジャンクション温度$T_j$がメーカーの提示する温度上限（125℃など）を超えないように、熱対策を施す必要があります。

しかし、半導体部品の内部構造や材料物性値は非公開の場合が多く、セットメーカーは、部品内部をブラックボックスとして解析モデルを作らざるを得ません。温度センサを内蔵した部品以外は、ユーザーがジャンクション温度を直接測定することが困難です。

こうした状況から、セットメーカーでは、部品メーカーが公表する半導体パッケージの熱的な特性「熱抵抗（$\theta_{ja}$、$\theta_{jc}$、$\theta_{jb}$）」を用いて表面温度や周囲温度からジャンクション温度を推定し、間接的に良否を判定することになります。

ここではこのような環境を前提として、部品を使う側が半導体パッケージをどのようにモデル化すべきか解説します。

# 5.1 半導体パッケージの種類と構造

最近は、たくさんの種類の半導体パッケージが登場しています。最初に代表的なパッケージの構造と特徴について説明します。

## 5.1.1 半導体パッケージの分類

半導体パッケージは、プリント基板にリードを挿入してはんだ付けする挿入実装型と、プリント基板表面にはんだ付けする表面実装型に大別できます（**図5-2**）。挿入実装型には、DIP、SIP、PGA、表面実装型には、SOP、TSOP、

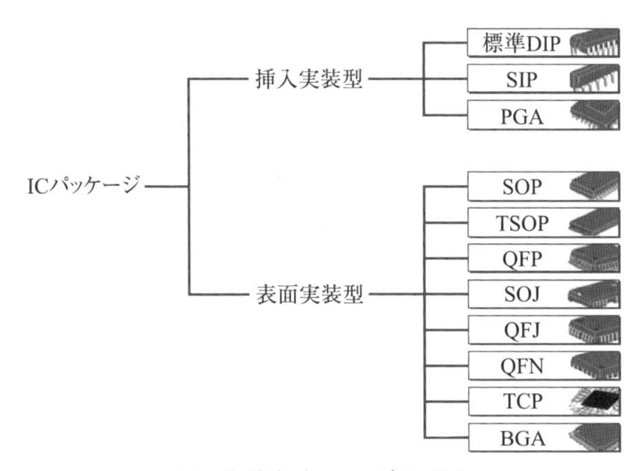


**図5-2　半導体パッケージの種類**

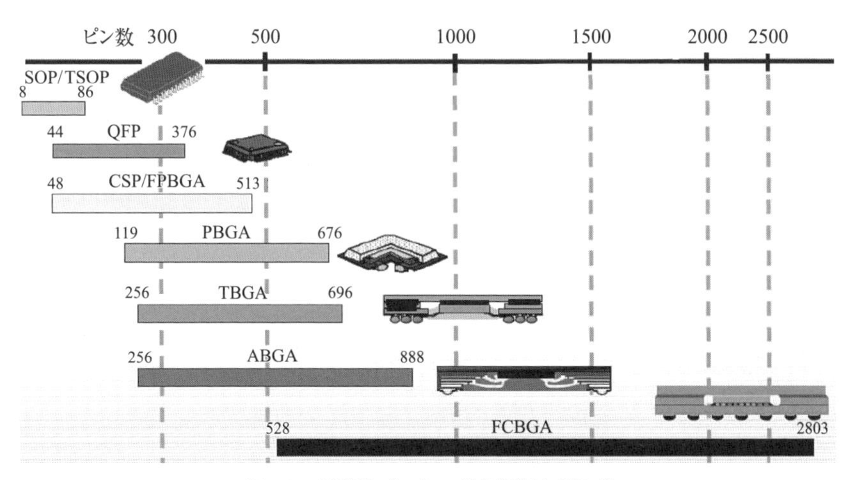


**図5-3　半導体パッケージの種類とピン数**

QFP、SOJ、QFJ、QFN、TCP、BGAがあります。現在、表面実装型が主流となり、挿入型部品は少なくなっています。

**図5-3**に半導体パッケージのピン数と種類との関係を示します。リードのついたパッケージは、リードの曲がりやはんだブリッジの懸念から、リード間隔を一定以下に狭めることができません。しかしBGAなどのリードレス部品は、パッケージ裏面に付けたはんだボールで直接プリント基板に接続するため、多

ピン化が可能です。

## 5.1.2　半導体パッケージの構造

### ①　DIP（Dual In-line Package）

DIPは、モールド樹脂封止タイプのリード挿入型で、リードフレーム材料は、熱伝導率が小さい42アロイ（ニッケルを42%含み、線膨張係数がシリコンに近い合金）が主流です。そのため、熱抵抗（$\theta_{ja}$）は比較的大きくなります。**図5-4**のように、アイランドと呼ばれる金属板の上に、マウント材を介してチップを固定します。チップとリードフレームをボンディングワイヤー（金線）で接続し、モールド樹脂で封止します。リードピッチが2.54mmのものをDIP、ピッチを1/2にしたものをSDIPと呼びます。

### ②　PGA（Pin Grid Array）

PGAは、中空タイプのリード挿入型で、セラミック製のパッケージにチップを配置し、気密封止します。パッケージの裏面に多数のリード（ピン）が格子状に配置された構造で、リード挿入型では最も多ピン化が可能です。

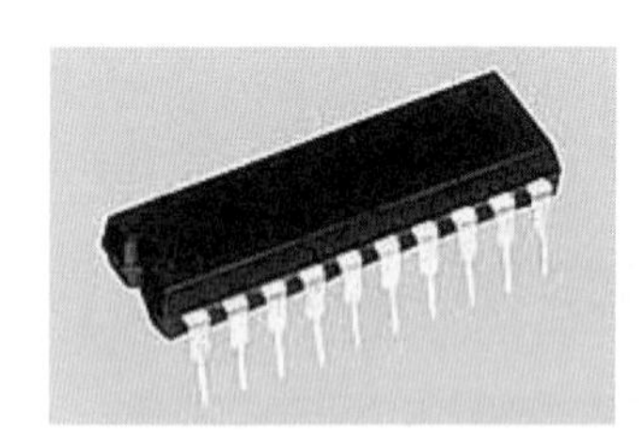

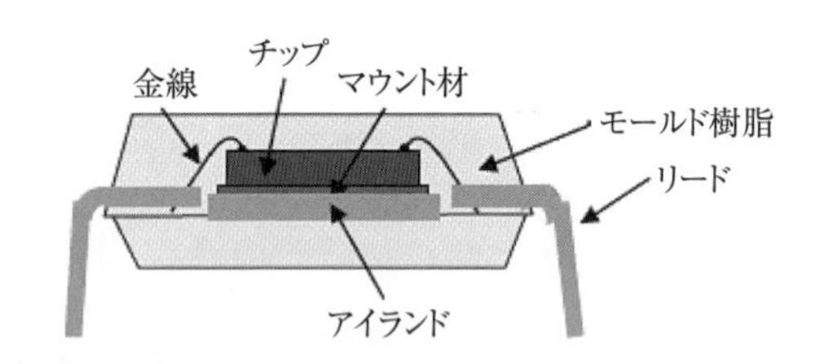


**図5-4　DIPの外観と構造**

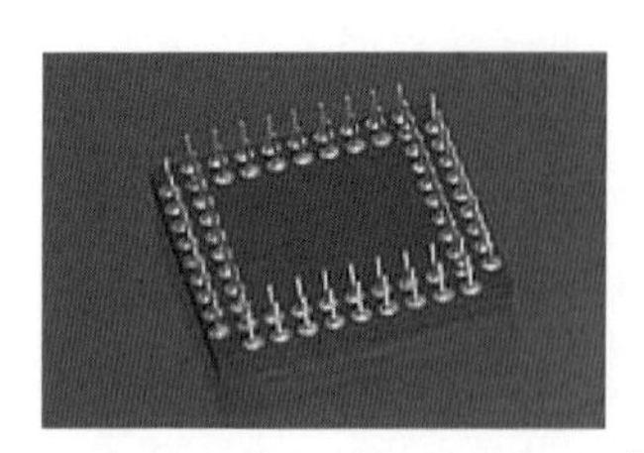

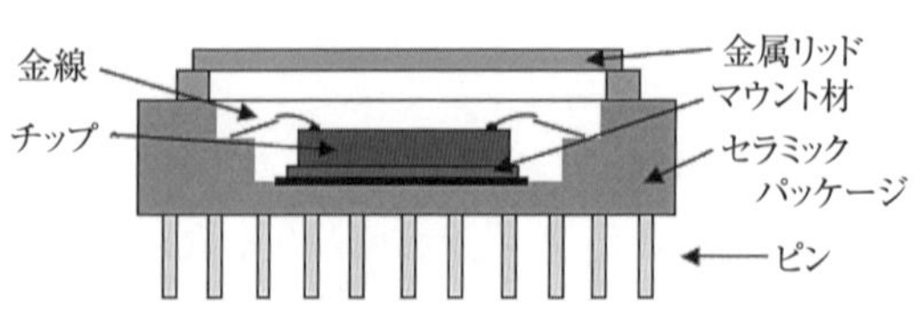


**図5-5　PGAの外観と構造**

**図5-5**のように、絶縁性の高いセラミックの上に、マウント材を介してチップを固定します。チップとリードフレーム間をボンディングワイヤーで接続し、上部を金属製の蓋で気密します。

### ③ SOP (Small Out-line Package)

SOPは、先端がかもめの翼（ガルウィング）のように外側に広がったリードをパッケージの長辺に配置したモールド樹脂封止タイプの表面実装型です。

**図5-6**のように、基本構造はDIPと同一で、DIPを表面実装型にしたパッケージです。SOPを薄型にしたタイプTSOP（Thin Small Out-line Package）や、リードの先端がJ型に内側に曲がっているタイプSOJ（Small Out-line J leaded Package）もあります。

### ④ QFP (Quad Flat Package)

QFPは、先端が外側に広がったリードをパッケージの４辺に配置したモールド樹脂封止タイプの表面実装型です。

**図5-7**に示すとおり、DIPやSOPと同一構造で、SOPのリードを4方向にし

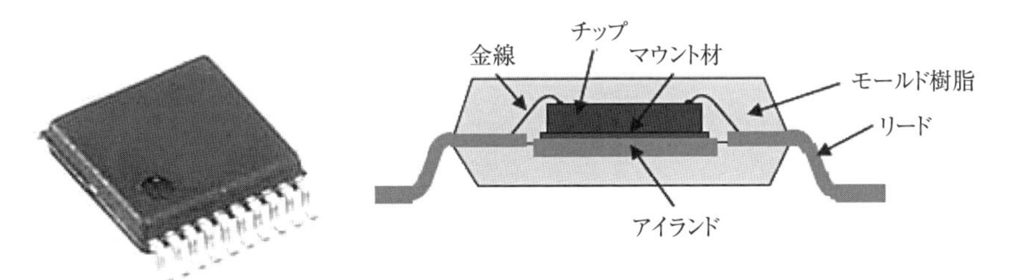


図5-6　SOPの外観と構造

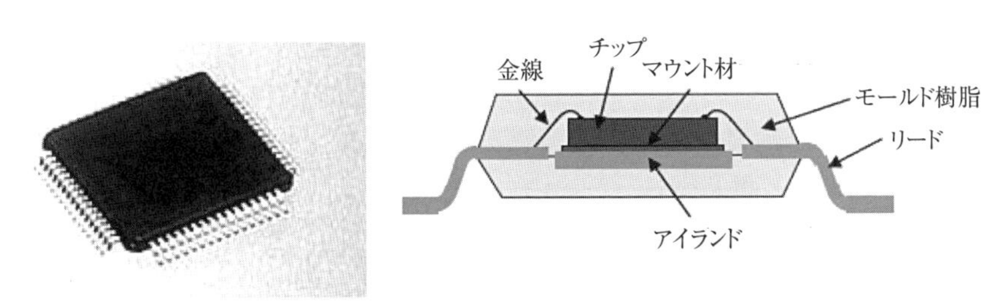


図5-7　QFPの外観と構造

たパッケージです。取り付け高さが1.21mm～1.70mmのものをLQFP（Low profile QFP）、1.20mm以下のものをTQFP（Thin QFP）と呼びます。リードの先端がJ型に内側に曲がっているタイプQFJ（Quad Flat J leaded Package）や、パッケージ裏面の4辺にリードを配置したQFN（Quad Flat Non-leaded Package）もあります。

### ⑤ PBGA（Plastic Ball Grid Array）

PBGAは、パッケージ裏面に格子状にはんだボールを配置したBGAで、チップとBGA基板間をワイヤーで接続し、モールド樹脂で封止します。

チップからの信号をはんだボールに振り分けるため、「BGA基板」（パッケージ基板やインターポーザ、またはサブストレートとも称する）と呼ばれるプリント基板の上に、マウント材を介してチップを固定します。リードフレームはなく、はんだボールで直接実装基板に接続する構造になります（**図5-8**）。

熱抵抗低減のため、パッケージ表面にヒートスプレッダを搭載したものも開発されています。これをHDBGA（Heat Dissipation BGA）と呼んでいます（**図5-9**）。

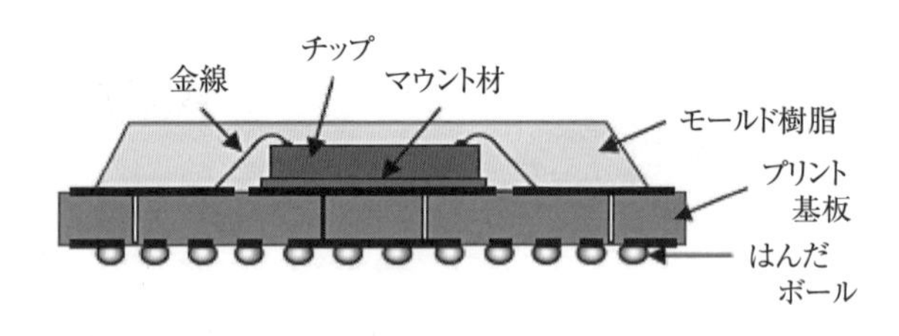


**図5-8　PBGAの外観と構造**

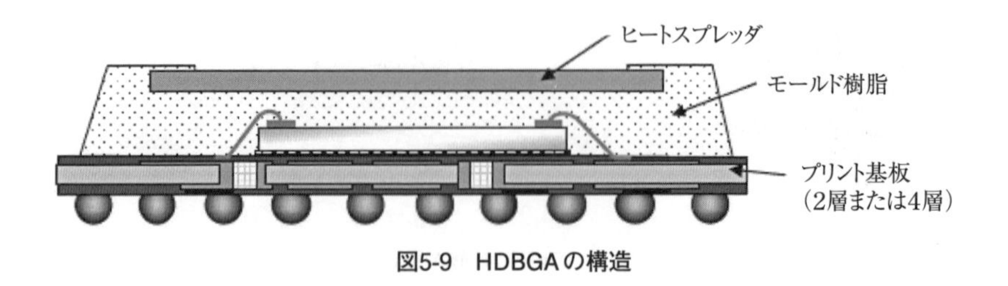


**図5-9　HDBGAの構造**

また、はんだボールを付けず、ランドだけを格子状に形成し、直接プリント基板に実装するLGA（Land Grid Array）と呼ばれるタイプもあります。

### ⑥ FPBGA（Fine Pitch Ball Grid Array）

FPBGAは、PBGAよりピンピッチを小さくして、サイズを小さくしたタイプで、基本構造はPBGAと同じです（**図5-10**）。BGA基板をテープ基板にしたTFPBGA（Tape Fine Pitch Ball Grid Array）もあります。

### ⑦ TBGA（Tape Ball Grid Array）

TBGAは、TABテープと呼ばれるポリイミドフィルムに、銅箔配線を施したBGAで、放熱板（ヒートスプレッダ）が付いています。BGA基板を使わずにポリイミドフィルムに配線を施しているため、薄型化が可能です。また、放熱板付きのため、放熱性にも優れています（**図5-11**）。チップはマウント材を介して、ヒートスプレッダに固定され、樹脂で封止・保護されています。配線を施したポリイミドフィルムに設けられたはんだボールで直接基板に接続します。

### ⑧ ABGA（Advanced Ball Grid Array）

ABGAは、ヒートスプレッダにチップを下向きに取り付け、チップと多層

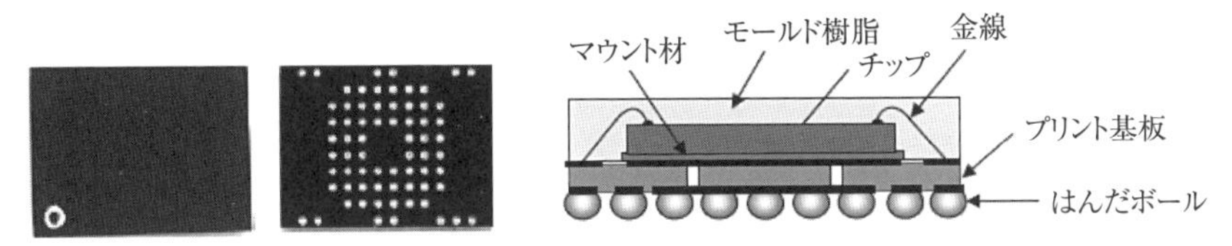


図5-10　FPBGAの外観と構造

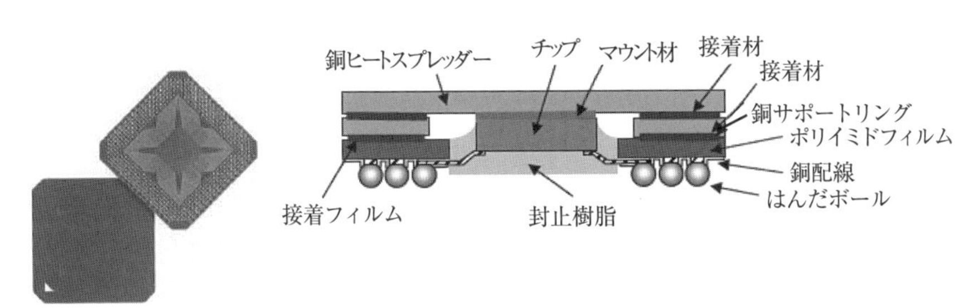


図5-11　TBGAの外観と構造

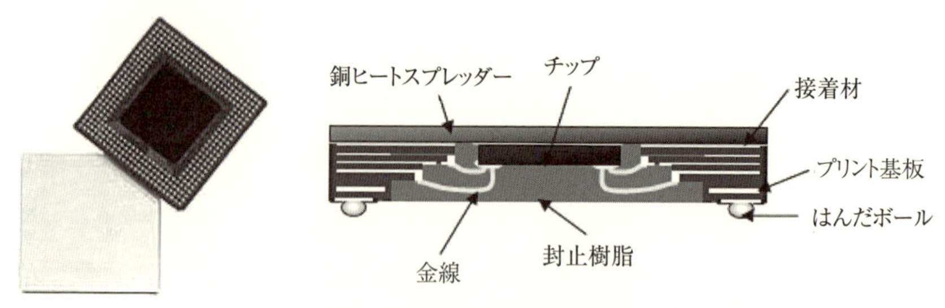


**図5-12　ABGAの外観と構造**

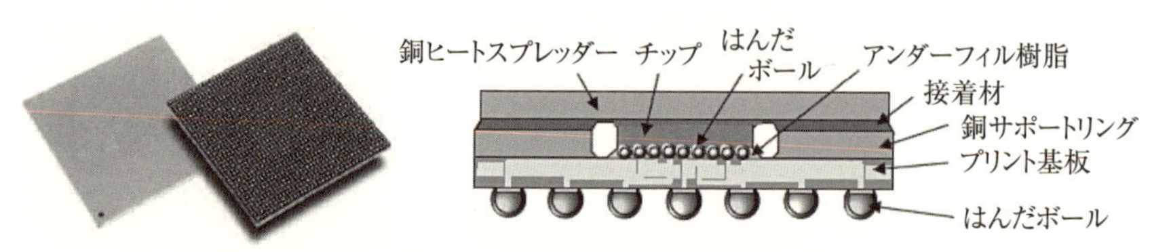


**図5-13　FCBGAの外観と構造**

BGA基板（主に6～8層）間をボンディングワイヤーで接続したBGAです。チップにヒートスプレッダが付いているため、放熱性に優れています（**図5-12**）。BGA基板のはんだボールで実装基板と接続します。

### ⑨　FCBGA（Flip Chip Ball Grid Array）

FCBGAは、PBGAのボンディングワイヤー部をはんだボール接続にしたBGAで、多層BGA基板（主に10～12層）に、チップをはんだボールで接続します。また、ABGA同様、チップにヒートスプレッダが付いているため、放熱性に優れていると同時に、数千ピンまでの多ピン化が可能な高性能BGAです（**図5-13**）。チップはマウント材を介して、ヒートスプレッダに固定され、チップ外周のサポートリングによって保護されています。

### ⑩　マルチチップ半導体パッケージ

複数のチップを実装したマルチチップ半導体パッケージも多数開発されています。**図5-14**には、1つの半導体パッケージに複数のチップを搭載したSiP（System in Package）、**図5-15**には、チップの上に直接他のチップを搭載するCoC（チップ on チップ）、**図5-16**には、複数の半導体パッケージを重ねて1

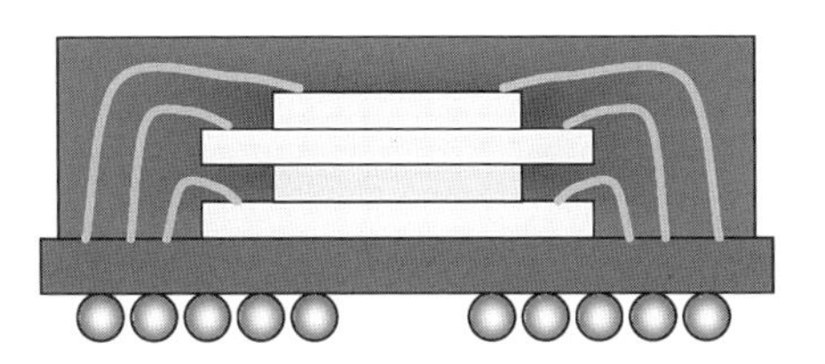

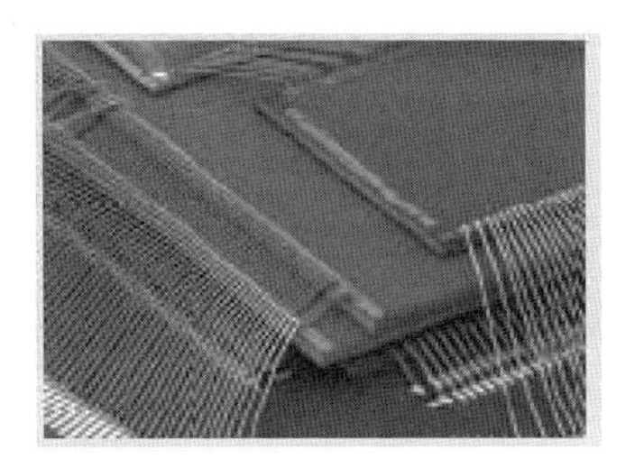

図5-14　SiP構造

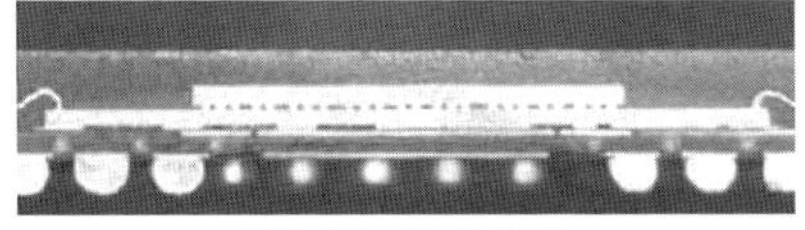

図5-15　CoC構造

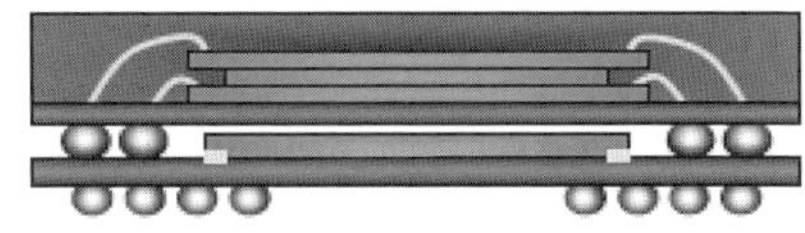

図5-16　PoP構造

つの半導体パッケージにしたPoP（Package on Package）の例を示します。

今後、半導体パッケージはますます多様化が進むと考えられます。

# 5.2 半導体パッケージの熱抵抗とその定義

## 5.2.1　半導体パッケージのタイプと熱抵抗

半導体パッケージの熱抵抗値は、**図5-17**に示すようにパッケージの種類とサイズに大きく依存します。ヒートスプレッダ付き半導体パッケージ（FCBGA、ABGA、TBGA）の熱抵抗値は一般に小さくなります。FCBGAはヒートスプレッダ付きと無しのタイプがあるため、熱抵抗値に幅があります。

PBGAはヒートスプレッダが付いていないため、熱抵抗値は大きくなります。PBGAを小型・高密度化したFPBGAの熱抵抗値は、PBGAよりも大きくなります。

QFPは細いリードが主な放熱経路になるため、BGA系の半導体パッケージよりも放熱性が悪く、熱抵抗値はさらに大きくなります。

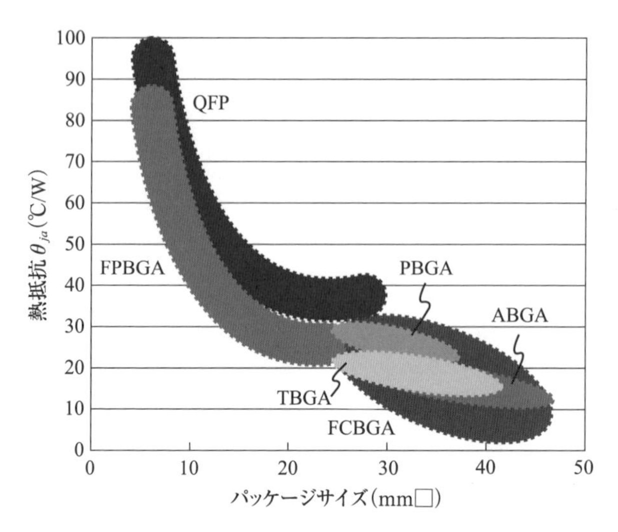


**図5-17　半導体パッケージの熱抵抗の比較**
**(熱抵抗の定義はJEDECに準拠している)**

## 5.2.2　半導体パッケージの熱抵抗の定義

半導体部品メーカーからは、パッケージの熱抵抗値が提供されますが、熱抵抗の定義および測定方法に関する3つの規格（MIL規格、SEMI規格、JEDEC規格）があるため、どの規格に準拠したものかを確認しておく必要があります。

MIL規格（Military standard）は、アメリカ国防総省が制定した軍事物資調達規格、SEMI (Semiconductor Equipment and Materials International) 規格は、世界の主要半導体・材料メーカーが所属する工業会が制定した規格、JEDEC (JEDEC Solid State Technology Association) 規格は、電子部品の標準化を推進するアメリカの業界団体が制定した規格です。

最近はJEDEC規格[脚注1)]を採用する半導体メーカーが多いので、ここでは、

脚注1）JEDEC規格の詳細は、JEDECのホームページからダウンロードすることが可能。熱抵抗に関する規定は、JEDEC Standard No.51-3/51-5/51-7など

脚注2）日本でも上記JEDEC規格を補完するガイドラインがJEITA（一般社団法人電子情報技術産業協会）より発行。詳細はJEITA EDR-7336「半導体製品におけるパッケージ熱特性ガイドライン」を参照

JEDEC規格に基づいた半導体の熱抵抗の定義とその測定方法を紹介します[脚注2)]。

半導体メーカーは、ジャンクション温度を算出するために、周囲空気とジャンクション（チップ）間の熱抵抗 $\theta_{ja}$（℃/W）を提供しています。$\theta_{ja}$の添字 $ja$はジャンクションの$j$と周囲空気（ambient）の$a$の意味です。$\theta_{ja}$は次式で定義されます。

$$\theta_{ja}=\frac{T_j-T_a}{Q} \qquad (5\cdot 2)$$

$T_j$：ジャンクション温度（℃）、$T_a$：周囲空気温度（℃）、$Q$：チップの発熱量（W）

ただし、$\theta_{ja}$は自然空冷条件下での測定結果を表し、強制空冷条件では、$\theta_{jma}$と表します。$\theta_{ja}$、$\theta_{jma}$がわかれば、周囲空気温度とチップの発熱量から、ジャンクション温度を以下の式で計算することができます。

$$T_j=(\theta_{ja}\times Q)+T_a \quad \text{または} \quad T_j=(\theta_{jma}\times Q)+T_a \qquad (5\cdot 3)$$

### 5.2.3　熱抵抗値を使用する際の注意点

#### （1）$\theta_{ja}$、$\theta_{jma}$ は使用状態で変化する

このように、パッケージの熱抵抗さえわかればジャンクション温度を正確に推定することができるように見えますが、実際には様々な問題があります。まず、熱抵抗 $\theta_{ja}$（℃/W）は、周囲の環境で変わります。例えば、強制空冷では風速が異なれば変わりますし、実装するプリント基板の層数や大きさによっても変わります。部品メーカーから提供される熱抵抗値は、規格に準じたプリント基板に実装されたときの熱抵抗値であり、使用する環境が測定環境と異なれば、この値を使った推定計算は不正確になります。

JEDEC規格で規定されているプリント基板の仕様は、**表5-1**、**表5-2**に示すとおり、パッケージのタイプ（QFP、BGA）や大きさで異なります。プリント基板の内層は、1層のプリント基板（1S Board）と、4層のプリント基板（2S2P Board）が規格化されています。1層のプリント基板では、被測定半導体パッケージに電源を供給するための銅箔パターンが表面にあり、その厚みは70$\mu$m、4

表5-1　JEDEC規格で定めるプリント基板の大きさ（QFP実装時）

| 半導体パッケージの外形 | プリント基板の外形 |
|---|---|
| QFPの外形＜27mm | 76.2mm×114.3mm |
| 27mm≦QFPの外形≦48mm | 101.6mm×114.3mm |

（※プリント基板厚みは1.6mm）

表5-2　JEDEC規格で定めるプリント基板の大きさ（BGA実装時）

| 半導体パッケージの外形 | プリント基板の外形 |
|---|---|
| BGAの外形≦40mm | 101.5mm×114.5mm |
| 40mm＜BGAの外形≦65mm | 127.0mm×139.5mm |
| 65mm＜BGAの外形≦90mm | 152.5mm×165.0mm |

（※プリント基板厚みは1.6mm）

(a) BGA用２層基板

(b) QFP用４層基板

図5-18　JEDEC規格に準拠した熱抵抗測定用プリント基板例

層のプリント基板では、第1層は被測定半導体パッケージに電源を供給するための配線パターンで、第4層にも必要に応じて配線パターンを設けてよいことになっています。また、中間層の2層、3層は銅箔ベタ層で、その厚みは35 $\mu$mです。$\theta_{ja}$、$\theta_{jma}$を使用する場合には、測定に使った基板の仕様などの諸条件を確認しておいたほうがよいでしょう。JEDECに準拠した熱抵抗測定用プリント基板の外観例を**図5-18**に示します。

### （2）基板からの放熱が少ない場合は$\theta_{jc}$が使用できる

部品メーカーからは、部品表面とチップ間の熱抵抗$\theta_{jc}$（℃/W）も提供されています。

$\theta_{jc}$は以下のように定義されます。

$$\theta_{jc}=\frac{T_j-T_c}{Q} \qquad (5 \cdot 4)$$

ただし、$T_j$：ジャンクション温度（℃）、$T_c$：部品表面温度（℃）、
$Q$：チップの発熱量（W）

$\theta_{jc}$（℃/W）は、部品表面とチップの間の材質や形状などに依存し、周囲の環境条件にはほとんど依存しません。この式から、$\theta_{jc}$（℃/W）にチップの発熱量$Q$（W）をかければ、部品表面とチップ間の温度差が求められると考えがちですが、ここに大きな落とし穴があります。

$\theta_{jc}$は、**図5-19**に示すように水冷式ヒートシンクを部品上面に装着し、チップの発熱がすべて半導体パッケージ上面に移動するようにして測定します。このことから$\theta_{jc}$（℃/W）は「チップの発熱量がすべて部品表面に伝わったときの部品表面とチップ間の熱抵抗」と定義されます。しかし、基板に実装された部品の熱は基板側からも逃げ、場合によってはパッケージ上面からの放熱量は全体の20%以下になることすらあります。基板に実装された部品のケース温度$T_c$を測定して、式（5・4）の$Q$にチップの発熱量を代入し、ジャンクション温度$T_j$を計算すると、現実の温度より高い値になります。

従って、$\theta_{jc}$（℃/W）は、ヒートシンクやヒートパイプを取り付けて、チップの発熱を主にパッケージ上面から放熱するような構造の場合にのみ使用します。

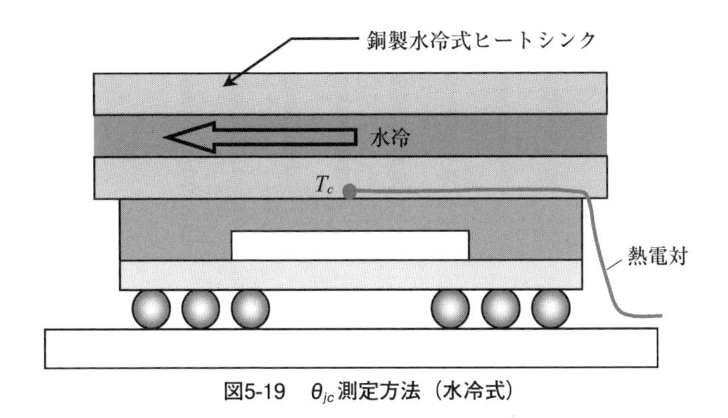


**図5-19　$\theta_{jc}$測定方法（水冷式）**

ヒートシンクを取り付けた場合には基板側からの放熱をほとんど無視できるので、周囲空気とチップ間の熱抵抗 $\theta_{ja}$（℃/W）は、次式で求められます（**図5-20**）。

$$\theta_{ja}=\theta_{jc}+\theta_{cf}+\theta_{fa} \tag{5・5}$$

ただし、$\theta_{cf}$：ヒートシンクと部品ケースの接触熱抵抗（℃/W）
$\theta_{fa}$：ヒートシンクの熱抵抗（℃/W）

2005年にはJEDEC規格に $\theta_{jcx}$（℃/W）が追加されました。$x$ は部品表面の位置を表し、半導体パッケージの上面中央とチップ間の熱抵抗であれば $\theta_{jctop}$、下面中央とチップ間の熱抵抗であれば $\theta_{jcbot}$ のように記述します。

### （3）基板からの放熱が大きい部品には $\Psi_{jt}$ を使う

ヒートシンクを付けない部品の表面とチップ間の熱抵抗は、JEDECで定義されている $\Psi_{jt}$ を用います。$\Psi_{jt}$ は以下の式で定義されます。

$$\psi_{jt}=\frac{T_j-T_t}{Q} \tag{5・6}$$

ただし、$T_t$：部品上面中央の温度（℃）、$T_j$：ジャンクション温度（℃）、
$Q$：チップ発熱量（W）

$\Psi_{jt}$ は、$\theta_{jc}$ と似ていますが、水冷式で測定するのではなく、JEDEC規格の

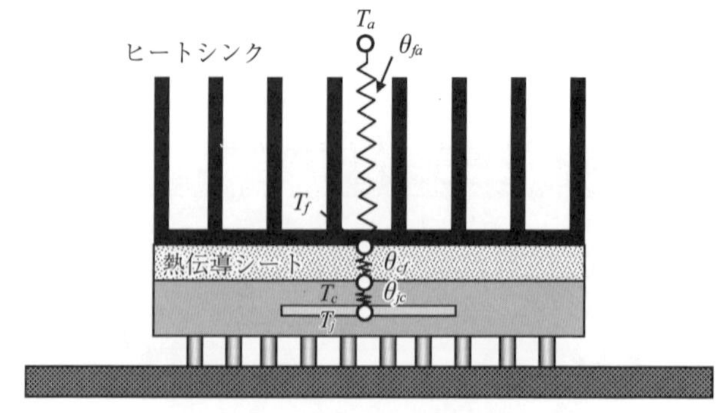


**図5-20　ヒートシンクがある場合の $\theta_{ja}$**
$\theta_{ja}=\theta_{jc}+\theta_{cf}+\theta_{fa}$

基板（図5-18）に実装して測定するため、基板への放熱を考慮した熱抵抗になります。ただし、プリント基板が小型化すれば基板への熱流量が減り、部品表面からの熱流量が増えるので$\Psi_{jt}$は大きくなります。結局、$\Psi_{jt}$も周囲の環境条件で変動することになるので、部品メーカーの測定条件を確認し、使用する環境条件と大きく異なっていないかを確認する必要があります。両者が大幅に異なる場合は、この値の使用は避けるべきでしょう。

ヒートシンクを取り付けない場合の$\theta_{ja}$（$\theta_{jma}$を含む）は、以下の式で推定できます（**図5-21**）。

$$\theta_{ja}=\psi_{jt}+\theta_{ca} \qquad (5\cdot7)$$

ただし、$\theta_{ca}$：部品表面と周囲空気間の熱抵抗（℃/W）

$\theta_{ja}$、$\Psi_{jt}$は、温度が高くなると表面の放射伝熱量が増えるため減少します。

そのためJEDECでは、試験時の周囲空気温度やチップの発熱量が規定されています。周囲空気温度は20℃～30℃で、試験中の温度変化は3℃以内でなければなりません。また、ジャンクション温度上昇値は最低でも20℃で、30℃～60℃を推奨しています。JEDECで定められた$\theta_{ja}$と負荷発熱量との関係を**表5-3**に示します。

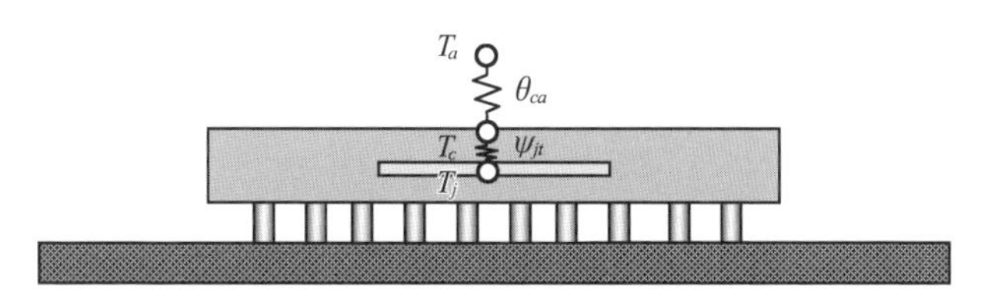


**図5-21**
**ヒートシンクがない場合の$\theta_{ja}$**
**$\theta_{ja}=\psi_{jt}+\theta_{ca}$**

**表5-3**
**負荷発熱量と$\theta_{ja}$**

| 負荷発熱量 | $\theta_{ja}$(℃/W)の範囲 |
|---|---|
| 0.5W | $\theta_{ja}$>100 |
| 0.75W | 60>$\theta_{ja}$>100 |
| 1.0W | 30>$\theta_{ja}$>60 |
| 2.0W | 20>$\theta_{ja}$>30 |
| 3.0W | 15>$\theta_{ja}$>20 |

### （4） $\theta_{jb}$ はそのままではシミュレーションデータには使えない

JEDECでは、ジャンクションと実装基板間の熱抵抗 $\theta_{jb}$ も規格化されています。$\theta_{jb}$ は、ジャンクションとプリント基板（board）間の熱抵抗ですが、基板側の温度は「半導体パッケージ外周から1mm以内の位置」と定義されています。

**図5-22**に $\theta_{jb}$ の測定方法を示します。半導体パッケージをJEDECに準拠した4層の実装基板に搭載し、半導体パッケージから5mm以上離れた位置で、実装基板を水冷ブロックで挟み込みます。熱電対は、半導体パッケージの外周から1mm以内の位置に貼り付けます。ジャンクション温度 $T_j$ と実装基板に貼り付けた熱電対の温度 $T_b$ との差を、半導体パッケージに印加した電力値で割って「ジャンクションと実装基板間の熱抵抗値 $\theta_{jb}$」を求めます。つまり、チップの発熱を水冷ブロック側に流し、そのときのジャンクション温度と半導体パッケージの外周から1mm以内の位置の実装基板との温度差を発熱量で割った値が $\theta_{jb}$ になります。これは、後に述べる2抵抗モデルの熱抵抗 $\theta_{jb}$ の定義（チップ温度と部品パッケージ直下中央の基板温度との差を部品の発熱量で割った値）とは異なります。そのため、部品メーカーの提供する $\theta_{jb}$ を2抵抗モデルの $\theta_{jb}$ として使うのは適切ではありません。

なお、ジャンクション－基板間の熱抵抗に関しても $\Psi_{jb}$ が定義されています。$\Psi_{jb}$ は水冷ブロックがない状態でのジャンクションと実装基板の温度差を、発

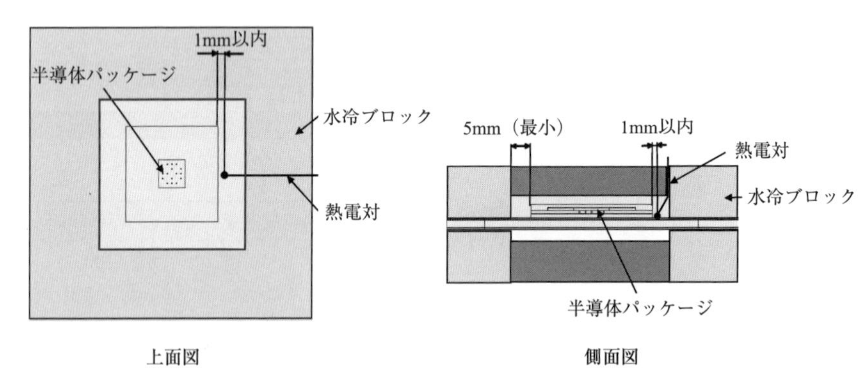


**図5-22　$\theta_{jb}$ の測定方法**

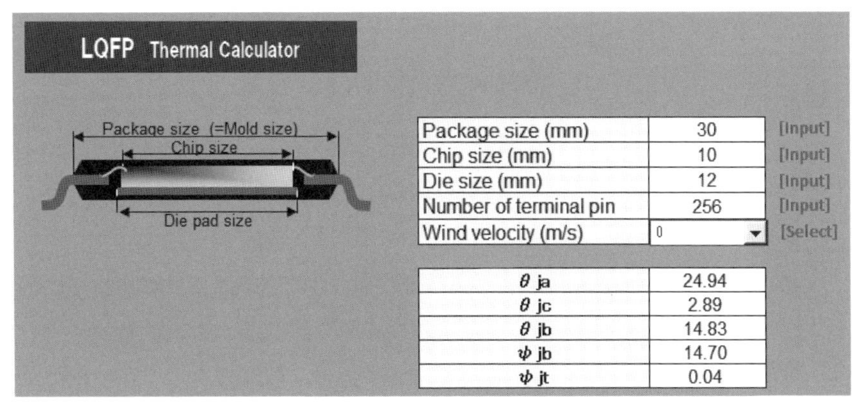


図5-23　半導体パッケージの熱特性計算ツール

熱量で割った熱抵抗値です。ただし、この$\Psi_{jb}$は強制空冷だけが定義されています。

**（5）熱抵抗データが入手できない場合**

部品メーカーから必要な熱抵抗データを入手できないことも多いため、JEITAより半導体パッケージの熱特性計算ツールが公開されています（URLは本書付録を参照）。これは代表的なパッケージタイプ（QFN、PBGA、FCBGA、FBGA、LQFP、CSP）ごとに、任意のパラメータ（パッケージサイズやデバイスサイズ等）における熱抵抗値（$\theta_{ja}$、$\theta_{jc}$、$\theta_{jb}$、$\Psi_{jb}$、$\Psi_{jt}$）を予測する簡易ツールです。なお、算出される各熱抵抗値に対する注意点は（1）〜（4）で説明した通りです。**図5-23**にツールの入力画面を示します。

## 5.3 半導体パッケージのコンパクトモデル

半導体パッケージは、非常に微細で複雑な構造となっています。装置に実装した半導体部品を詳細にモデル化すると、解析規模が極端に大きくなり、計算に時間がかかります。また、半導体パッケージの内部構造や物性値は一般に非公開です。

そこで、半導体パッケージを小規模なモデルに変換するいわゆる「コンパクト化」が重要になります。半導体部品のモデル化には主に4種類の方法があります。

**1）単一ブロックモデル**

部品を1つの均一な直方体ブロックで表現するもので、実測値や詳細モデルの解析値を使ってブロックの等価熱伝導率を同定する必要があります。

**2）多ブロックモデル**

部品をいくつかの部位を代表する等価ブロックで表現するもので、熱的特性はメーカーが提供する $\theta_{jc}$ を使用して計算します。

**3）熱回路モデル**

部品を複数の熱抵抗回路網で表現するもので、熱抵抗値は詳細モデルの解析から同定します。

**4）詳細モデル**

部品の構造をそのまま形状表現したモデルです。部品の構造や構成素材の物性データがないと作成できません。リードフレームやボンディングワイヤーなどの微細な構造については等価ブロックで表現します。

1）～3）をコンパクトモデルと呼びます。以下にコンパクトモデルの作り方を説明します。

### 5.3.1　単一ブロックモデル

半導体パッケージのもっとも簡単な表現方法は単純なブロックです。しかし、このブロックに樹脂の熱伝導率と部品の発熱量を与えても、実際の温度とは合いません。半導体パッケージはさまざまな部材から構成され、一様な材料として設定したものとは熱的な特性が異なるためです。

そこで半導体部品の実測温度を入手し、解析値と実測値が一致する熱伝導率を逆算して合わせ込みます。このモデルは温度を測定した環境と違う条件で解析すると、誤差が大きくなる可能性があります。温度の絶対値を追求するのではなく、他部品との相対比較や対策効果把握に用いるのがよいでしょう。

単一ブロックモデルの作成手順は以下のようになります。

### （1）部品温度の実測値を入手する

実使用環境に近い条件で部品の温度を測定します。実測データがない場合には、部品の詳細モデルを作成して実測の代わりに使用することもできます。測定温度は部品ケース温度でもジャンクション温度でもかまいませんが、合わせ込みに使用する温度は1つです。

### （2）適当な熱伝導率と放射率を設定した直方体モデルを作成する

ブロックサイズは該当する半導体パッケージの最大外形に合わせます。リードや放熱板などの形状は除外し、モールドパッケージの占める最大領域を最大外形とします。次に、熱伝導率を0.3W/(m・K)、放射率を0.9というように物性値を仮入力します。発熱は均一な体積発熱として与え、発熱量は実測時の消費電力とします。

### （3）作成した直方体モデルで解析を実施する

基板仕様や冷却条件、周囲温度などを測定時の条件に合わせて解析モデルを作成します。定常計算を行い実測した箇所の温度を求めます。実測がケース上面温度であれば、直方体モデルの上面温度を調べます。測定部がチップ温度などパッケージ内部にある場合は、直方体の中心温度を調べます。

### （4）直方体モデルの熱伝導率を変更する

こうして得た解析結果を実測値と比較し、解析値＜実測値であれば熱伝導率を最初の設定値よりも小さく、解析値＞実測値であれば熱伝導率を大きく設定し直し、再び解析を実行します。

### （5）直方体モデルの熱伝導率を推定します

いくつかの熱伝導率と温度の関係が求められると、熱伝導率と温度上昇とが反比例することから、実測温度に該当する熱伝導率を推定することができます。

### （6）直方体モデルの熱伝導率を合わせ込む

このようにして推定した熱伝導率を単一ブロックモデルの物性値として与え、解析温度が実測値と一致するまで繰り返します。これによって実測と合う等価な熱伝導率が求められますので、以後の解析はこの熱伝導率を使うことができます。

実際の半導体パッケージを単一ブロックモデルで評価した例を紹介します。

**図5-24**は、対象としたPBGAパッケージの外形寸法、**表5-4**は熱抵抗データです。

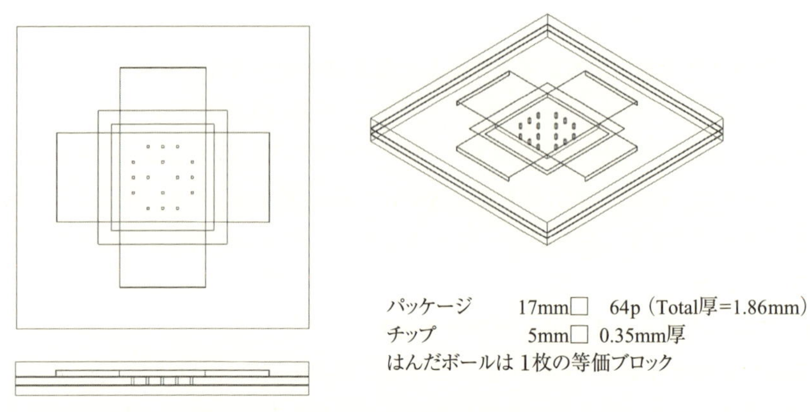


**図5-24　PBGAの外形寸法**

**表5-4　PBGAの熱抵抗**

| | | | |
|---|---|---|---|
| $\theta_{ja}$ | 21.2 ℃/W | | |
| $\theta_{jc}$ | 3.08 ℃/W | $\Psi_{jt}$ | 0.20 ℃/W |
| $\theta_{jb}$ | 13.0 ℃/W | $\Psi_{jb}$ | 10.5 ℃/W |

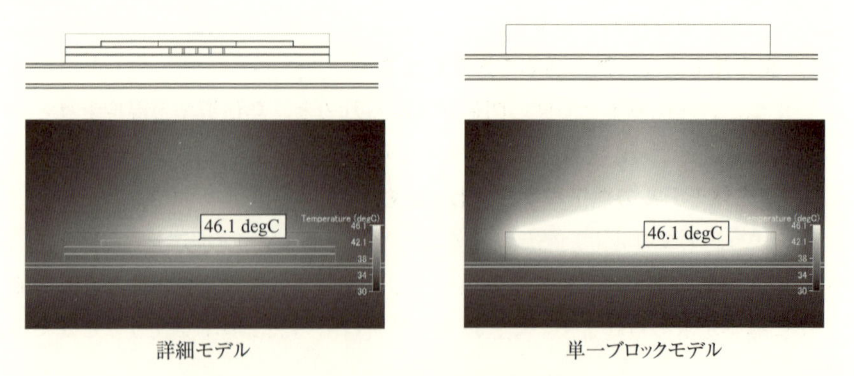


**図5-25　単一ブロックモデル（右）と詳細モデル（左）**

**両者の同一位置の温度が一致するよう、単一ブロックモデルの熱伝導率を決定する**

単一ブロックモデルでの熱伝導率の合わせ込みには、最適化ツールが活用できます。

**図5-25**はFloTHERMの最適化機能（Command Center）を使ってPBGAの詳細モデル（左）と同等の結果温度を得られる単一ブロックモデル（右）を自動生成したものです。この例では、単一ブロックモデルの中心温度と詳細モデルのジャンクション温度が一致する等価熱伝導率は、0.1975 W/(m・K) という小さい値になりました。これは、単一ブロックモデルでは部品と基板の間の熱抵抗が考慮されておらず、すべての熱抵抗をブロックの熱伝導率として調整しているためです。

単一ブロックモデルは一定の条件下で結果が合うよう調整されたものなので、使用に際しては、以下の条件を満たす必要があります。

**① 解析での環境条件が実測時の環境条件と大きく異ならないこと**

自然空冷下での実測結果にチューニングした単一ブロックモデルで強制空冷の解析を行ったり、搭載基板の熱伝導率が著しく異なったりした場合には誤差が出ます。

自然空冷の条件で熱伝達率を調整した部品を、強制空冷の解析に用いた場合の誤差例を**図5-26**に示します。風速が大きくなると単一ブロックモデルでは温度が低めになることがわかります。

これは部品全体に体積発熱を与えたことが原因のひとつです。部品全体に体積発熱を与えると均一な温度になりやすいため、風速の増大とともに発生するパッケージ内の温度差を小さく見積ります。例えば**図5-27**は、体積発熱とチップ部発熱の結果を比較したものです。チップ部だけを発熱させるとチップ部の温度が局部的に高くなっていることがわかります。5.3.2で述べる方法などでチップサイズを推定し、チップ部に発熱を与えたほうが誤差は少なくなります。

**② 定常計算の範囲で使用すること**

単一ブロックモデルでは熱伝導率を調整していますが、熱容量は異なります。非定常解析を行うと、過渡応答時の温度変化は一致しません。

**③ 温度を比較する場所を変えないこと**

実測によって調整された温度は、ケース上面の中心温度やジャンクション温

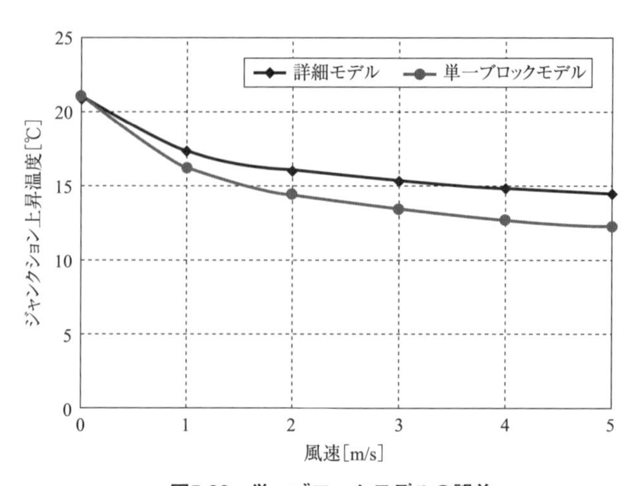


**図5-26　単一ブロックモデルの誤差**

**熱伝導率を同定した条件と異なると誤差は拡大する。**
**図は風速0m/s（自然空冷）で同定したモデルを強制空冷で使用した場合の誤差例**

1）部品全体に体積発熱を与えた場合

2）チップ部だけに発熱を与えた場合

**図5-27　体積発熱領域の違いによる結果の差異（風速2m/s）**

度というように、一箇所です。それ以外の部位の温度を比較しても一致しません。

## 5.3.2　多ブロックモデル

単一ブロックモデルは、実測データがあることが前提条件になります。しかし、毎回パッケージの温度を測定してパラメータを決めるのは容易ではないでしょう。そこで、部品メーカーから入手できる熱抵抗データを使って熱等価熱

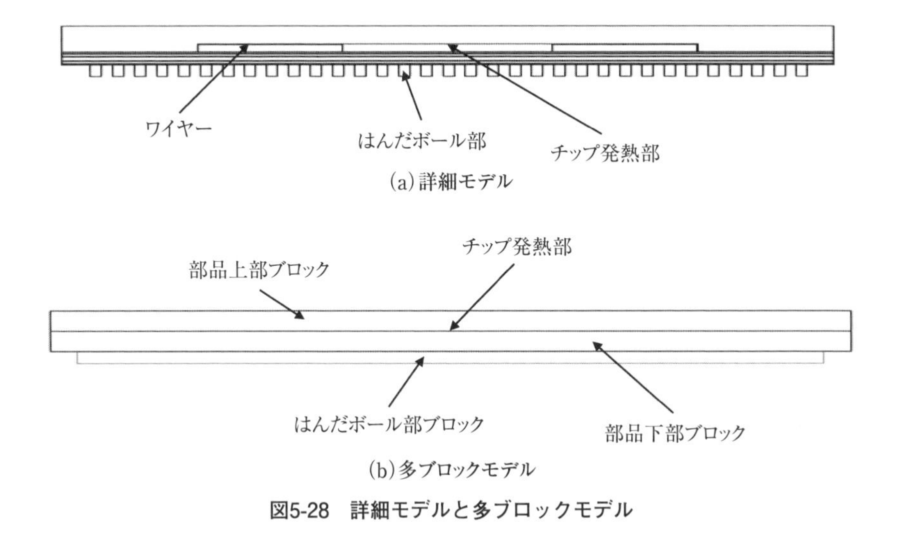


**図5-28　詳細モデルと多ブロックモデル**

伝導率ブロックを作り、これらを組み合わせてモデル化する方法が考案されています。2抵抗モデルや、多ブロックモデルがこれに当たります。ここでは部品を複数のブロックに分けてモデル化する方法を紹介します。

### (1)　PBGAの多ブロックモデル

最初にPBGAパッケージの多ブロックモデル作成方法を紹介します。多ブロックモデルは、**図5-28**に示すように、1つの部品を「部品上部」、「部品下部」、「部品と基板の接続部」に分けて表現します。「部品と基板の接続部」は複数のブロックで構成します。各ブロックの熱的特性を以下の手順で計算します。

#### ①　部品上部ブロックの作成

BGAのモールド部分を厚み方向に2等分し、上下2ブロックに分割します。ブロックの寸法は部品の外形寸法とします。半導体チップの大きさや位置は公開されていませんが、チップ（発熱部）はパッケージの中央にあるものとし、厚みを持たない板でモデリングします。チップの大きさは、以下の式を用いて$\theta_{jc}$から推算します。

$$A=\frac{t/2}{\lambda\times\theta_{jc}} \qquad (5\cdot8)$$

ただし、$A$：チップの面積（$m^2$）、$\lambda$：モールドの熱伝導率（W/(m・K)）、
$t$：半導体パッケージ本体の厚み（m）

BGA本体の上半分は樹脂なので、$\lambda$はパッケージ樹脂の熱伝導率1W/(m・K)とします。

② 部品下部ブロックの作成

BGA本体下半分は大部分がパッケージ基板（BGA基板）で占められています。パッケージ基板は、銅箔配線パターンと樹脂で構成され、平面方向と厚み方向で等価熱伝導率の値が異なるため、下部ブロックには異方性熱伝導率を設定します。

パッケージ基板の層数は2層、4層など、異なりますが、不明な場合は3層とし、銅箔残存率を50%とします。この条件で面方向の等価熱伝導率を計算すると30W/(m・K）程度の値になります。

厚み方向の等価熱伝導率は、ビアの有無によって異なりますが、等価熱伝導率を0.25W/(m・K）とすると、±15%程度の精度で詳細モデルの結果と一致します（**図5-29**）。さらに精度を追求したい場合、解析結果から求めた$\theta_{ja}$がメーカー提示の値と一致するように、厚み方向の熱伝導率を調整します。

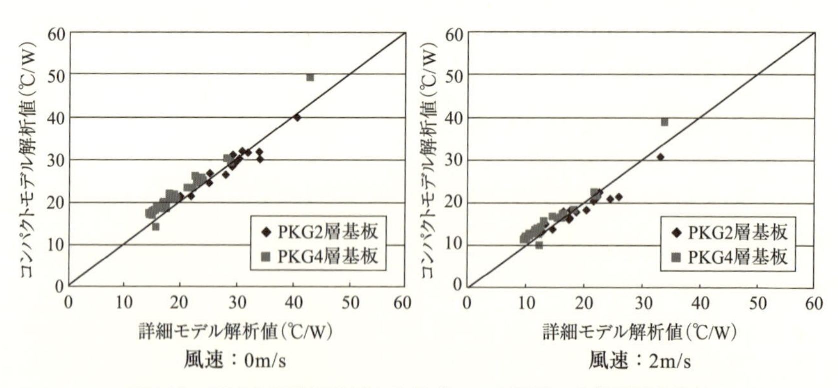


**図5-29 PBGAの詳細モデルと多ブロックモデルの解析精度比較**
**(旧NECエレクトロニクス社製品の例)**

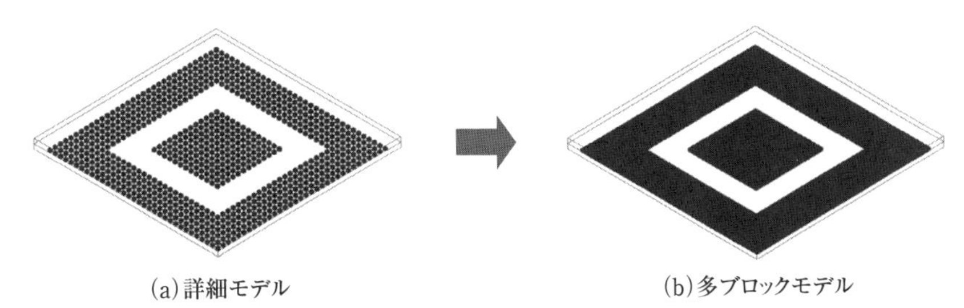


**図5-30　はんだボール部ブロック**
**多ブロックモデルでは、はんだボール群を５つのブロックに分けて、異方性等価 熱伝導率を与えます**

### ③　はんだボール部ブロックの作成

はんだボール部は、**図5-30**のようにボールがない部分が存在します。ボールの配置によって熱抵抗が変わるので、1ブロックにせず、複数の異方性熱伝導ブロックでモデル化します（図5-30（b）参照）。

それぞれの等価ブロックの厚み方向の等価熱伝導率$\lambda_{eq}$は、はんだの熱伝導率$\lambda_s$に、ブロックの断面積$A_B$とブロック内のはんだボールの総断面積$A_s$の比率を掛けた値（式5・9）を使用します。

$$\lambda_{eq}=\lambda_S\frac{A_S}{A_B} \qquad (5\cdot 9)$$

ブロックの面方向の等価熱伝導率は空気の熱伝導率（0.028W/(m・K）程度）を与えます。

## （2）　QFPの多ブロックモデル

QFP（**図5-31**）もPBGAと同様な方法で多ブロックモデルを作成します。

### ①　部品上部ブロックの作成

部品上部ブロックはPBGAと同じ方法でモデリングします。熱伝導率は1W/(m・K）とし、同じ方法でチップ面積を割り出し、発熱を与えます。

### ②　部品下部ブロックの作成

部品下部ブロックもPBGAと同様に、パッケージの半分の厚みのブロックとして等価熱伝導率を設定します。下部ブロックの等価熱伝導率は、リードフレームの材料によって値が変わります。リードフレームが銅合金の場合は、等価熱伝導率＝6W/(m・K）とすると、±10%の精度で詳細モデルの解析結果

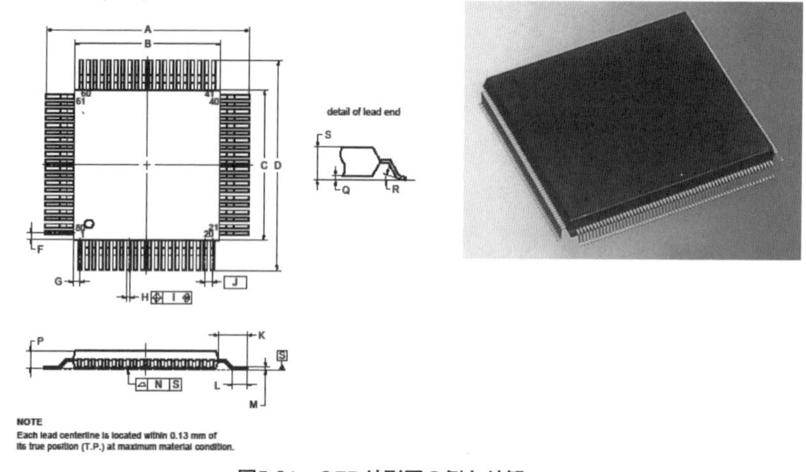


**図5-31　QFP外形図の例と外観**
（旧NECエレクトロニクスデータブックより引用）

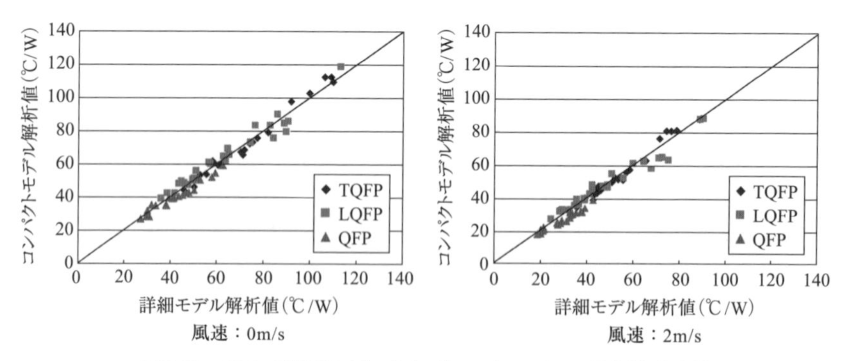


**図5-32　QFPの詳細モデルと多ブロックモデルの解析精度比較**
（旧NECエレクトロニクス社製品の例）

と一致しています（**図5-32**）。

ただし、厚みが1mm以下のQFPやリードフレーム材料が42アロイの場合などでは、誤差が大きくなることがありますので、メーカーが提示する$\theta_{ja}$と解析値が合うよう、適切な等価熱伝導率を求めます。

(a) TO220パッケージ
外形：10.6×15×4.5mm

(b) TO220実装基板
基板外形：100×100×1.6mm
2層板、銅箔厚35μ、裏面パターン銅箔ベタ

**図5-33　実験に用いたTO220パッケージと基板**

### ③　部品と基板の間のブロック作成

QFPでは、部品と基板の間に空気層があります。QFPはチップからリードに流れる熱流量が少なく、ほとんどの熱がこの空気層を介してプリント基板に流れます。このためリード部は省略します。ブロックの熱伝導率は空気の熱伝導率を用います。

## (3) TO220のコンパクトモデル（実測比較）

パワー半導体によく使われるTO220パッケージについて、解析モデル方法と実測値とを比較した例について紹介します。**図5-33**に実験に用いた部品と基板の外観を示します。ここでは詳細モデルと2つのコンパクトモデルを作成し、解析精度を評価しました。

### ①　詳細モデル

詳細モデルは、**図5-34**に示すように部品内部構造を詳細にモデル化し、熱物性値も正確に入力しています。発熱はアルミナ基板上面に面発熱3Wを与えています。

### ②　2ブロックモデル

2ブロックモデルでは部品を底部の銅フレームと樹脂ケースの2つで表現し、発熱は銅フレームの樹脂ケースとの境界に面発熱として与えています。基板への取り付け面のはんだは省略し、完全接触としています。

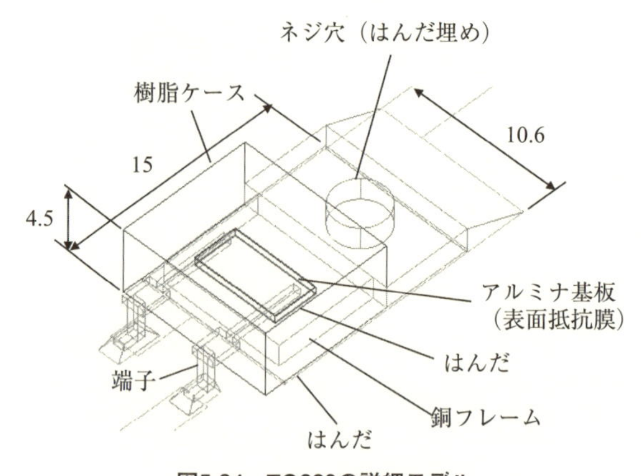


**図5-34　TO220の詳細モデル**

**表5-5　TO-220のモデル（発熱はいずれも3W）**

| | 詳細モデル | 2ブロックモデル | 単一ブロックモデル |
|---|---|---|---|
| イメージ | | | |
| 構成 | 図5-34参照 | 銅フレームと樹脂ケースの2ブロック構成 | 樹脂ケースのみの1ブロック構成 |
| 発熱部 | 抵抗膜上面に面発熱 | 銅フレーム上面一部に面発熱 | 樹脂部全体を体積発熱 |

### ③　単一ブロックモデル

単一ブロックモデルでは、樹脂ケースのみを1つのブロックで表現し、物性値は樹脂の熱伝導率（0.8W/(m・K)）、発熱は全体に体積発熱を与えています。モデルの特徴を**表5-5**にまとめました。

**図5-35**に詳細モデルの解析結果と実測値との比較を示します。部品ケース温

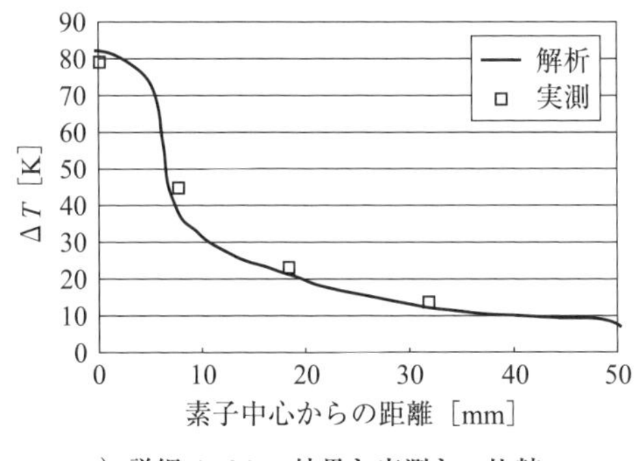


a）詳細モデルの結果と実測との比較

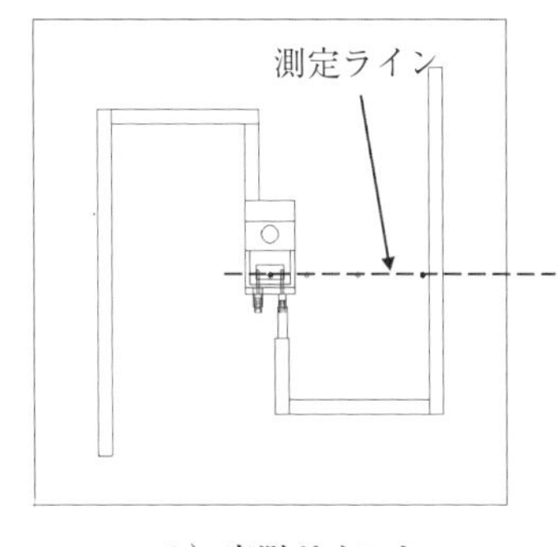


b）実測ポイント

**図5-35　TO220の解析結果と実測値の比較**

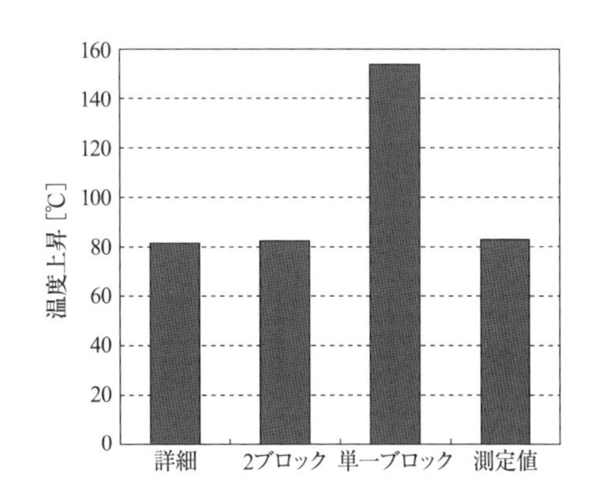


**図5-36**
**コンパクトモデルと詳細モデルの比較**

度、基板温度とも、解析値と実測値はよく一致しています。

**図5-36**は、各モデルの解析結果（部品ケース上面の温度）を実測値と比較したものです。詳細モデルと2ブロックモデルは実測値とよく一致していますが、単一ブロックモデルは、実測値よりもかなり高い温度になっています。これは熱伝導率の大きい銅フレームを無視し、熱伝導率の小さい樹脂材料のみで部品を表現したことが大きな原因です。

前述のとおり、単一ブロックで部品を表現する場合には、ブロックに樹脂の熱伝導率を与えてはいけないことが実測比較からもわかります。実測に合わせ

(a) SOP外観
外形：11×5.7（リード除く）×2.2mm

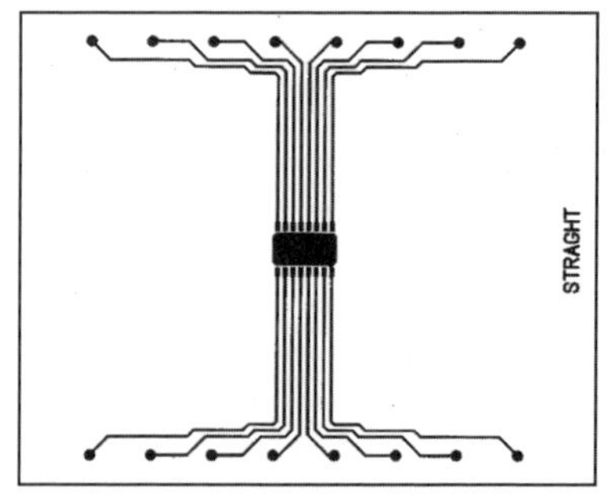


(b) SOP実装基板
基板外形：95×76×1.6mm
2層、銅箔厚30μ、裏面パターン銅箔ベタ

**図5-37　実験に用いたSOPパッケージと基板**

て等価熱伝導率を逆算して与えるような工夫をしないと、解析誤差が極端に大きくなります。

精度を保ちながら解析規模を減らすことができる2ブロックモデルが、装置レベルの解析では適切なモデルといえます。

### （4） SOPコンパクトモデル（実測比較）

SOP（Small Out-line Package）は、**図5-37**（a）に示すように長方形パッケージの両側にリードを配置したタイプで、ピン数の少ない部品に使用されます。この部品を図5-37（b）のような配線が施されたプリント基板の中央に搭載し、解析と測定の比較を行った例を紹介します。部品は詳細モデルと多ブロックモデルで作成しています（**表5-6**）。

#### ①　詳細モデル

リードやチップなどの部品内部構造を詳細にモデル化し、はんだ接合部分ははんだ層もモデル化します。発熱はチップ部分に面発熱として1W与えます（**図5-38**）。

#### ②　多ブロックモデル

全体をパッケージ樹脂ブロック、空気ブロック（部品基板間のすきま）、薄板伝熱板（チップ）およびリード部薄板で表現します。リード部は一体化した1枚の板で表現し、異方性等価熱伝導率を与えます（**図5-39**）。リード部の等価

表5-6　SOPのモデル（発熱はいずれも1W）

| | 詳細モデル | 多ブロックモデル |
|---|---|---|
| イメージ | | |
| 構成 | 図5-38参照 | ・パッケージ樹脂ブロック、部品下部空気ブロック、リード薄板ブロック（伝熱平板）に分割<br>・はんだはモデル化しない（図5-39） |
| 発熱部 | アルミナ基板上面を面発熱 | ・パッケージ樹脂ブロック下面に薄板伝導板を設け、面発熱（図5-39） |

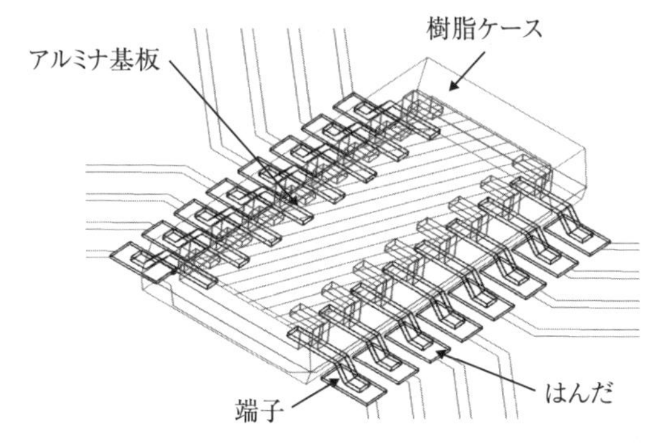


図5-38　SOPの詳細モデル

熱伝導率はリードと空気の占有体積から以下の計算で求めます。

リード幅合計＝3.2mm、空気幅合計7.8mm、リードの熱伝導率＝301W/(m・K)より、リード方向の等価熱伝導率＝301×3.2/(3.2＋7.8)＝87.56W/(m・K)が得られます。リードに直交する方向の熱伝導率は空気の値（0.027W/(m・K)）とします。

なお、プリント基板はすべて、配線パターンを詳細に表現したモデルを使用しました。

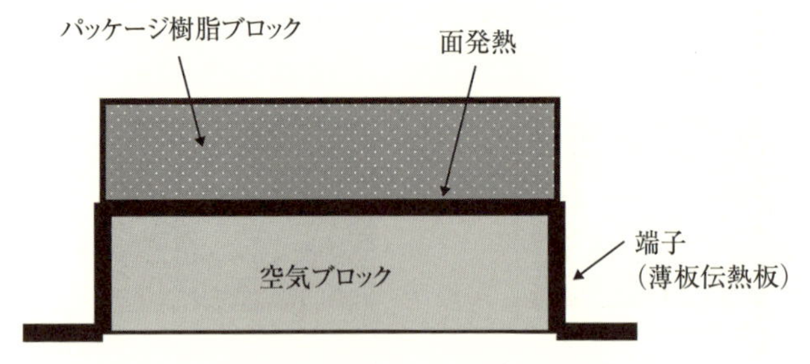


**図5-39　多ブロックモデルの構成**

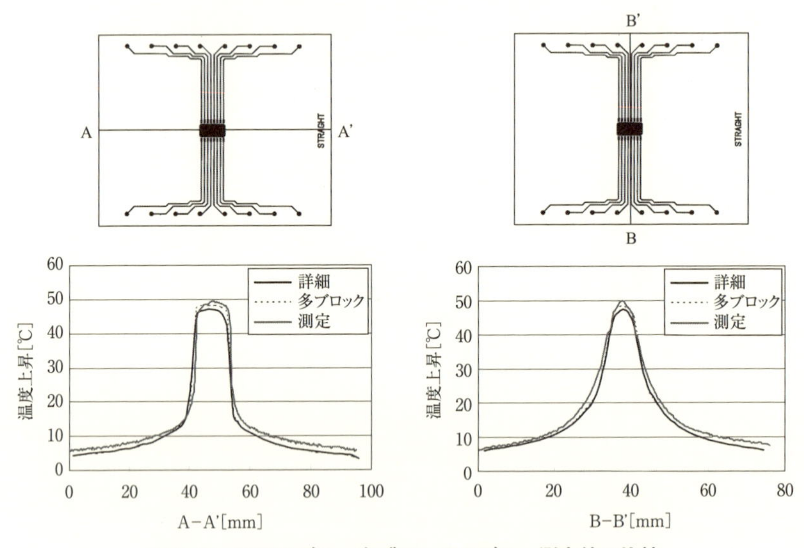


**図5-40　詳細モデル、多ブロックモデル、測定値の比較**

解析結果と実測値との比較を**図5-40**に示します。放射温度計を使用して温度分布の測定を行い、その結果を、部品を含む基板面の温度分布として表示しています。解析値と実測値は3℃以内（6%）の精度で一致しています。SOPでも、多ブロックモデルの精度がよいことがわかります。

## 5.3.3　熱回路網モデル（DELPHIモデル）

多ブロックモデルは、部品をいくつかのブロックの集合体で表現するもので、ブロック分けを細かくしていくと最後は詳細モデルになります。部品メーカーから詳細モデルや多ブロックモデルが提供されるとモデリングは楽になりますが、部品の構造や物性値は非公開であることの方が一般的です。そこで、構造モデルではなく物理モデルとして部品メーカーが提供できる「熱回路網モデル」(多抵抗モデルとも呼ぶ)が考案されています。その代表例がDELPHI(デルファイ)モデルです。

DELPHIモデルは、**図5-41**に示すように部品を6つ以上の節点で表現するため、節点数の少ない2抵抗モデルよりも精度を高めることができます。データは抽象化されており構造情報は含まれません。ここではDELPHIモデルの原理とその精度について紹介します。

### (1) DELPHIモデルとは

DELPHIとはDevelopment of Libraries of Physical models for an Integrated design environmentの略称で、EC(欧州共同体)の電子機器関連メーカーが中心となって組織化した「電子部品の熱設計のための標準化モデル策定プロジェクト(DELPHIコンソーシアム;1993-96年)」が提案する半導体部品のモデル化方法論です。部品メーカーが、パッケージ構造や仕様を公開せずに、高精

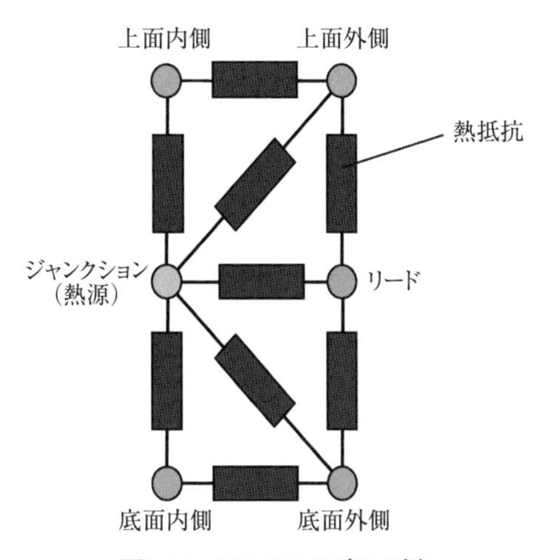


**図5-41 DELPHIモデルの例**

度の熱解析ができる「多抵抗モデル」をセットメーカーに提供することが目的です。

### （2）DELPHIモデルの構造

DELPHIモデルは、熱抵抗回路網で部品を表現します。モデルは、「節点」と、これらをつなぐ「熱抵抗」で構成されます（**図5-41**）。節点は表面節点と内部節点に分類されます。表面節点は割り当てられた領域の温度を代表し、周囲と熱交換を行います。内部節点はパッケージ内部にあり、物理的な実領域に対応する場合としない場合があります。実領域に対応しない節点温度は物理的な意味を持ちません。内部節点は表面節点と熱交換をしますが、外部との熱交換はしません。

### （3）DELPHIモデルの生成

DELPHIモデルは、部品メーカーから提供される「精度の保証された詳細モデル」の解析結果を正とし、さまざまな境界条件においてこの詳細モデルに近い結果が得られるよう熱抵抗を最適化することで得られます。DELPHIモデル生成は以下のステップで行われます。

＜ステップ１＞詳細モデルの準備

解析結果の妥当性が検証されている「詳細モデル」を用意します。

＜ステップ２＞境界条件の設定

パッケージの置かれる環境（自然空冷、強制空冷、ヒートシンク取付けなど）を境界条件の組合せとして準備します。境界条件は部品周囲の熱伝達率の組み合わせとして与えます。DELPHIコンソーシアムからは**表5-7**に示す各種境界条件が提案されています。

＜ステップ３＞節点と熱抵抗回路網の定義

DELPHIモデルを構成する熱抵抗回路網の表面節点、内部節点の数と位置関係、節点間の結合を定義します。表面節点は、パッケージ表面の物理的な領域に対応します。パッケージ上面の温度勾配や周囲の非対称な温度条件などを考慮する場合は、表面節点を分割します。結合された節点間に熱抵抗値を割り振ります。

＜ステップ４＞詳細モデルの解析実行

**表5-7　リード型パッケージのための38種類の境界条件セット**
（DELPHIコンソーシアムのオリジナル提案）
出典：JEDEC Standard No15-4（JESD15-4）DELPHI Compact Thermal Model Guideline

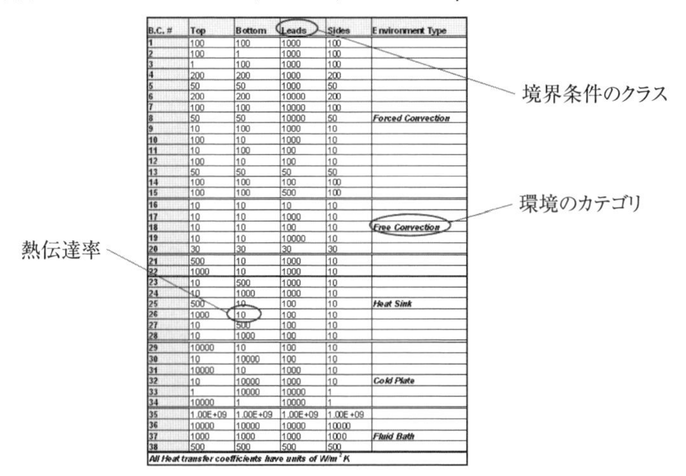

| B.C. # | Top | Bottom | Leads | Sides | Environment Type |
|---|---|---|---|---|---|
| 1 | 100 | 100 | 1000 | 100 | |
| 2 | 100 | 1 | 1000 | 100 | |
| 3 | 1 | 100 | 1000 | 100 | |
| 4 | 200 | 200 | 1000 | 200 | |
| 5 | 50 | 50 | 1000 | 50 | |
| 6 | 200 | 200 | 10000 | 200 | |
| 7 | 100 | 100 | 10000 | 100 | |
| 8 | 50 | 50 | 10000 | 50 | *Forced Convection* |
| 9 | 10 | 100 | 1000 | 10 | |
| 10 | 100 | 10 | 1000 | 10 | |
| 11 | 10 | 100 | 100 | 10 | |
| 12 | 100 | 10 | 100 | 10 | |
| 13 | 50 | 50 | 50 | 50 | |
| 14 | 100 | 100 | 100 | 100 | |
| 15 | 100 | 100 | 500 | 100 | |
| 16 | 10 | 10 | 10 | 10 | |
| 17 | 10 | 10 | 1000 | 10 | |
| 18 | 10 | 10 | 100 | 10 | *Free Convection* |
| 19 | 10 | 10 | 10000 | 10 | |
| 20 | 30 | 30 | 30 | 30 | |
| 21 | 500 | 10 | 1000 | 10 | |
| 22 | 1000 | 10 | 1000 | 10 | |
| 23 | 10 | 500 | 1000 | 10 | |
| 24 | 10 | 1000 | 1000 | 10 | |
| 25 | 500 | 10 | 100 | 10 | *Heat Sink* |
| 26 | 1000 | 10 | 100 | 10 | |
| 27 | 10 | 500 | 100 | 10 | |
| 28 | 10 | 1000 | 100 | 10 | |
| 29 | 10000 | 10 | 100 | 10 | |
| 30 | 10 | 10000 | 100 | 10 | |
| 31 | 10000 | 10 | 1000 | 10 | |
| 32 | 10 | 10000 | 1000 | 10 | *Cold Plate* |
| 33 | 1 | 10000 | 10000 | 1 | |
| 34 | 10000 | 1 | 10000 | 1 | |
| 35 | 1.00E+09 | 1.00E+09 | 1.00E+09 | 1.00E+09 | |
| 36 | 10000 | 10000 | 10000 | 10000 | |
| 37 | 1000 | 1000 | 1000 | 1000 | *Fluid Bath* |
| 38 | 500 | 500 | 500 | 500 | |

*All Heat transfer coefficients have units of W/m$^2$K*



用意した境界条件で詳細モデルを解析し、ジャンクション温度とパッケージ表面からの熱流束データを得ます。熱流束データは表面節点の数だけ必要です。

<ステップ5>熱抵抗値の最適化

用意した境界条件の組み合わせに対し、ジャンクション温度の誤差および熱流束の誤差の総和が最小化されるよう、各熱抵抗値を最適化します。1つの詳細モデルに対応するDELPHIモデルは1つなので、単目的の最適化ツールで処理できます。

<ステップ6>ジャンクション温度誤差の推定

詳細モデルに対するDELPHIモデルの誤差を推定するため、テスト用の境界条件の組み合わせを使って、ジャンクション温度の誤差分布を求めます。誤差の最大値、平均値、ばらつきが小さいほどよいモデルになります。

DELPHIモデルを利用するには、DELPHIモデルの読み込みが可能で、熱抵抗回路モデルを扱えるソフトが必要です。

### （4）DELPHIモデルの精度評価

実際にDELPHIモデルを作成できるツール「FloTHERM PACK」を使ってその解析精度を評価した結果を紹介します。

このソフトでは2抵抗モデル、DELPHIモデル、詳細モデルを作成できます。

詳細モデルとDELPHIモデルおよび2抵抗モデルの解析結果比較を**図5-42**に示します。

解析対象モデルは図5-24のPBGAです。

2抵抗モデルでは、風速が小さいと熱抵抗が大きめになり、風速0m/sで+20%程度の誤差を生じていますが、DELPHIモデルでは、どの風速においても詳細モデルの結果とよく一致しています。最近はDEPHIモデルを提供する半導体メーカーも増えていますので、データを入手すれば高精度の解析が期待できます。

なお、「FloTHERM PACK」にはJEDEC規格に則った標準的な詳細モデルを生成する機能がありますので、半導体パッケージの内部情報や物性値が入手できなくても一定の精度で解析できます。

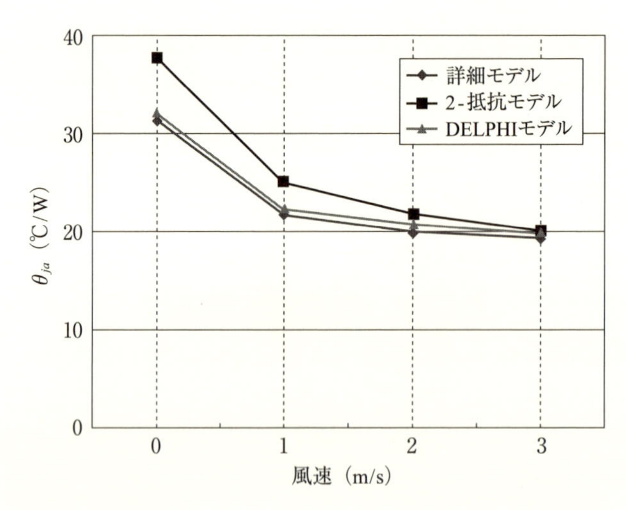


**図5-42　詳細モデル、DELPHIモデル、２抵抗モデルの精度比較例**

### （5）DELPHI モデルの注意点

JEDECのガイドライン（JESD15-4）に記述されたDELPHIモデルには、過渡（非定常）現象を扱う指針が示されていません。従って、非定常計算にDELPHIモデルを使用する場合は、そのモデルが熱容量の定義を含むことを確認しておく必要があります。適切な熱容量の設定されたモデルを使用しないと、温度変化のカーブに意味を持ちませんので注意が必要です。

## 5.3.4　コンパクトモデルによる解析規模低減効果

これらコンパクトモデルを、システムレベルの解析に用いた場合にどの程度の解析規模の圧縮が可能でしょうか？　ここでは、**図5-43**に示す装置でモデル規模と精度について評価した結果を紹介します。

対象装置は、幅380mm×奥行380mm×高さ300mmの筐体にプリント基板を18枚実装し、4台のファンで強制空冷するものです。下部の2枚の基板にはPBGAが1個ずつ搭載されています。この装置でPBGAを詳細モデル、DELPHIモデル、2抵抗モデルの3種類で解析した結果を**表5-8**にまとめました。

DELPHIモデルの結果と詳細モデルの結果はほとんど一致していますが、2抵抗モデルでは温度がやや低めになっています。一方、詳細モデルを使用した場合の解析規模に比べ、DELPHIモデルを使用すると1/3弱に、2抵抗モデルを使用すると1/4にまで減らすことができています。精度とモデル規模や計算時間を考えると、DELPHIモデルのバランスがよいことがわかります。

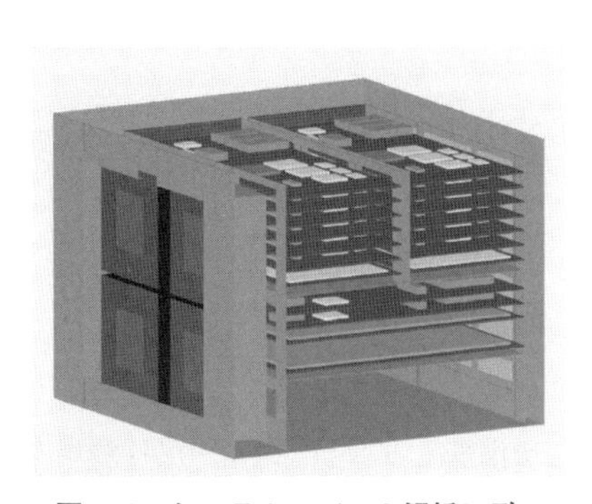

**図5-43　システムレベルの解析モデル**

表5-8　システムレベルの解析結果比較

| 部品のモデル | 解析結果 | | | | 解析規模（メッシュ数） |
|---|---|---|---|---|---|
| | PBGA（上部基板に実装） | | PBGA（下部基板に実装） | | |
| | ジャンクション上昇温度 | ケース上昇温度 | ジャンクション上昇温度 | ケース上昇温度 | |
| 詳細モデル | 49.3 | 49.0 | 42.9 | 42.4 | 1211.6万 |
| DELPHIモデル | 48.4 | 48.1 | 42.0 | 42.0 | 394.9万 |
| 2抵抗モデル | 45.8 | 40.5 | 37.6 | 34.2 | 308.4万 |

# 5.4 マイクロプロセッサ の発熱制御と温度管理

マイクロプロセッサは電子機器の心臓部であり、より厳しい温度管理が求められます。チップ温度をモニターして発熱量や冷却能力を制御する方法も一般化しています。ここでは、半導体パッケージの中でも、とりわけ温度と発熱量の管理が重要な「マイクロプロセッサ」について、最新の温度制御方法を解説します。

## 5.4.1. マイクロプロセッサ の発熱量とTDP

マイクロプロセッサをはじめとするCMOS（Complementary Metal-Oxide-Semiconductor）集積回路の消費電力は、以下の式のように表されます。

$$Power = \alpha CV^2f + I_{leak}V \qquad (5 \cdot 10)$$

ここで、$\alpha$は動作率（活性化率）、$C$は負荷容量、$V$は電源電圧、$f$は動作周波数、$I_{leak}$はリーク電流です。マイクロプロセッサは物理的な仕事をするわけではないため、消費電力＝発熱量と考えることができます。

右辺第1項はCMOS集積回路を動作させるために必要な電力で、「ダイナミック電力」と呼ばれます。CMOS集積回路に形成されるキャパシタ$C$に充放電を繰り返すことで電力を消費します。これが0か1のパターンとしてデータを記憶するメモリの役割や演算処理を行うための基本動作となっています。電圧

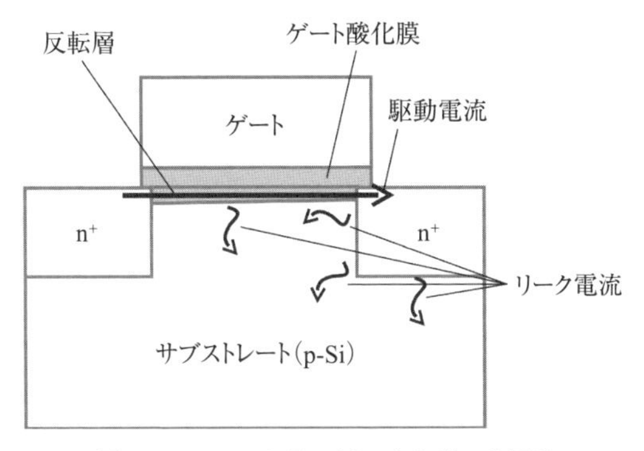


**図5-44　MOSトランジスタとリーク電流**
**理想的にはMOSトランジスタには駆動電流のみが流れますが、実際には、サブストレートに漏れ出す電流（リーク電流）が存在します。**
**負荷容量に当たるのは、主にゲート酸化膜容量と反転層に形成される反転層容量 です。**
**図はn型MOSですが、p型MOSと組み合わせてCMOSを構成します。**

$V$が印加された状態で1秒間につき$f$回スイッチングを繰り返す場合、消費電力は$CV^2f$となります。ただし、実際にはCMOS回路のすべてのキャパシタが常にスイッチングしているわけではありません。そのため、スイッチングしている割合を示す動作率$\alpha$を乗じたものが実際の消費電力となります。

右辺第2項はCMOS集積回路の駆動に必要のない電流（リーク電流と呼ばれる）が流れてしまうことで発生する電力です。ダイナミック電力とは異なり、スイッチングしていなくても電圧が印加されていれば消費されてしまう電力であるため、「スタティック電力」と呼ばれます（**図5-44**）。

$V$や$f$は製品の仕様で決められている値なので、残りの$\alpha$、$C$、$I_{leak}$がわかれば上式から消費電力を求めることができます。$\alpha$はアプリケーションソフトウェアの負荷によって変わります。一方、$C$及び$I_{leak}$は適用する半導体製造プロセスやCMOS集積回路の構造に大きく影響を受けます。$C$には一般に電圧依存性があり、動作周波数$f$を切り替える際に印加する電源電圧$V$を切り変えるため、同時に$C$の値も変動します。$\alpha$、$C$、$I_{leak}$は一般にマイクロプロセッサ個体ごとにばらつきがあり、熱設計に必要な適切な値を求めるのは簡単ではありません。そこで、パーソナルコンピュータ（PC）向けのマイクロプロセッサでは、熱設計時に使用する消費電力（Thermal Design Power：以下TDP）が示されます。TDPは、一般に入手可能なベンチマークソフトウェアや商用アプリケーションソフトウェアを実行した際の消費電力をもとに定められた、「熱設計でサポートが必要な消費電力値」です。TDPは動作保証温度上限で規定されており、リーク電流の温度依存性も加味した値となっています。

現在のマイクロプロセッサにはCPU(Central Processing Unit)、GPU(Graphics Processing Unit)、I/O (Input Output) などの異なる回路が混載されていますが、TDPは各アプリケーションソフトウェアが消費するマイクロプロセッサ全体の消費電力として決定されるものであり、それぞれの回路の消費電力の最大値を足し合わせたものではありません。アプリケーションソフトウェアによってCPUにのみ高い負荷がかかったり、GPUにのみ高い負荷がかかったりします。そのため、双方の回路における高いほうの消費電力を足し合わせるとTDPを超える可能性があります。TDPは通常使用されるアプリケーションソフトウェア実行時にマイクロプロセッサ全体として何W程度考慮しておけば熱設計として必要条件をクリアできるかという点に焦点を当てて決められた実務設計向けの値ということができます。これによって費用対効果のバランスのよい熱設計が可能になります。一方、TDPよりも高いアプリケーション負荷がマイクロプロセッサにかかる場合には、次に説明する温度制御機能を用いて適切な温度管理を実施する必要があります。

### 5.4.2 動作保証温度と温度制御

マイクロプロセッサの温度は通常ジャンクション温度で管理され、動作保証範囲が設定されています。熱設計において、特に問題となるのは温度上限であり、シミュレーションや実測で、その温度を適切に予測、管理する必要があります。

CMOS集積回路はシリコンチップ（ダイ）の片端面に形成されるため、その端面で発熱します。以前からシリコンチップにおける発熱は均一として扱われてきました。均一発熱の場合には、シリコンチップ端面の中央部が最も温度が高くなるため、その中心温度がジャンクション温度として扱われます。しかし、PC向けのマイクロプロセッサは2000年代後半からCPUがマルチコア化し、さらに2010年代に入るとCPUとGPUを1つのシリコンチップに混載するよう

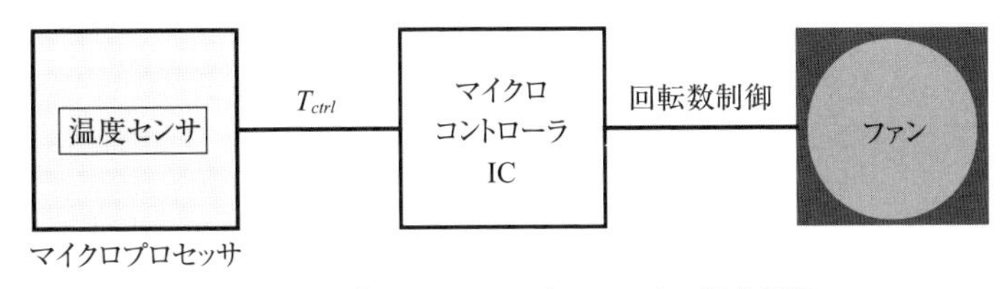


**図5-45　PC向けマイクロプロセッサの温度制御**

になったため、現在ではシリコンチップは均一発熱しているとは言い難い状況にあります。ノートブック型PC向けのマイクロプロセッサのTDPは、標準筐体向けで35W、薄型筐体向けで20W程度と比較的大きく、より適切に温度管理を行うために、シリコンチップ内のホットスポットには温度センサが配置され、リアルタイムで温度が監視されます。

PC向けのマイクロプロセッサには、P-stateという、電源電圧と動作周波数の組が複数定義されています。マイクロプロセッサの負荷に応じて、OS（Operating System）がP-stateを切り替えます。マイクロプロセッサが使用されていない場合には、一番小さな電源電圧と動作周波数のP-stateを用いることで消費電力を最小に、高負荷がかかる場合には一番大きな電源電圧と動作周波数のP-stateを用いることで高速に処理を実行するようになっています。

マイクロプロセッサの温度センサの値はコントロール温度$T_{ctrl}$として外部回路から読み出すことも可能です(**図5-45**)。PCでは、コントロール温度を基にファンの回転数を制御したり、マイクロプロセッサの消費電力を制限したりします。

TDPを超える高負荷が一定期間以上かかると、シリコンチップ温度が動作保証温度上限に達してしまう可能性があります。その場合、マイクロプロセッサはまず、消費電力の小さいP-stateに移行することで温度低下を試みます。動作保証温度を超えてさらに高い温度に達した場合は、OSがサーマルシャットダウン（温度条件をトリガとする電源オフ）を実行します。一方、放熱機構の故障やマイクロプロセッサとの接触不良が発生した場合や想定外の温度環境下では、上記の機能が働いてもなお、OSによるサーマルシャットダウンが間に合わず、温度が上昇し続けるケースも起こり得ます。そのような場合には、システムの信頼性維持の観点から、ハードウェアによるサーマルシャットダウンを実行します。

### 5.4.3. マイクロプロセッサの解析モデル

最近のマイクロプロセッサはマルチコアCPU構成でかつGPUも混載しています。そのため、アプリケーションによって、シリコンチップの発熱分布は大きく変化し、ホットスポットの位置も変わります。

半導体のコンパクトモデルとしては、5.3で説明した2抵抗モデルやDELPHIモデルが広く用いられていますが、2抵抗モデルはチップの発熱分布による影響を考慮できないこと、またDELPHIモデルでは、発熱分布が変化するすべてのケースに対応することが難しいことから、現在のマイクロプロセッサのモデル化にはあまり向いていません。マイクロプロセッサは、多ブロックモデルまたは詳細モデルで表現し、シリコンチップ回路面に発熱分布を与える必要があります。**図5-46**はチップに発熱密度分布を与えた例です。チップ内の発熱分布情報の入手が難しい場合は、チップを均一発熱で表現したモデルを用いますが、ジャンクション温度については大きな予測誤差が生じる可能性があるため、注意が必要です。

**図5-47**は、マイクロプロセッサを搭載した電子機器のシミュレーション結果の一例です。マイクロプロセッサの熱は、ヒートパイプに伝わり、その熱を筐体端部に配置したフィンで冷却します。**図5-48**にチップに配置した温度モニタポイントの値（以下、モニタ温度）、ファンの回転速度、消費電力の時間履歴グラフを示します。本シミュレーションではTDPより高い発熱量をマイクロプロセッサに与えています。フィンのすぐ近くにはファンが配置されており、モニタ温度によって風量（回転数）を制御しています。80℃に達するまでモニタ温度に応じて少しずつファンの風量を増加させることで温度上昇を抑えています。モニタ温度が100℃に達すると消費電力制限がかかり、発熱量が大幅に減るため、温度が急激に低下します。80℃まで温度が下がると消費電力制限が解除され、再び元の発熱量に戻るため、モニタ温度が再び上昇を始めます。

このように、最近のプロセッサは温度や発熱量に応じてダイナミックな制御がなされるようになっています。このため熱流体解析ソフトにも、温度を監視して発熱量やファン回転数の制御を行えるような過渡熱応答シミュレーションが必要になってきています。

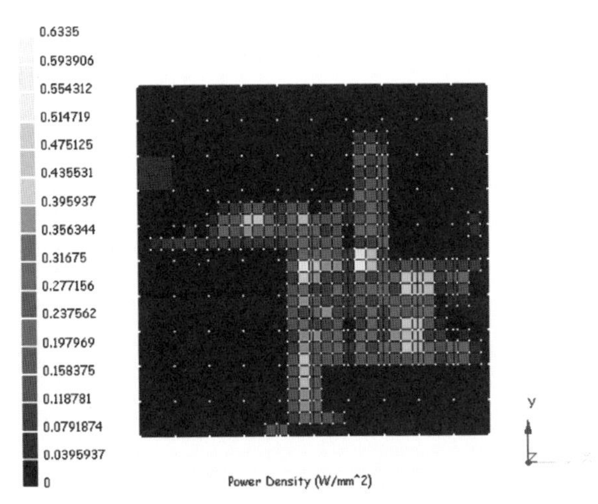


図5-46　発熱密度分布を考慮したプロセッサの温度分布例
（ANSYS半導体集積回路解析製品による）

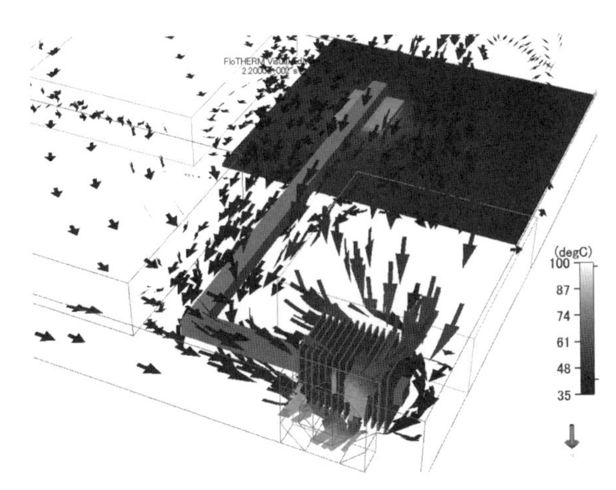


図5-47 マイクロプロセッサを搭載した電子機器のシミュレーション結果例

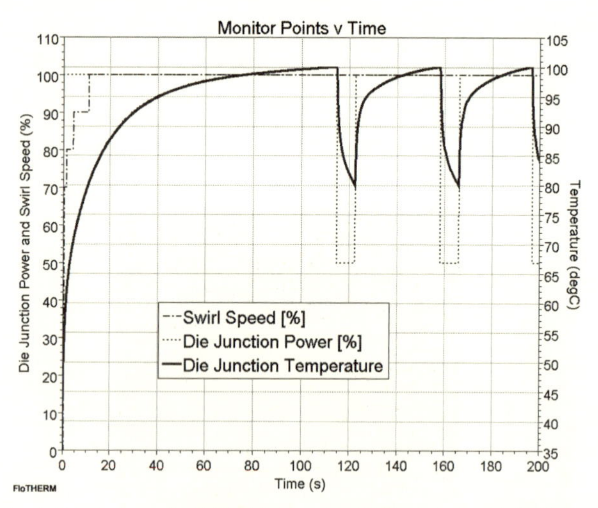


図5-48　シリコンチップの発熱量とモニター温度、ファンの回転数の時刻歴

# 第6章
# 電気部品のモデリング

## 6.1 抵抗器

### 6.1.1 抵抗器の分類と構造

抵抗器を放熱特性の観点で分けると、**図6-1**の「円筒型のリード付き抵抗器」のような表面から直接周囲空間へ放熱する大気放熱型と、「表面実装用固定抵抗器（通称角形チップ抵抗器）」のような主にプリント基板から放熱する基板放熱型に大別されます。

一般的に抵抗体には**図6-2**のように「トリミングライン」と呼ばれる抵抗値調整のための切込みがあります。トリミングラインの先端周辺は電流密度が高くなるため、「ホットスポット」（特に温度が高くなる場所）を生じます。

抵抗器を使用する側がシミュレータを使用して熱解析を行う場合、通常は抵抗器メーカーからトリミングラインなどの設計情報を得ることはできませんので、公開された情報のみからシミュレーションモデルを作ることになります。

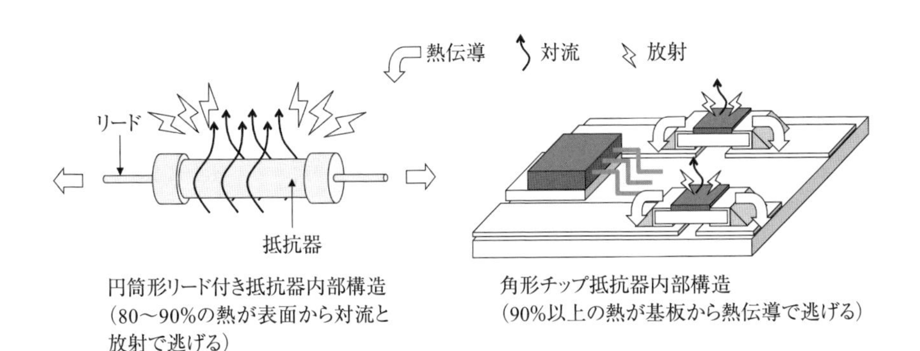


**図6-1　円筒形リード付き抵抗器と角形チップ抵抗器の放熱形態の違い**

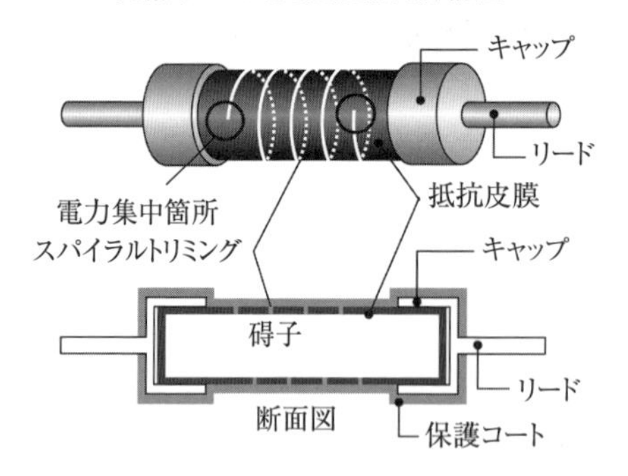


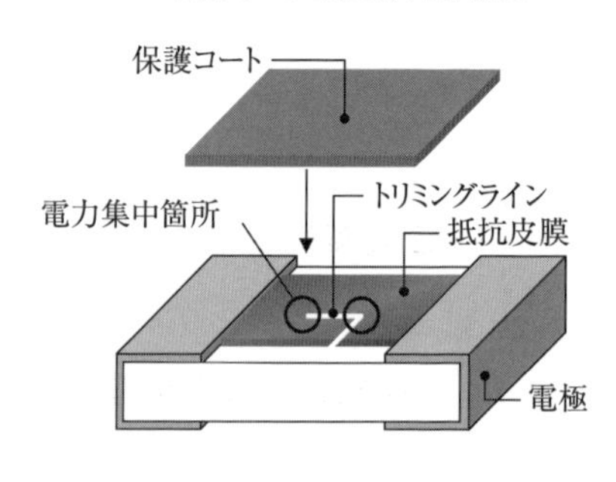


**図6-2　円筒形リード付き抵抗器と角形チップ抵抗器の構造**

## 6.1.2　抵抗器の熱解析モデル

最初に円筒形リード付き抵抗器を説明します。このタイプの抵抗器では、表面から周囲空間への放熱量が大きいため、表面積を正確に設定する必要があります。モデルの寸法はメーカーカタログを参照します。**図6-3**に示すように、碍子部分と両端のキャップ部分は分けて入力します。通常キャップの長さは公開されていませんが、多くの場合、外観から推定することができます。リードの付け根のやや盛り上がった部分がキャップです。キャップ部分は、厚み0.4mm、熱伝導率50W/(m・K）とします。円筒形リード付き抵抗器ではトリミングラインは温度分布にほとんど影響しないので、無視してかまいません。碍子部分の熱伝導率は5W/(m・K）程度とします。

次に現在主流の角形チップ抵抗器について説明します。このタイプの抵抗器は基板放熱型であるため、プリント基板の配線パターンによって抵抗器の温度は大きく変化します。したがって、基板全体のシミュレーションを行う場合、抵抗器の温度を正確に算出するためには、抵抗器のみ詳細なモデルを作っても意味がありません。温度を正確に算出したい抵抗器端子部から20〜30mmの範囲は、基板の放熱性については等価熱伝導率を使用せず、配線パターンを正確にモデル化することをお勧めします。

角形チップ抵抗器でホットスポット温度まで精度よく求められるシミュレー

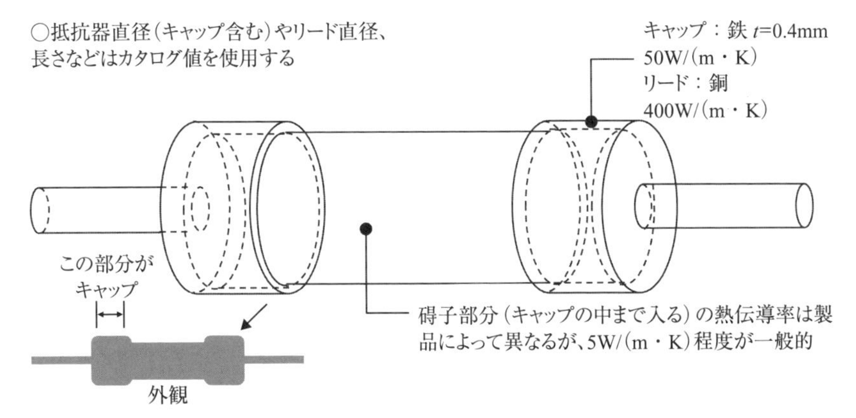


**図6-3　円筒形リード付き抵抗器の解析モデル**

ションモデルを作りたい場合には、まず端子部から表面ホットスポットまでの熱抵抗を抵抗器メーカーに問い合わせて入手してください。この情報を元に次のようにモデリングします。

### ①　メーカーカタログ寸法で、図6-4に示す直方体のベースを作る

チップ抵抗器本体はアルミナセラミックス（熱伝導率23W/(m・K)）とし、上面中央に、抵抗器上面寸法と同じ縦横比の抵抗体（厚み0.01mm程度）を配置します。

### ②　電極温度を固定し抵抗の熱伝導解析を行う

角形チップ抵抗器の熱は90％以上が基板に伝わるため、表面の放熱を無視した熱伝導解析を行います。図6-4の裏側電極部分（パターンとの接続部分）の温度を固定します。

### ③　メーカーから入手した熱抵抗に合致する抵抗体の面積を求める

メーカーから入手した熱抵抗$R$と解析結果から求められる熱抵抗

$R$＝(抵抗体中心の最高温度－電極温度)／抵抗の定格電力

が一致するよう抵抗体の面積を変えていき、両者が一致する面積をモデルに与えます。その際、抵抗体の中心位置と縦横比は固定しておきます。

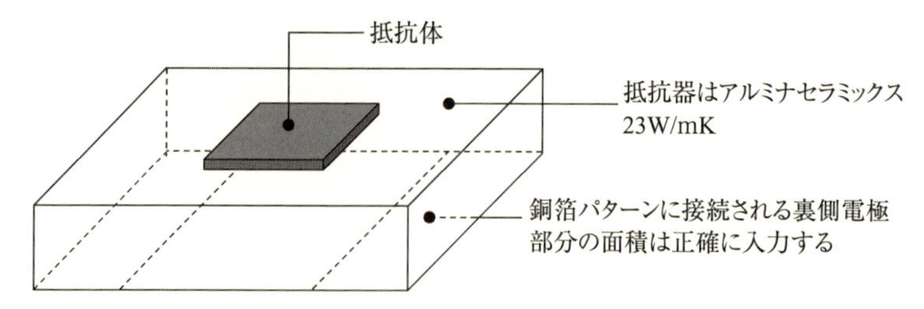


・ベースをアルミナセラミックスで作る
・ベースの形状はカタログ値から読み取った値を使用する
・抵抗体を厚み 0.01mm 程度のアルミナセセラミックスで作る
・抵抗体に定格電力を与え、抵抗体の縦横比を抵抗器の縦横比に固定したまま、裏電極の温度を固定し、裏電極とホットスポット(表面最高温度部分)の温度差が、抵抗器メーカーより提示された値となるように抵抗体面積を調整する

**図6-4　角形チップ抵抗器のモデリング例**

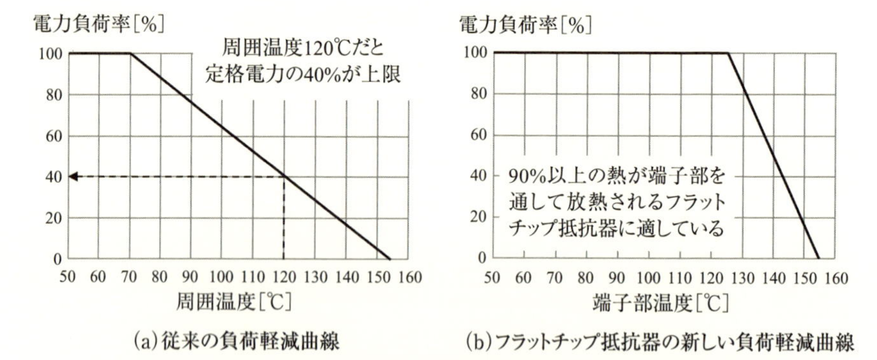


**図6-5　一般的な負荷軽減曲線と端子部温度で規定した負荷軽減曲線**
**(端子部温度で規定することでより厳密な温度管理が可能となる)**

なお、抵抗器の負荷軽減曲線（**図6-5**（a)、(b)）は半導体パッケージの軽減曲線とは意味合いが異なるため、低減曲線の傾きから熱抵抗を求めることはできません。熱抵抗は必ずメーカーに確認してください。

抵抗器のホットスポット温度を求める必要がなければ、このようなモデル化は不要です。図6-4の直方体の上部全面を抵抗体として発熱量を与えます。ただし、裏側電極部分の面積は基板への放熱量に影響するため、正確に入力して

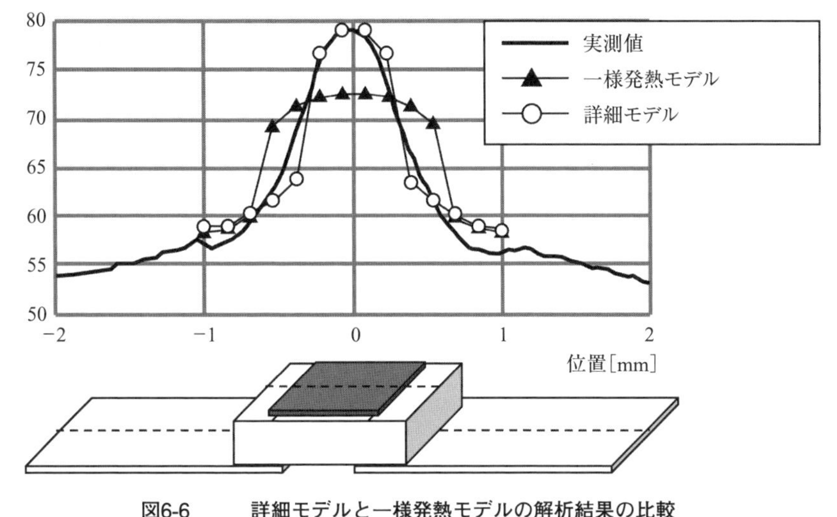


**図6-6　詳細モデルと一様発熱モデルの解析結果の比較**

ください。

詳細モデルと簡易モデルの解析結果を実測と比較した例を**図6-6**に示します。簡易モデルでも、角形チップ抵抗器のサーマルマネジメントに重要な端子部温度は正確に求めることができます。

### 6.1.3　抵抗器の温度管理

円筒形リード付き抵抗器では、抵抗器本体から直接空気に放熱するため、周囲温度での温度管理が合理的です。**図6-5**（a）の負荷軽減曲線を参照し印加電力を軽減します。

しかし、角形チップ抵抗器は基板放熱型ですので、本来は周囲空気温度で部品温度管理を行うことはできません。基板温度がより重要であり、図6-5（b）のような横軸を端子部温度とした負荷軽減曲線が合理的です。角形チップ抵抗器の負荷軽減曲線の考え方についてはJEITA（一般社団法人電子情報技術産業協会）よりテクニカルレポート「RCR-2114表面実装用固定抵抗器の負荷軽減に関する考察」が発行されています。

# 6.2 コンデンサ

コンデンサは、電子機器に使用される部品の中で最も熱に弱い部品の1つです。

中でもアルミ電解コンデンサは、温度に敏感な部品で、温度が高くなると電解液のドライアップや液漏れなどが起こり、電子機器の故障の原因になります。**図6-7**はCPUからの熱風が原因で液漏れを起こしたコンデンサの例です。

電解コンデンサは、温度が10℃上がると寿命が半分になるといわれています。これは、電解液が封口ゴムに拡散していくスピードが、温度10℃上昇すると、約２倍になることに起因しています。コンデンサの使用温度と寿命との関係は、下式（アレニウス則）で与えられます。

$$L = L_0 \times 2^{\frac{T_{max} - T_a}{10}} \qquad (6 \cdot 1)$$

ただし、$L$：実使用時の寿命（時間）、$L_0$：定格温度での寿命（時間）
$T_{max}$：定格温度（℃）、$T_a$：実使用温度（℃）

この式は35℃～最高使用温度の範囲で成り立ちます。

**図6-8**は電解コンデンサの周囲温度と寿命との関係を示したグラフで、グレードによって使用温度と寿命の関係が異なりますが、傾きは一定になっています。また、電解コンデンサは体積が大きく、空気の流れを妨げることもあります。これらを考慮して適切にモデル化しなければなりません。

**図6-7**
**液漏れを起こしたコンデンサ**
頂上部が膨らみ、そこから電解液が漏れている。高温環境で長期間使用すると生じる現象で、電子機器の誤動作や故障の大きな原因である。

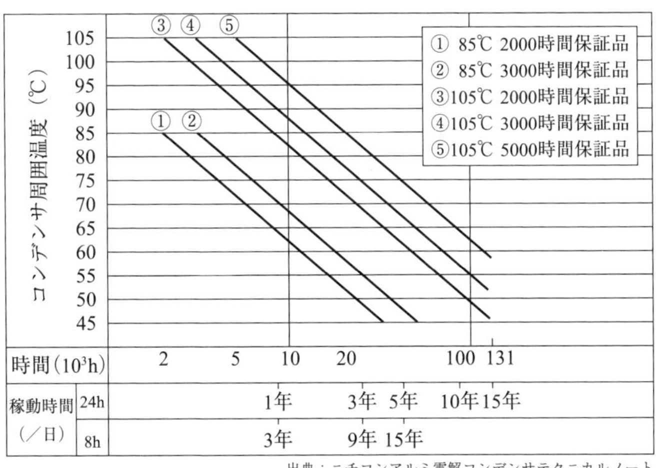


出典：ニチコンアルミ電解コンデンサテクニカルノート

**図6-8　電解コンデンサの周囲温度と寿命**

**例えば、①は85℃環境では2000時間の寿命となっているが10℃低い75℃環境では2倍の4000時間である。**

## 6.2.1　コンデンサの構造

アルミ電解コンデンサは、陽極アルミ箔と陰極アルミ箔の間に電解紙をはさみ、これらを巻いたものに電解液を含浸させ、円筒型のアルミケースに封入しています（**図6-9**）。

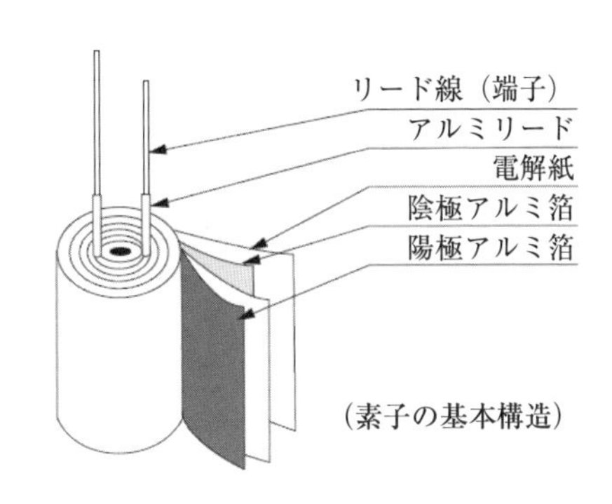


**図6-9**
**電解コンデンサの構造**
**（日本ケミコン（株）　製品ガイドより引用）**

### 6.2.2 コンデンサの発熱

コンデンサは、理想的には電圧と電流の位相差が90°であり、交流が印加されても電力を消費しないはずですが、実際には損失（tan δ：誘電正接）によって発熱が起こります。特にアルミ電解コンデンサの電解液は、電気抵抗が大きいため損失も大きく、コンデンサとしては発熱量が大きい部類に属します。

発熱量は使用方法によって異なり、リップル（脈動）電流が大きいと発熱量も大きくなります。制御回路のノイズ除去用コンデンサなどでは、ほとんどリップル電流は流れないため、発熱は無視できます。一方、電源やインバータの平滑コンデンサはリップル電流が大きく、発熱が無視できません。交流電圧の印加による自己発熱は以下の式で表されます。

$$W = I_r^2 \times R = I_r^2 \cdot \frac{\tan\delta}{2\pi \cdot f \cdot C} \qquad (6 \cdot 2)$$

ここで、$W$：発熱量（W）、tan δ：誘電正接、$I_r$：リップル電流（A）
$f$：周波数（Hz）、$C$：誘電容量（F）

### 6.2.3 コンデンサのモデリングのポイント

コンデンサは、発熱量や外形寸法によって温度や流れに対する影響が異なります。解析の目的に応じて以下のように分類することができます。

**① 流れに対する影響だけを考慮する場合**

コンデンサ自身の温度を求める必要がなく、流れにおよぼす影響のみを考慮するのであれば、中空ブロックなどで外形だけを表現します。基板との接続もあまり気にする必要はありません。

**② 受熱によるコンデンサの温度上昇を求める場合**

コンデンサの温度を求めたい場合には、固体ブロックを用いて熱伝導計算を行います。コンデンサの発熱は小さくても、プリント基板を介しての熱伝導や部品表面の対流・放射による受熱で温度が上昇することがあります。銅箔残存率の大きい多層プリント基板では、基板からの熱伝導による受熱量が支配的になります。

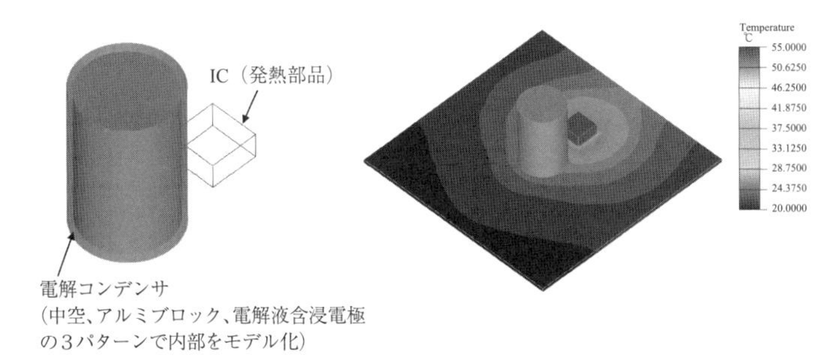


| モデル | 中空モデル | アルミブロックモデル | 電解液含浸電極モデル |
| --- | --- | --- | --- |
| 表面温度計算結果 | 27.9℃ | 27.9℃ | 27.8℃ |

**図6-10　受熱するコンデンサのモデルと計算結果の比較**

冷却条件：自然対流　周囲温度：20℃
基板外形：外形100mm×100mm×5mm：
基板等価熱伝導率：面方向5.4W/(m・K)、厚さ方向0.36W/(m・K)
コンデンサ外形：φ18mm、高さ28mm
発熱部品：外形10mm×10mm×5mm 発熱量1W
発熱部品とコンデンサの距離：5mm

プリント基板からの受熱を精度よく表現するには、コンデンサのリードもブロックなどの熱伝導要素でモデル化します。電解コンデンサ本体はアルミ円筒ケースと電解液に分けてモデルする方法もありますが、表面温度を求めるのであれば、全体をアルミ円筒ブロック一体でモデル化しても同じ結果が得られます。

**図6-10**は、基板に実装された電解コンデンサが、隣接する発熱部品から受ける影響を計算したものです。モデル化方法を変えても、結果にほとんど差が出ないことがわかります。できるだけ単純なモデルでよいでしょう。

### ③ 自己発熱が比較的大きなコンデンサの中心温度を求めたい場合

コンデンサの自己発熱が無視できない場合、式（6・2）で推定した発熱量を与えて、表面温度上昇$\Delta T_s$を計算します。自己発熱があると、コンデンサの中心温度は表面温度より高くなるので、コンデンサの外形に応じて**表6-1**から温度差係数$\alpha$を求め、次式でコンデンサの中心温度$\Delta T_c$を推定します。

$$\Delta T_c = \alpha \times \Delta T_s \qquad (6 \cdot 3)$$

なお、電解コンデンサの放射率は、表面を樹脂フィルムが覆っている場所で

表6-1　電解コンデンサ中心温度$\Delta T_c$と表面温度$\Delta T_s$の比率（例）

解析により表面温度上昇$\Delta T_s$を算出し、この表から温度差係数$\alpha$を求め、$\Delta T_c = \alpha \times \Delta T_s$として中心の温度上昇$\Delta T_c$を求めます。

| コンデンサの外径$\phi D$（mm） | 5 | 6.3 | 8 | 10 | 12.5 | 16 | 18 | 22 | 25 |
|---|---|---|---|---|---|---|---|---|---|
| 温度差係数$\alpha$ | 1.1 | 1.1 | 1.1 | 1.15 | 1.2 | 1.25 | 1.3 | 1.35 | 1.4 |
| コンデンサの外径$\phi D$（mm） | 30 | 35 | 40 | 50 | 63.5 | 76 | 89 | 100 | |
| 温度差係数$\alpha$ | 1.5 | 1.65 | 1.75 | 1.9 | 2.2 | 2.5 | 2.8 | 3.1 | |

は0.8～0.9と高めです。アルミがむき出しになっている面は0.3以下になります。

## 6.3 コイル・トランス

インバータやスイッチング電源などのパワーエレクトロニクス機器では、コイルやトランスなどの巻線部品の温度管理も重要です。例えば**図6-11**のように、スイッチング電源には大型のトランスやチョークコイルが搭載されています。これらの巻線部品は、UL規格などの安全規格や構成材料の定格で、温度上限が定められています。この上限が守られていることを設計上保証しなければなりません。

トランスやコイルには、分割ボビン型やトロイダル型など、さまざまな形状のものがありますが、ここでは最も一般的な層巻型のチョークコイルを例に説明します。

**図6-11　スイッチング電源装置の内部**（写真提供　コーセル(株)）

### 6.3.1　チョークコイルの構造と熱伝導率

**図6-12**は、チョークコイルの外観および断面構造を示したものです。コイルは、フェノール樹脂製ボビンに巻線（リッツ線）を密巻きにし、フェライトコアを取り付けた構造となっています。

一般的な高周波トランス・チョークに用いるMn-Zn系フェライトコアの熱伝導率は3～4W/(m・K)、ボビンのフェノール樹脂は0.2W/(m・K）程度です。

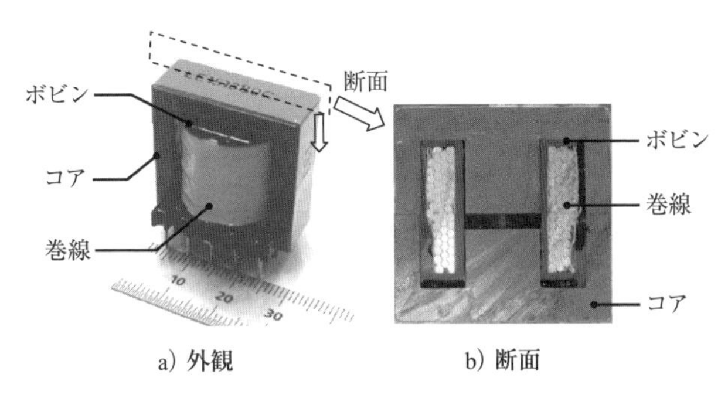


**図6-12　チョークコイルの外観と断面構造**

### 6.3.2　巻線の等価熱伝導率

コイルでモデル化が難しいのは巻線部です。巻線そのものをモデル化するのは困難ですので、巻線部分を「かたまり」と見なし、異方性等価熱伝導率を有するブロックで表現します。その際に与える等価熱伝導率で、計算結果が大きく異なります。

電子機器に用いられる小型トランスでは、**図6-13**のように、比較的細い（$\phi$1mm以下）巻線が密に巻かれています。巻線部分を円筒型のブロックと考えると周方向（$r$方向)、高さ方向（$h$方向)、半径方向（$w$方向）で等価熱伝導率が異なります。

周方向は巻線がつながった状態で、熱をよく伝えますが、高さ方向や半径方

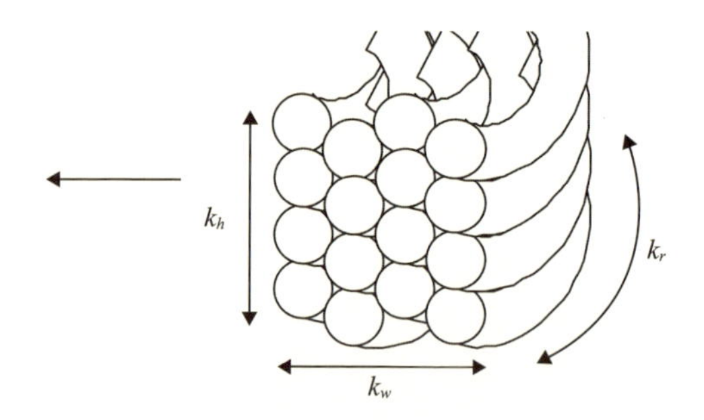


**図6-13**
**巻線部等価熱伝導率**

向では巻線間に絶縁材が存在するため、伝熱量が減少します。これは、プリント基板で配線パターン方向の等価熱伝導率が大きく、厚み方向や配線パターンに直交する方向の等価熱伝導率が小さくなるのと同じです。巻線部の等価熱伝導率は以下のように計算します。

**① 周方向の等価熱伝導率 $\lambda_r$**

電線材料の熱伝導率 $\lambda_{Cu}$ と巻線断面部における導体部面積の体積比から、次式で計算します

$$\lambda_{eq} = 0.9\times \lambda_{Cu} \qquad (6\cdot 4)$$

これは、一本の巻線が真円で、隙間なく密巻きされた場合の巻線導体の面積割合がおよそ0.9になることから、導出される経験式です。巻線が円形断面でない場合には、断面の面積比率から係数を算出し、0.9を補正する必要があります。

電線材料の熱伝導率はおよそ380W/(m・K) ですので、周方向の熱伝導率の値は340W/(m・K) 程度になり、電線材料同様の高い熱伝導率になります。

**② 高さ方向 、および半径方向 の等価熱伝導率**

巻線の表面には絶縁皮膜があるため、**図6-14**に断面図を示すように導体部が絶縁皮膜で分離されています。つまり、高さ方向や半径方向の熱伝導は、この絶縁皮膜を介したものになります。絶縁皮膜には熱伝導率が低い樹脂材料が使われているため、高さ方向、半径方向の等価熱伝導率は、周方向に比べると著しく低く、一般的なチョークコイルでは、1〜3W/(m・K) 程度の値となります。

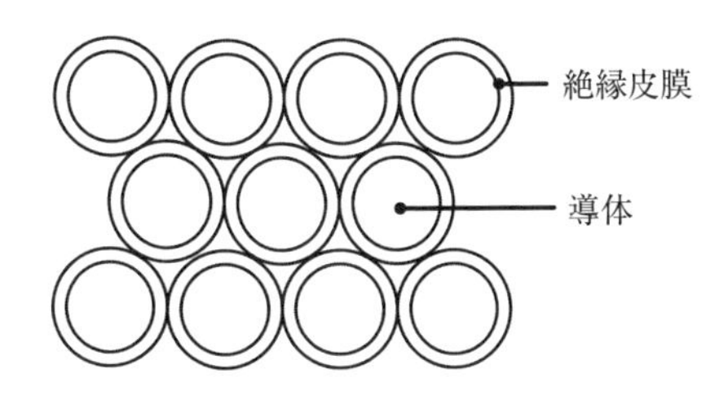


図6-14
巻線部断面模式図

## 6.3.3 放射率

トランスやコイルの表面は絶縁層で覆われるため、0.8～0.9程度の放射率になります。

## 6.3.4 発熱量

トランスやチョークコイルの発熱は巻線で発生する銅損（ジュール発熱）と、コアで発生する鉄損の合計になります。巻線の抵抗は周波数特性を持つため、電流の周波数や波形（三角波などは高周波成分を含みます）を考慮して巻線損失を求めなければなりません。コアの損失も周波数特性を持ち、メーカーが提供する磁束密度とコア損失のデータから求めることができます。これらは以下の方法で概算します

**① 巻線の銅損**

$$W_{Cu} = I^2 \cdot R \qquad (6 \cdot 5)$$

ここで、$W_{cu}$：銅損（W）、$I$：巻線に流れる電流（A）、$R$：巻線抵抗（Ω）

**② コアの鉄損**

磁束密度Bを次式で計算して、メーカーのカタログに示された関係グラフ（**図6-15**に例示）から概算します。

$$B=V\times 10^8/(A \cdot \pi \cdot f \cdot N \cdot S) \qquad (6 \cdot 6)$$

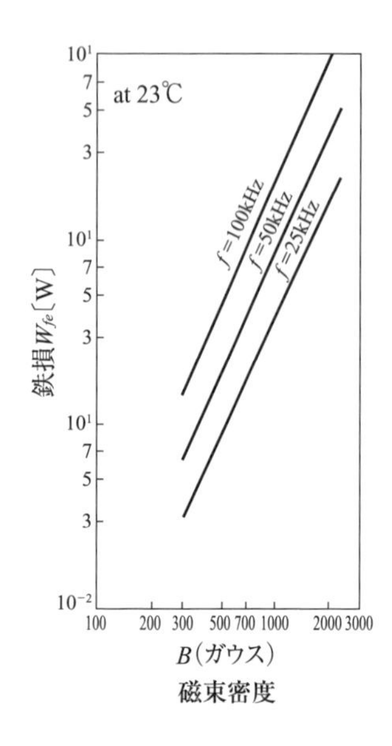


**図6-15**
**磁束密度と鉄損との関係（例）**

ここで、$B$：磁束密度（ガウス）、$V$：印加電圧（$V_{rms}$）
$A$：印加電圧の波形率（正弦波は$\sqrt{2}$、矩形波は１）
$N$：１次巻線の巻数、$S$：コアの有効断面積（$cm^2$）、$f$：周波数（Hz）

### 6.3.5　モデル化の具体例

**図6-16**は、チョークコイルの内部温度を計算するための詳細モデルの例です。巻線部は円筒ブロックでモデル化し、ボビンとコアのブロックと組み合わせます。

**図6-17**は、このモデルのシミュレーション結果と実測との比較を行ったものです。巻線表面の温度分布をよく再現しています。

トランスやコイルそのものの温度予測でなく、発熱体として他の部品に与える影響を考慮したいのであれば、単純な直方体ブロックに発熱量を与えるだけで充分です。

## 6.4 モータ

電子機器やメカトロニクス機器に使われる電動モータは、小型・高出力化が

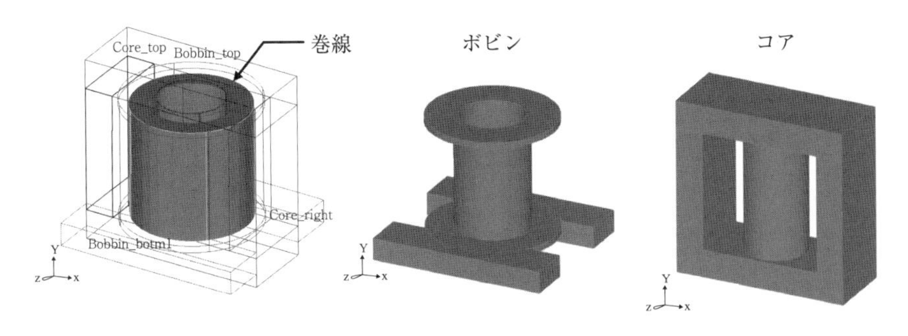


図6-16　チョークコイルのモデル化例

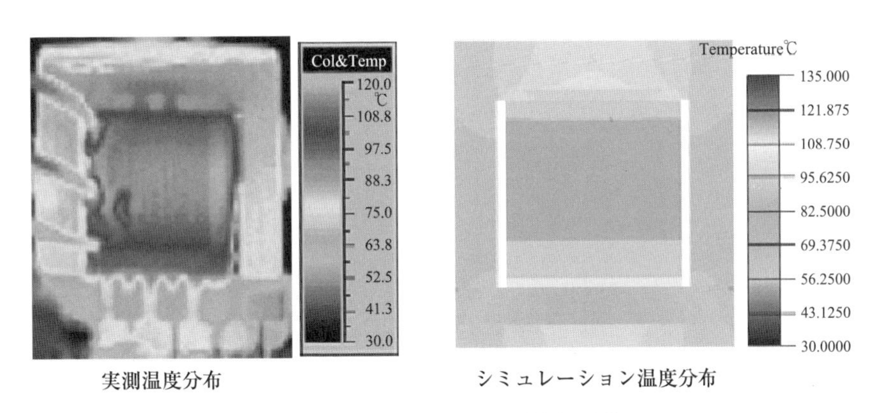


図6-17　シミュレーションと実測の比較

進み、温度管理が重要になっています。モータの発熱が他に与える影響を知りたいのであれば、円筒ブロックに発熱量を与えた簡易モデルで充分ですが、モータ内部温度を知るには詳細モデルが必要です。ここではモータの詳細モデルについて説明します。

### 6.4.1　モータの温度上限値

モータ内部の熱解析は主にモータの寿命保証のために行われます。モータではコイルの絶縁材の劣化と軸受グリスの劣化が寿命を決める主要因であり、想定される使用条件下でこれらの温度が上限値を超えないように熱設計しなけれ

表6-2　巻線の絶縁階級と温度条件

現在は、E種絶縁がモータの主流

一般単相誘導電動機 JIS C 4203では巻線の温度計測は抵抗法で行うこととなっている。

| | 絶縁の種類 | 許容最高温度（℃） | 温度上昇限度（℃） |
|---|---|---|---|
| (1) | A種絶縁 | 105 | 60 |
| (2) | E種絶縁 | 120 | 75 |
| (3) | B種絶縁 | 130 | 80 |
| (4) | F種絶縁 | 155 | 100 |
| (5) | H種絶縁 | 180 | 125 |
| (6) | C種絶縁 | 180超過 | − |

ばなりません。

**・コイルの温度**

コイルの寿命は絶縁に使用されている樹脂の熱耐性によって決まり、絶縁階級により6種類に分類されています（**表6-2**）。寿命を保証するには巻線の温度を許容値以下に収める必要があり、汎用モータでは一般に90℃～150℃が上限になります。

**・軸受の温度**

軸受の寿命は封入されているグリスの耐熱性によって決まります。汎用グリスでは100℃を越えると劣化が激しくなります。

**・磁性体の温度**

永久磁石を使ったPMモータでは、温度が高くなると減磁が起こり、性能が低下します。このタイプのモータでは磁石の温度も管理しなければなりません。

### 6.4.2　モータの構造と熱抵抗

モータは、回転するロータとシャフト、固定されたステータとケーシング、磁界を発生させるコイル、ロータを保持する軸受で構成されています。モータはロータ・ステータの構造や電源の種類（直流・交流）によってさまざまなタイプのものがありますが、どのタイプも主要発熱源のコイル（巻線部）の温度が最も高くなります。コイル部は、6.3で説明したトランスやチョークコイルの巻線部と同じく異方性等価熱伝導率でモデル化します。

主要熱源のコイルがロータ側に巻かれているか、ステータ側に巻かれている

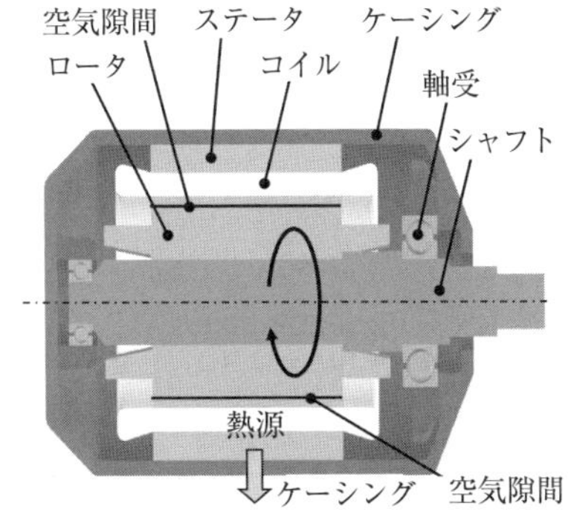


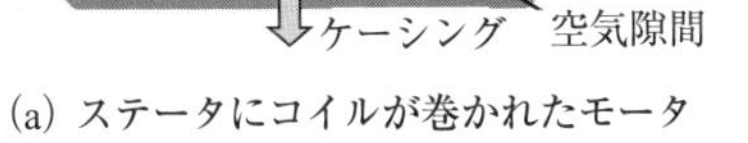

(a) ステータにコイルが巻かれたモータ

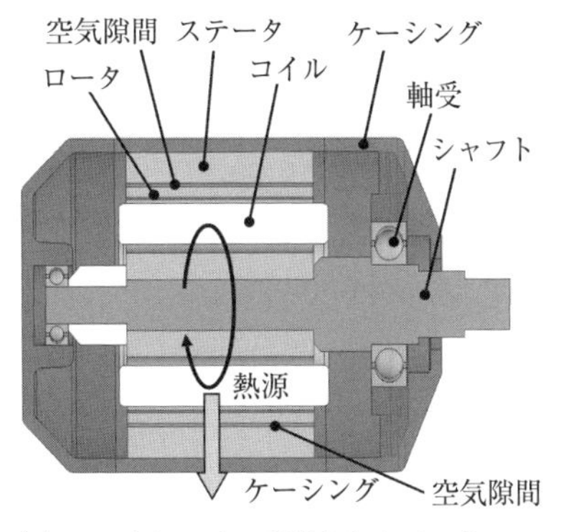


(b) ロータにコイルが巻かれたモータ

**図6-18　モータの種類による放熱経路の違い**
**ステータにコイルが巻かれたモータはケーシング側に発熱源があるため放熱しやすいが、ロータにコイルが巻かれたモータは空気隙間を介しての放熱になるため熱が逃げにくい**

かで、解析モデルの作り方が異なります。**図6-18**（a）ように、コイルがステータに巻かれているモータでは、コイルの熱がケーシングを経由して直接外部へ放出されます。熱流量が大きいステータやケーシングを詳細化し、ロータは簡略化します。

一方、図6-18（b）のように、ロータ側にコイルが巻かれているモータでは、ロータから空気隙間（以下エアギャップ）を介してステータ、ケーシングへ熱が伝わります。空気の熱伝導率は金属の1/100以下になるため、わずかな隙間でも大きな熱抵抗を持ちます。しかも、熱源から外気までの熱抵抗が直列に構成されるため、空気隙間（エアギャップ）部の熱抵抗が支配的になります。ロータ側に巻線のあるモータは、エアギャップのモデル化が解析精度を左右します。ここではエアギャップのモデル化について解説します。

## 6.4.3　エアギャップの「等価熱伝導率」によるモデル化

エアギャップの空気は固定壁面と回転壁面とに挟まれています。このギャップ部の熱伝達率は隙間幅やロータの回転速度で決まります。ギャップ部をメッシュ分割して流れの状態を解析した結果を**図6-19**に示します。ロータの回転速

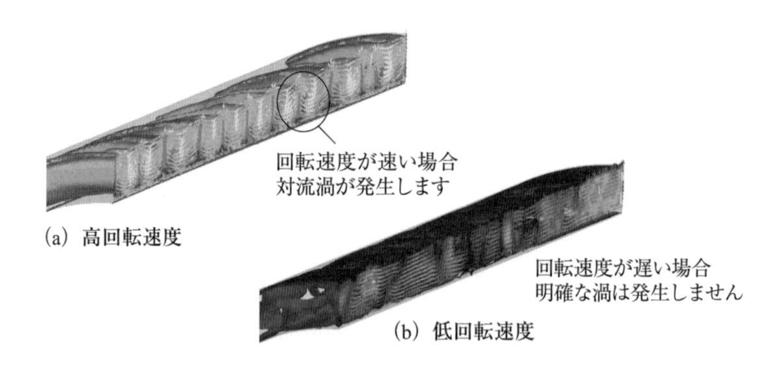


| | 外径<br>mm | 内径<br>mm | 回転速度<br>rpm | テイラー数 |
|---|---|---|---|---|
| 高回転速度 | 50 | 40 | 1000 | 10000 |
| 低回転速度 | 50 | 40 | 4 | 39.4 |

**図6-19　回転速度によって生じるエアギャップ内の渦**
**流体部は水としている**

度が遅いと、周方向にのみ流れが発生しますが、速度が大きくなると、断面方向に渦が発生します。このような流れの変化は、ある回転数を超えると発生するため、モータの回転速度が上がると急激に冷却性能が向上するという現象が起こります

この遷移点を越えているかどうかは、以下の$T_a$（テイラー数）を用いて判別することができます。

$$T_a = \frac{V_\theta \cdot D}{\nu}\sqrt{\frac{D}{R_{in}}} \qquad (6 \cdot 7)$$

ただし　$V_\theta$：ロータ表面の周速度（m/s）、D：隙間幅（m）
　　　　$R_{in}$：ロータ外径（m）、$\nu$：動粘性係数（$m^2/s$）

$T_a < 41$では層状流れ、$T_a > 41$では渦流れになります。

しかし、エアギャップをメッシュ分割するとなるとメッシュ数が膨大になり、モータ全体のモデル化は困難になります。そこで、エアギャップの空気は固体として扱い、以下の式で求めた等価熱伝導率$\lambda_{eq}$を与えます。

$$\lambda_{eq}=\lambda_{air}\times Nu$$

$$Nu\begin{cases}=1 & (T_a<41)\\ =0.195T_a^{0.5}\ Pr^{0.25} & (10^4>T_a>41)\\ =0.046T_a^{2/3}\ Pr^{1/3} & (T_a>10^4)\end{cases} \qquad (6\cdot 8)$$

ただし、$\lambda_{eq}$：等価熱伝導率、$\lambda_{air}$：空気の熱伝導率、
$Nu$：隙間幅を代表寸法とするヌッセルト数、$Pr$：プラントル数

テイラー数が41以下の回転速度が遅いモータでは$Nu$が1となります。これはエアギャップ内の半径方向への流れが少なく、空気の熱伝導だけで熱が伝わるためです。

一方、回転速度が大きいモータでは半径方向の流れが発生し、見掛けの熱伝導率が増大します。

実際に小型モータで計算した例を**図6-20**に示します。このモータでは、6000rpmに遷移点があり、これを境に等価熱伝導率が向上しています。

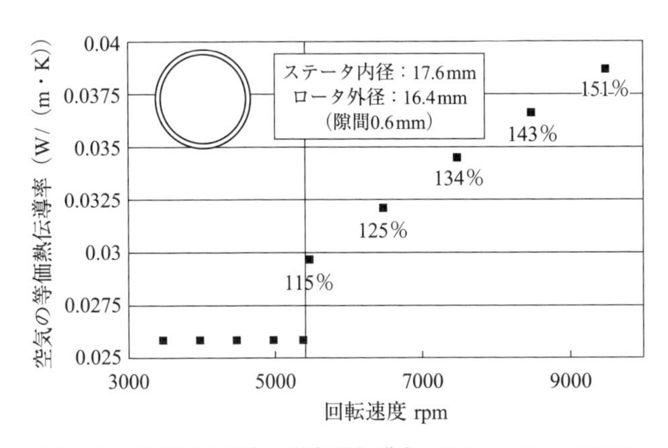


**図6-20　回転速度と空気の等価熱伝導率**（小型モータによる計算例）

## 6.4.4　エアギャップの流体解析モデル（渦流れによる等価熱伝導率の把握）

ここで説明した等価熱伝導率は、単純な回転二重円筒を想定したものですが、

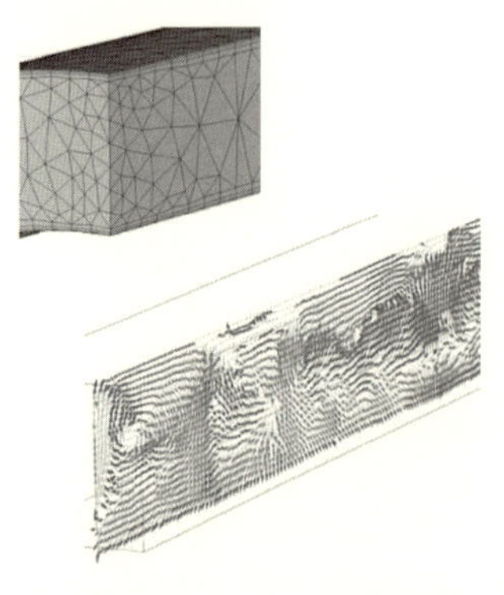

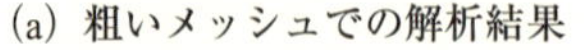

(a) 粗いメッシュでの解析結果

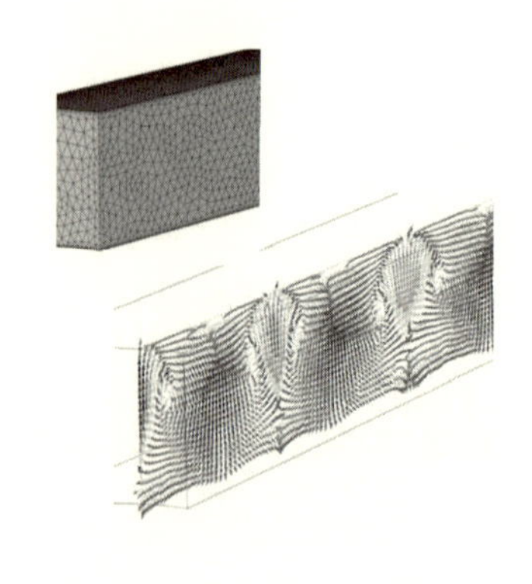

(b) 細かいメッシュでの解析結果

**図6-21　エアギャップの分割数による結果の差異**（有限要素法メッシュの例）

エアギャップの形状が複雑な場合には、まずエアギャップ部の詳細な流れ解析を行います。この解析でロータとステータの熱流量と温度差から等価熱伝導率を求め、この値をモータの全体モデルで使用します。

エアギャップの流体解析では、隙間幅を10分割以上し、半径方向の渦を表現できるようにします。分割が粗いと等価熱伝導を低く見積ることになります（**図6-21**）。

### 6.4.5　購入品としてのモータのモデル化

市販モータを装置の１部品として使用する場合には、モータのケーシングと同じ材料の円筒ブロックや中空円筒ブロックでモデル化し、均一な体積発熱を与えます。形状を簡略化しても表面積はできるだけ同じになるよう、放熱効果の大きいフランジなどもモデル化します。ケーシングが塗装されていれば、放射率は0.8～0.9を与えます。このようなモデルでも表面温度は実物に近い値を得ることができます。

### 6.4.6　発熱量の設定

駆動用モータは、間欠運転されることもあり、多くの場合発熱量が変動します。

モータの時定数に対して運転時間サイクルが短い場合には温度変動が少なく、

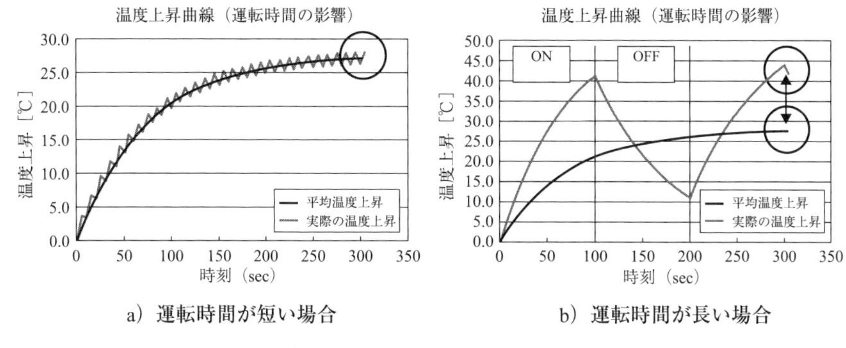


a）運転時間が短い場合　　b）運転時間が長い場合

**図6-22　運転時間の長さによる温度変化の違い**
**時定数に対してON/OFF時間が長いと平均温度上昇と実際の温度上昇との差が大きくなる**

時間平均発熱量で定常解析を行っても大きな誤差は生じません（**図6-22**（a））。この場合、まず時定数を以下の式で算定します。

$$時定数[秒]=\frac{\sum(G\times C_p)}{S\times h} \qquad (6\cdot 9)$$

$G$：モータ構成部材の重量（kg）、$C_p$：構成部材の比熱（J/(kg·K)）
$S$：モータの表面積（$m^2$）、$h$：モータ表面の熱伝達率（W/($m^2$・K)）

熱伝達率は自然空冷なら10〜15W/($m^2$・K)、強制空冷なら20〜30W/($m^2$・K)（風速で異なる）程度を用いて概算します。時定数は、発熱開始から定常温度上昇の63%に達するまでの時間なので、温度変化の速さを推定できます。

運転時間サイクルが時定数よりも充分短ければ、以下の平均発熱量を用いて計算します。

$$平均発熱量[W]=\frac{\sum(T_{on}\times W_{on})}{T_{cycle}} \qquad (6\cdot 10)$$

$T_{on}$：動作時間（秒）、$W_{on}$：動作時の発熱量（W）、$T_{cycle}$：１サイクルの時間（秒）

運転時間サイクルが長くなると、温度変動幅が大きくなり、平均温度上昇との差が開きます（図6-22（b））。この場合には非定常解析を行い、時間ごとの温度変化を把握する必要があります。

### 6.4.7　モータの詳細モデル

モータ単体の詳細な熱流体解析を行う場合には、エアギャップのモデル化以外にも、発熱量や物性値の設定が重要になります。発熱量は、銅損と鉄損に分けて分布を与えなければなりません。鉄損は回転数や電磁鋼板の磁気特性によって変わるため、電磁場解析が必要です。電磁場解析で得られた損失分布を熱流体解析に取り込みます。

しかし、電磁場解析と熱流体解析では解析に必要なメッシュ分割が異なるため、近傍メッシュの補間処理によって発熱量をマッピングします。両者のメッシュ密度を同レベルにしておくと、マッピング精度は向上します。マッピング後の発熱量の合計値が変わっていないことも確認します。

**図6-23**は発熱量をマッピングした計算結果と固体部ごとに均一に与えて計算した結果の比較です。マッピングせずに固体部ごとに発熱量を設定すると、局所的な温度上昇を捕らえられないことがわかります。

マッピング機能がない場合には、ロータ部ではエアギャップ周辺に発熱が集中し、ステータ部ではヨークとティースで発熱分布が異なることを考慮し、発熱領域を分けるか、半径方向の関数として発熱を設定します。

モータの温度上昇の誤差原因として、電磁鋼板打ち抜き時の残留応力による損失変化があります。残留応力の影響を考慮した電磁場解析が必要になります。

銅損、鉄損以外にも、高速回転では流体の粘性散逸による風損、ベアリングの機械損なども発生します。風損は外周速度の3乗に、機械損は回転数に比例します。高回転モータではこれらの影響も考慮します。

単純な回転円筒における風損算定式は、以下のようになります。

$$
\begin{aligned}
&\text{風損(W)} = \pi \cdot C_f \cdot \rho \cdot r^4 \cdot \omega^3 \cdot L \\
&\text{摩擦損失係数 } C_f : \frac{1}{\sqrt{C_f}} = 2.04 + 1.7681 \left( R_e \sqrt{C_f} \right) \qquad (6 \cdot 11) \\
&\text{レイノルズ数 } R_e = \frac{R \cdot t \cdot \omega}{\nu}
\end{aligned}
$$

$r$：ロータ半径（m）、$\omega$：角速度（rad/s）、$L$：ロータ奥行（m）、$t$：エアギャップの幅（m）

$\nu$：動粘性係数（$m^2/s$）、$\rho$：密度（$kg/m^3$）
突極型のロータでは、風損はこの式よりも増加します。
機械損はベアリングの回転数に比例します。

モータの巻線と電磁鋼板は、異方性等価熱伝導率を与える必要があります。

電磁鋼板は積層されており、その積層ごとに接触抵抗を持つため、モータの軸方向と半径および円周方向で異方性を持ちます。軸方向と面内方向で異なる異方性熱伝導率を設定します。

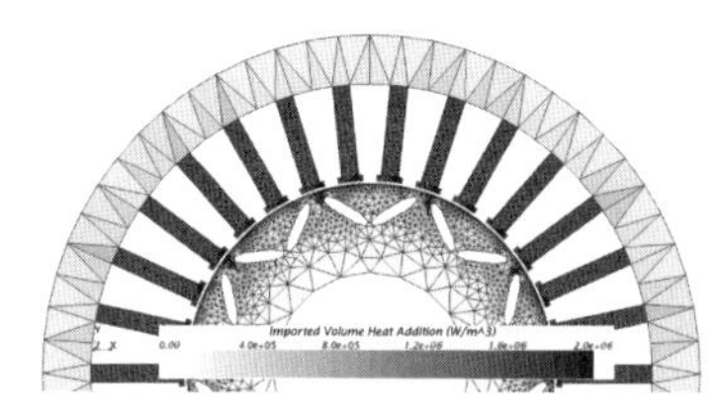

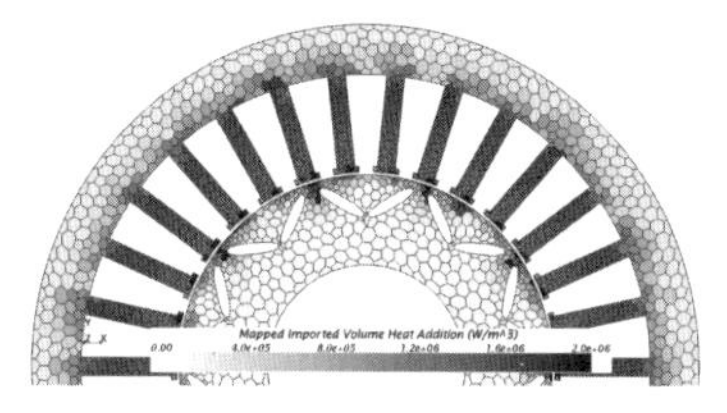


メッシュの違いにより1.5%のマッピング誤差を含んでいる。
電磁界解析の発熱量：393W
マッピングした発熱量：399W

(a)発熱量のマッピング例
(左：電磁界解析の発熱量、右：マッピングした発熱量)

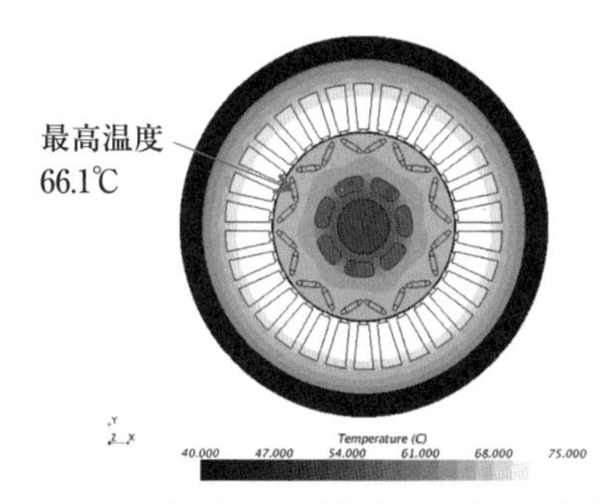

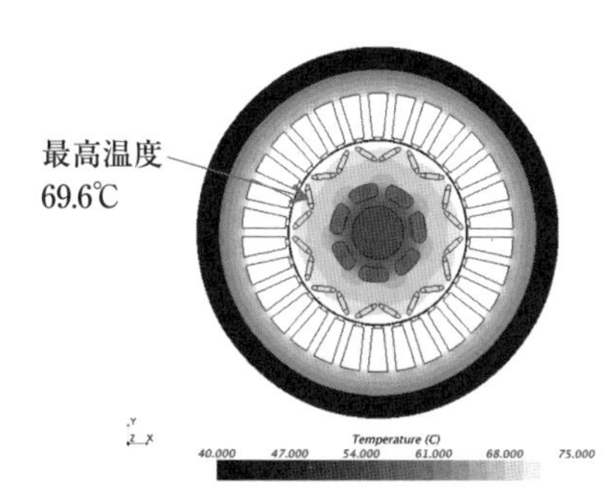


マッピングすると発熱集中により、磁石最高温度は69.6℃となるが、均一の場合は66.1℃になり13%の温度上昇誤差を生じている。

(b)計算結果の差異例
(左：均一、右：マッピング)

**図6-23　モータの発熱量マッピング**

巻線は6.3項で示したように、巻線がつながった方向とそれに直交する方向で熱伝導率が異なります。分布巻きか集中巻きで異なりますが、スロット内と折り返しの部分で異方性の軸が異なるため、モデル化が難しくなります（**図6-24**）。

この場合、折り返しの方向に沿って異方性の軸を設定します。**図6-25**に例を示すように熱伝導率の異方性を考慮することで、温度分布計算結果が大きく異なる場合があります。

# 6.5 HIDランプ

照明器具やプロジェクターなどの電気製品から自動車のヘッドライトまで、ランプはさまざまな製品に利用されます。一般にランプは発熱量が大きく、温度によって特性や寿命が変わるため、温度管理が必要です。

## 6.5.1 ランプの種類と特徴

ランプは、光源の種類によって、白熱灯、蛍光灯、放電灯（HID）、LEDに分類されます。

白熱灯はフィラメントを利用して光を出すもので、多くの照明機器に使用されていますが、フィラメントの耐久性が大きな課題です。

蛍光灯は、白熱灯に比べ寿命が長く、消費電力も少ないため、環形、直管、電球形など、さまざまな形のものが照明機器に使用されています。

HIDランプ（High Intensity Discharge lamp）は、金属原子高圧蒸気中のアーク放電による光源で、高圧水銀ランプ、メタルハライドランプ、高圧ナトリウムランプなど、励起される物質によって分類されます。フィラメントを使用しないため耐久性に優れ、消費電力も低く抑えられることから液晶プロジェクターや自動車のヘッドライトなど、光量を必要とする用途に使用されています。

LEDランプは、発光ダイオードを光源としたランプです。上記の３つに比べて赤外放射が少ないため、放熱設計が重要になります。

ここでは、液晶プロジェクターやヘッドランプに使うHIDランプのモデル化について説明します。

a)コイル(実物)

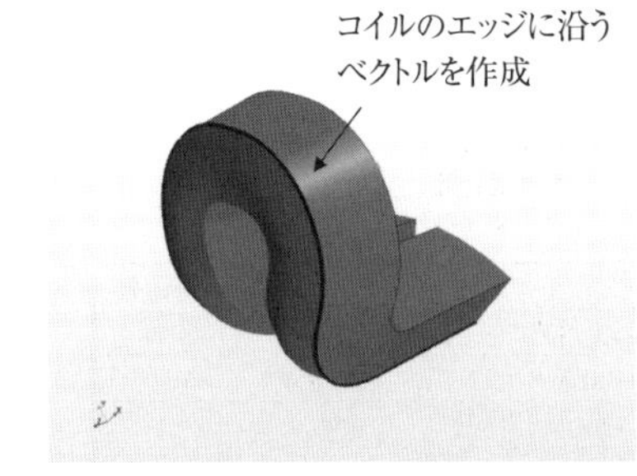


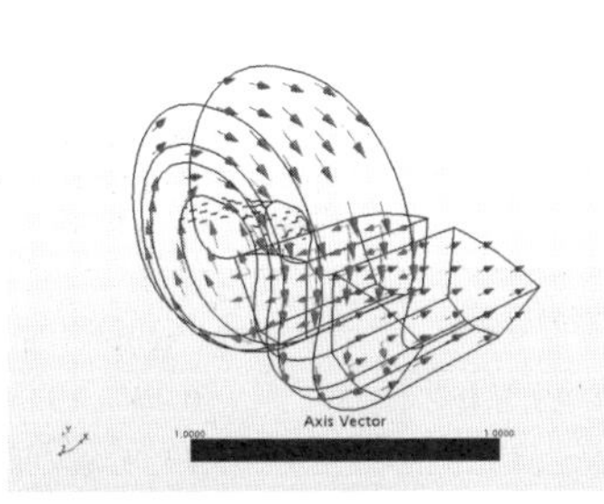


b) コイルの異方性熱伝導率の設定

**図6-24　巻線の方向に沿った異方性熱伝導率の例**

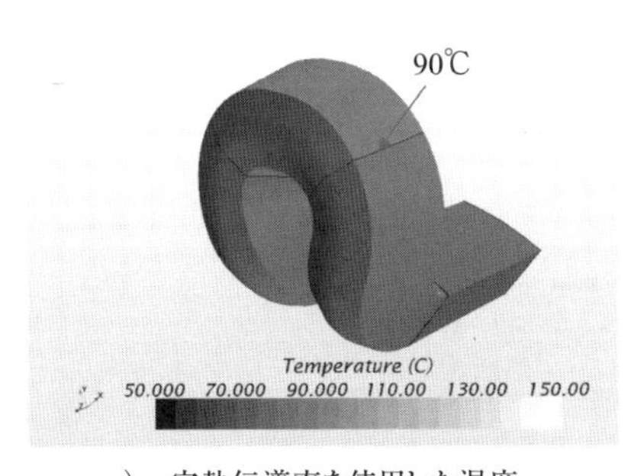


a)一定熱伝導率を使用した温度

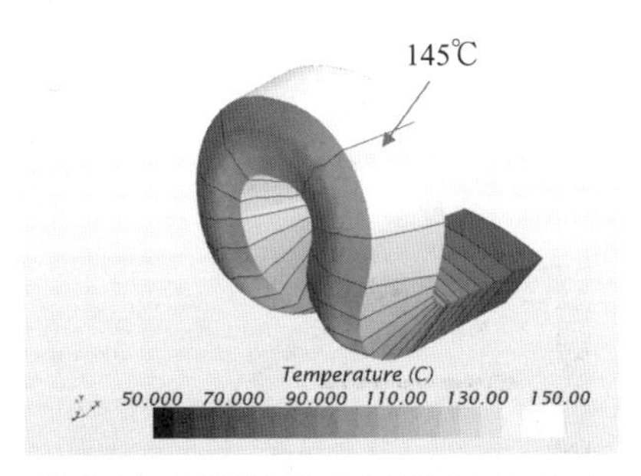


b)軸に沿った異方性熱伝導率を使用した温度

**図6-25　異方性熱伝導率の与え方による結果の差異**

## 6.5.2 HIDランプの特徴

HIDランプは、バルブ内の二つの電極間にアーク放電を発生し、発光させます。アークは光源であり、熱源でもあります。熱エネルギーの多くは、熱放射の形態でバルブを透過し、反射板で反射され、前面のレンズに集中します。

**表6-3**にさまざまなランプの放熱割合を示します。ランプの放熱には放射以外にも、自然対流や熱伝導によるものがあり、複雑な伝熱経路を形成します（**図6-26**）。ランプの放熱を解析するには、熱放射を的確に表現したモデル化が不可欠になります。

**表6-3　各種ランプの消費電力のゆくえ**
**<出展元>データ提供：東芝ライテック株式会社**
**照明設計資料「照明設計の基礎」の一部抜粋**

| ランプの種類 | ランプ入力 | 放射束 | | | | 熱* | 安定器損失 |
|---|---|---|---|---|---|---|---|
| | | 紫外 | 可視 | 近赤外 | 計 | | |
| 高周波専用蛍光ランプ（昼白色）32W | 32W | 0.2W | 11W | 0.0W | 11.2W | 20.8W | 4W |
| | 100% | 0.6% | 34% | 0% | 35% | 65% | |
| 水銀ランプ 400W | 400W | 8W | 64W | 58W | 130W | 270W | 23W |
| | 100% | 2% | 16% | 15% | 33% | 68% | |
| メタルハライドランプ400W | 400W | 13W | 95W | 116W | 224W | 176W | 23W |
| | 100% | 3% | 24% | 29% | 56% | 44% | |
| 高圧ナトリウムランプ360W | 360W | 1W | 108W | 87W | 196W | 164W | 28W |
| | 100% | 0.2% | 30% | 24% | 54% | 46% | |
| 電球形LEDランプ（昼白色）7.3W | 7.3W | 0.0W | 2.5W | 0.02W | 2.5W | 4.8W | ランプ入力に含む |
| | 100% | 0% | 35% | 0.2% | 35% | 65% | |

＊熱は、対流、伝導、熱放射の合計を表す。

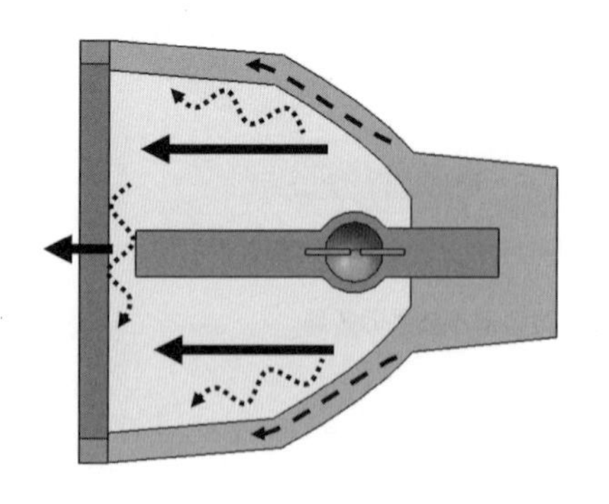

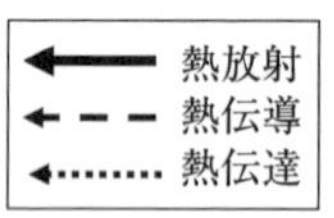


**図6-26**
**HIDランプの熱の伝播経路**

## 6.5.3　HIDランプの熱源モデル（アークのモデル化）

HIDでバルブにアークが発生すると、その高温熱源によりバルブ内に対流が起こります。この対流によってアークは重力と反対方向に湾曲し、アークに近いほうのバルブ表面が加熱されます。これによりバルブの上下面で温度差を生じ、バルブ破裂の原因になります。バルブのモデル化に当たっては、この現象をシミュレートするためにアーク部の対流を考慮します（**図6-27**）。

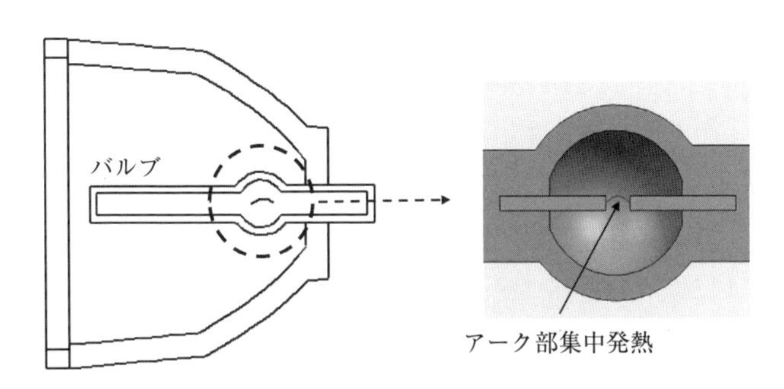


**図6-27　HIDランプの詳細モデルでの熱源**
**アーク部をモデル化し、集中発熱を与える。対流によるアークの湾曲も表現する。**

## 6.5.4　HIDランプの詳細モデル（放射計算を伴うモデル）

バルブ内の熱源（アーク）から放射された熱は、バブル壁面を透過し、鏡面加工された反射板で大部分が反射されて前面のレンズへ集中します。反射板で吸収された熱は、熱伝導によりランプ壁面を伝わり外部へ放散されます。

HIDランプでは熱放射による放熱量が大きく、照射面での反射や吸収を扱わなければなりません。この計算には光路追跡（レイトレーシング）が必要になります。市販システムの多くが、反射・吸収・透過を考慮した計算が可能ですが、条件設定にあたっては、熱源が放射する電磁波波長に対する構成部材の反射率や透過率を知る必要があります。また、光学製品であるランプの反射板は精密に計算された形状を持っており、形態係数を正しく計算するには、曲面形状が表現できることも重要です。

このように、ランプそのものを詳細にモデル化するためには、構成素材の熱物性や光学物性データを蓄積し、モデル精度を高めていく必要があります。

### 6.5.5　HIDランプの簡易モデル（伝導・対流のみのモデル）

例えば液晶プロジェクター全体の解析を行う場合には、ランプは1つの光源部品であり、それ自体を詳細にモデル化するのは困難です。ランプ自身の温度よりも、ランプの発熱による他部品への影響が重要なので、ランプは簡易モデルで表現します。

簡易モデルではレイトレーシングは行わず、放射熱を「放射を受ける面に分散した発熱」として与えます。

ランプには、入力電力から放射放熱量を引いた値を発熱量として与えます。具体的には、表6-3の「光源の発熱」がランプの発熱量になります。

詳細モデルではアーク部に発熱量を与えますが、簡易モデルでは、バルブ部や放射を受ける反射板、透過するレンズなど、光や熱の吸収が起こる部分に分散して与えます。このためには放射エネルギーがどの範囲に届き、そこでどの程度のエネルギー吸収が発生するかを知る必要があります。

**図6-28**に詳細モデル（放射計算を伴うモデル）と簡易モデル（伝導・対流のみのモデル）の比較を示します。詳細モデルでは、アークに発熱を与え、バルブと反射板間の形態係数から放射熱交換を計算します。反射板の反射によって周囲へ熱放射することも考慮します。一方、簡易モデルではバルブを上下に分割して不均一な発熱量を与え、バルブ、反射板、レンズを分割し、それぞれの面に計算した発熱量を設定します。

**表6-4**に解析結果の比較を示します。両者の形状的な違いはアーク部のモデル化だけであり、要素・節点数はほぼ同じです。しかし、詳細モデルでは、レイトレーシング計算を行うため、計算時間は大きく異なります。

計算結果を比較すると、レンズ中央部付近の温度分布やバルブ温度が異なっています。簡易モデルでは、放射熱交換を正確に計算しないためこのような差が出ますが、レンズや反射板には大きな温度差は見られません。ランプを利用する側の解析精度としては充分といえるでしょう。

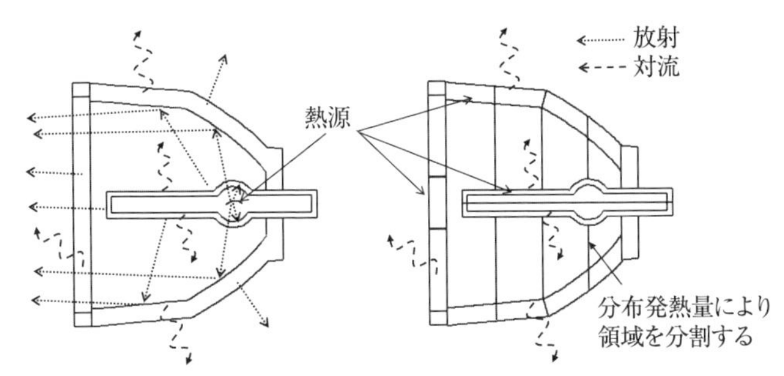


| | 詳細モデル<br>(放射計算を伴うモデル) | 簡易モデル<br>(伝導・対流のみのモデル) |
|---|---|---|
| 熱源 | アーク部のみが発熱 | バルブ、リフレクタ、レンズに発熱を分散 |
| 熱の経路 | 伝導・対流・放射 | 伝導・対流 |
| モデルの特徴 | アーク部のモデル化が必要 | 発熱量を振り分けるため、領域の分割が必要 |
| 計算時間 | 大 | 小 |

**図6-28　HIDランプの詳細モデルと簡易モデルの比較**

**表6-4　詳細モデルと簡易モデルの計算結果比較**

| | 詳細モデル | 簡易モデル |
|---|---|---|
| 解析規模 | 48486要素、8640節点 | 48481要素、8634節点 |
| 解析時間 | 27分 | 2分 |
| 流体温度 | 最高温度：<br>156.1℃ | 最高温度：<br>208.4℃ |
| バブル・レンズ・リフレクタ温度 | 最高温度<br>リフレクタ：78.4℃、レンズ111.1℃ | 最高温度<br>リフレクタ：80.4℃、レンズ99.5℃ |
| バルブ温度 | 最高温度<br>213.4℃ | 最高温度<br>312.2℃ |

# 6.6 LED

## 6.6.1 熱的に厳しい光源 “LED”

LED（Light Emitting Diode、発光ダイオード）は、一般に発熱が少ないとされていますが、発光量の大きなパワーLED（**図6-29**）は大電流が必要で、大きな発熱を伴うため、熱設計が不可欠です。

**表6-5**に示すとおり、LEDは赤外放射がほとんどなく、可視光に変換されます。白熱灯や蛍光灯は、損失は大きいものの、その多くが赤外線として放射されるので、光源での発熱は少なくなります。LEDは70～85%が発光部分で熱に変わるうえ、対流に有効な表面積が小さいため、熱的には最も厳しいといってよいでしょう。

図6-29　パワーLEDの例

表6-5　光源での発熱量割合

| ランプの種類 | 可視光への変換効率 | 赤外放射 | 光源での発熱 |
|---|---|---|---|
| 白色灯 | 5～10% | 72% | 18～23% |
| 蛍光灯 | 22% | 36% | 42% |
| LED | 15～30 | 0% | 70～85% |

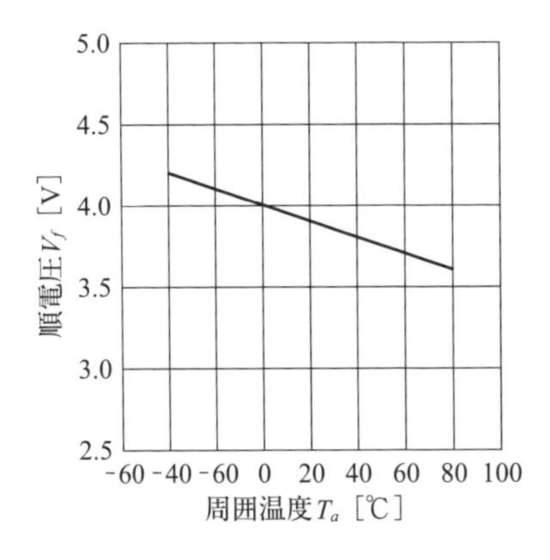

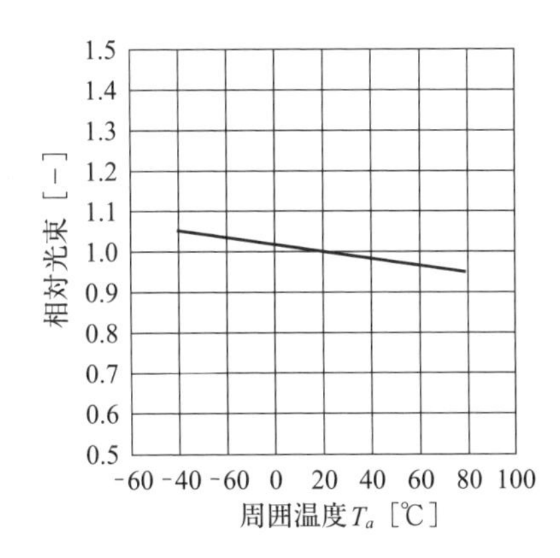


**図6-30　LED周囲温度と順電圧および相対光束の特性例**

また、フィラメントや冷陰極管は比較的温度が高くても機能しますが、LEDは熱に敏感な半導体素子です。ジャンクション温度の上昇に伴い順方向電圧$V_f$が低下します。定電圧駆動の場合これにより電流が増加し、さらにジャンクション温度が上昇するため、最終的には破壊にいたることがあります。定電流駆動の場合には温度の上昇に伴い光束が減少し、輝度が落ちるとともに寿命も短くなります（**図6-30**参照）。

## 6.6.2　LEDの構造と詳細モデル

LEDは、**図6-31**、**6-32**のように、電気接続されたダイが透明樹脂に実装さ

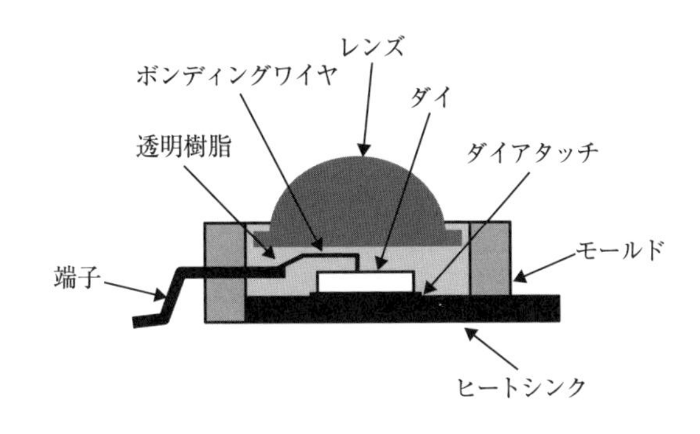


**図6-31**
**表面実装パワーLEDの構造**

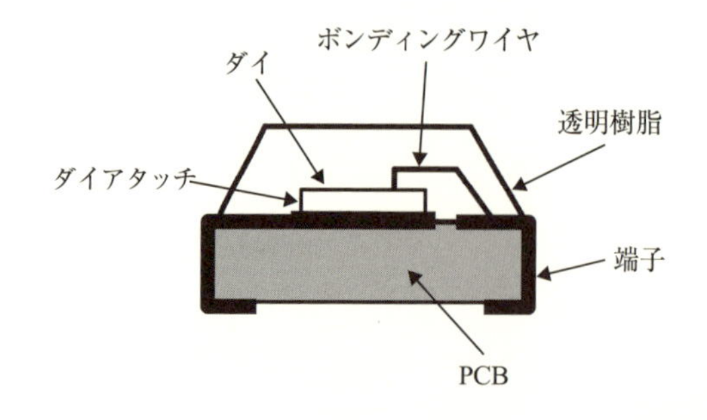


図6-32
表面実装チップLEDの構造

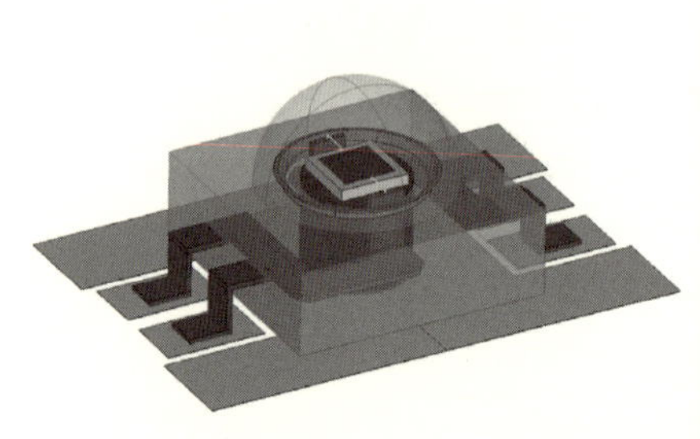
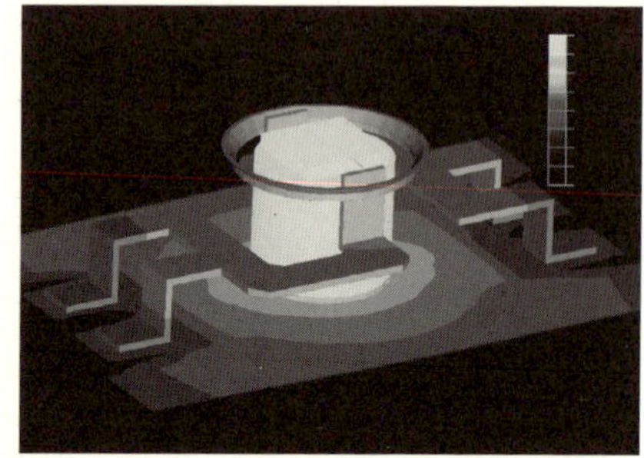

図6-33　パワーLEDの詳細熱解析例（ANSYS Icepakの例）

れたシンプルな構造をしています。

LED、特にパワーLEDは放熱を考慮した構造であるため、ダイからヒートシンクまでの放熱経路を重点的にモデル化すればよく,取り扱いとしてはパワー半導体パッケージに近いといえます。

**図6-33**はLEDの詳細モデル例です。発熱量は電流・順方向電圧$V_f$から消費電力を計算し、光に変換される分を差し引いた値（例えば電力に0.85をかけた値）をダイ（チップ）に与えます。ただし、図6-30のように順方向電圧$V_f$に温度依存性があるため、正確に計算するには温度計算結果から発熱量を補正する必要があります。熱流体解析ソフトには,温度－順方向電圧$V_f$の関係や,温度－発光効率の関係が入力でき、発熱量を温度にあわせて自動調節するものや、温度－光束の関係から動作状態（温度）での光束を算出できるものがあります。

## 6.6.3 LEDの簡易モデル

LEDを使った照明機器など、装置レベルのモデル化を行う際には、LEDは簡易モデルで表現します。LEDは表面積が小さいため、表面からの対流や放射による放熱は少なく、基板からの伝導放熱が多くなります。このため、基板への伝導ルートをできるだけ精度よく表現しなければなりません。

**図6-34**は多数のLEDを配置したモジュールの例です。個々のLEDはパッケージとダイ、および端子で表現しています。LEDを単一ブロックで表現する場合もありますが、その場合、ブロックの熱伝導率にはLEDパッケージの値を使用し、電力損失をブロック全体に体積発熱として与えます。

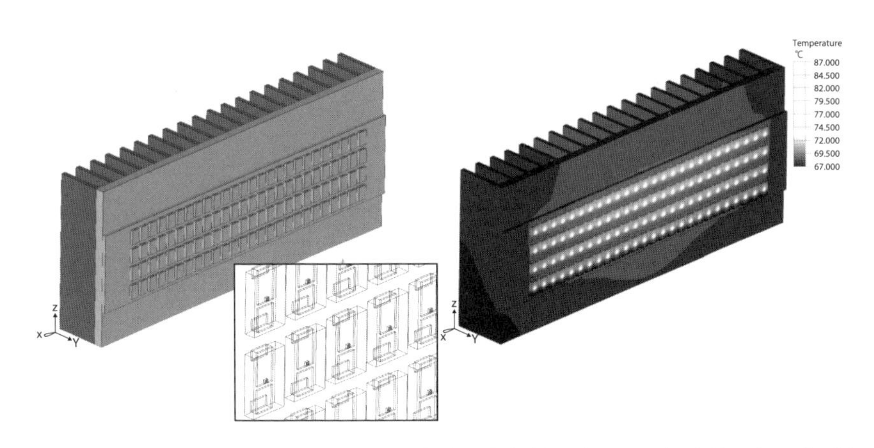


**図6-34 ヒートシンク付きLEDアレイのモデル例と解析結果（LEDはダイと端子をモデル化）**

単一ブロックではダイをモデル化していないため、ダイの温度を算出することはできません。表面温度$T_c$を調べ、部品メーカーから提示される$\theta_{jc}$（ダイと表面との間の熱抵抗）を用いて、以下の式で計算します。

$$T_j = T_c + \theta_{jc} \times W \qquad (6 \cdot 12)$$

ただし、$T_j$：ダイ温度、$T_c$：計算された表面温度、$W$：LEDの発熱量ダイと表面との間の熱抵抗$\theta_{jc}$には、ダイと表面の温度差を発熱量（光変換分を除いた値）で割ったリアル熱抵抗と、ダイと表面の温度差を投入電力で割ったエレクトリカル熱抵抗があります。LEDに発熱量を与える場合はリアル熱抵抗を使う必要があります。

## 6.7 電源ユニット

電源ユニットは電子機器に不可欠な構成要素ですが、設計を外部に委託したり、標準品や特注品を購入したりするケースも少なくありません。ここでは、このようなケースでセットメーカーが行うべき電源ユニットモデルについて解説します。

電源ユニットは1つの電子機器であり、その内部は**図6-35**のように複雑です。電源ユニットの詳細モデルを装置モデルに組み込むと、解析規模が大きくなってしまいます。またモデル化したくても、セットメーカーでは電源の詳細情報を入手できない場合もあります。

電源内部の解析は電源設計者に任せ、電源を使用する側は簡易的なモデルを使用するほうが効率的です。これは電源ユニットに限らず一般購入ユニットについても共通的な手法になります。

### 6.7.1 電源ユニットの発熱量

**図6-36**にスイッチング電源の回路図例を示します。回路構成部品のうち、特に発熱量が大きい部品は以下の6つです。電源内部をモデル化する場合には、これらの部品を優先的にモデル化します。

| | | |
|---|---|---|
| ・ダイオードブリッジ | ・チョークコイル | ・PFCトランジスタ |
| ・PFCダイオード | ・トランス | ・整流ダイオード |

電源容量や回路構成で個々の部品の発熱量は異なりますが、電源回路全体の発熱量は、以下の式で計算できます。

$$W_{pow}=\frac{W_e}{\eta}-W_e \qquad (6\cdot 13)$$

図6-35　電源ユニットの内部

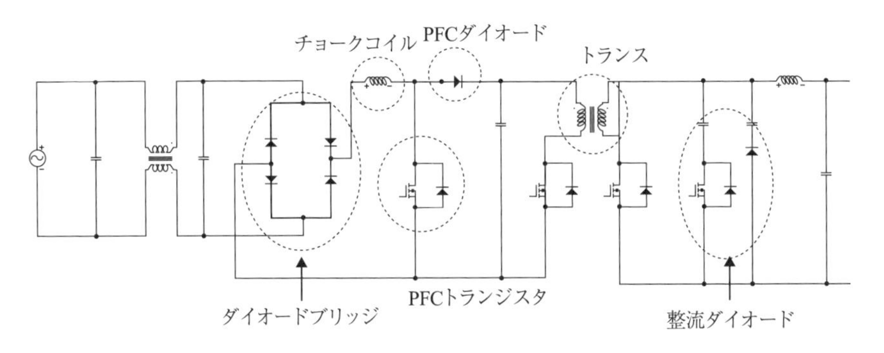

図6-36　電源回路の例

ただし、$W_{pow}$：電源の発熱量（W）、$W_e$：負荷側の消費電力、$\eta$：電源効率

一般的な電源効率を考えると、供給電力の20～35%を発熱量と考えればよいでしょう。

## 6.7.2　電源ユニットのモデルタイプ

電源のモデルは目的に応じて次の4つに分けられます。番号順に粗いモデルになります（**図6-37**）。

【モデル①】筐体と内部部品を詳細に表現したモデル（電源設計者が行なうモデル）

【モデル②】筐体は形状表現し、内部部品は流体抵抗に置き換えたモデル

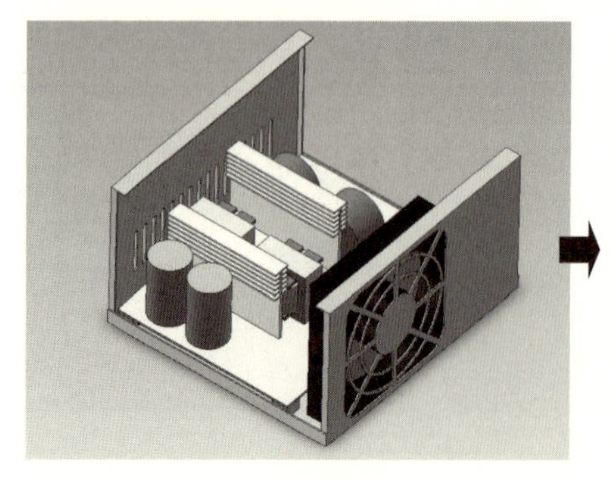

(a) 詳細モデル（モデル①）

(b) 全体を流体抵抗に置き換えたモデル（モデル②～④）

図6-37　電源のモデル化

（セットメーカーが行うモデル）

【モデル③】筐体は形状表現し、内部は空洞としたモデル
（セットメーカーが行うモデル）

【モデル④】電源ユニット全体を流体抵抗に置き換えたモデル
（セットメーカーが行うモデル）

モデル①では個々の部品に発熱量を与えますが、モデル②～④では総発熱量を全体に与えます。

### 6.7.3　電源ユニット簡易モデルの精度

セットメーカーの電源モデルの目的は、その発熱や流体抵抗によって他の部品がどのような影響を受けるか知ることです。そのためには、電源ユニットの通過風量と発熱による空気の温度上昇を正しく計算できなければなりません。空気の温度上昇は、発熱量が正しければ風量に依存するので、モデル化のポイントは、ユニットの通風抵抗の妥当性になります。モデル②～④の違いは、通風抵抗の表現方法です。

モデル②や④で使用する「流体抵抗（ポーラスメディア）」とは、空間に流体抵抗を与え、空気を通りにくくするもので、電源内部に実装された部品の空気抵抗を擬似表現します。

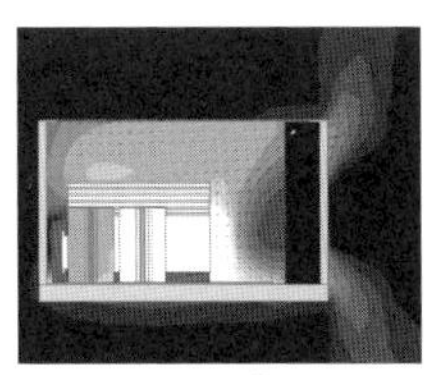

モデル①

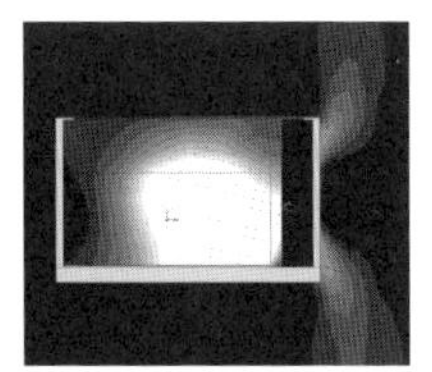

モデル②

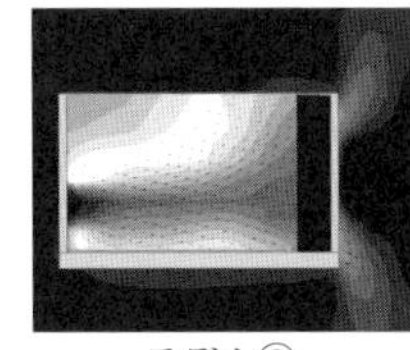

モデル③

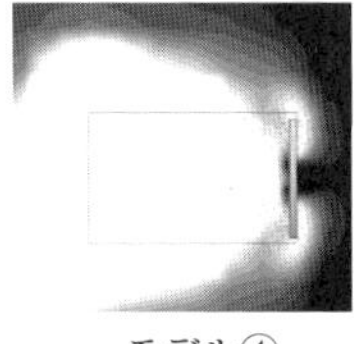

モデル④

**図6-38**
**各モデルの解析結果比較**
**周囲温度 20℃ 総発熱量 30W　で計算**

| | モデル① | モデル② | モデル③ | モデル④ |
|---|---|---|---|---|
| 排気温度［℃］ | 30.36 | 31.26 | 30.51 | 40.33 |
| 風量［$m^3$/min］ | 0.140 | 0.137 | 0.141 | 0.145 |

**図6-38**に、同じ電源を4つのモデルで解析した結果の比較を示します。簡易化することによって電源内部の温度は大きく異なりますが、排気温度や風量は、モデル①～③は近い値になっています。また、ファン吐き出し部の流れも、モデル①～③はほぼ同じになっています。しかし、モデル④は排出温度が高く、周囲の流れも大きく異なります。これはモデル④では、電源ユニットのケースに相当する固体枠が存在しないためです。実際の電源では側面にケースがあり、空気の流入流出はありませんが、モデル④では側面から空気の流入が起こるため、ファンから遠い部分を空気が流れなくなります。流体抵抗を使う場合は、流体抵抗に異方性の抵抗を与え、側面の流れをなくすと改善されます。

実用的なモデルとしてはモデル②や③がよいでしょう。ここでの簡易モデルでは、通風口は穴形状を入力しましたが、通風口を開口率（圧損係数）で表現すれば、さらにコンパクトなモデルになります。

電源ユニットの流体抵抗の大部分が、通風口の流体抵抗なので、モデル③でも誤差は少なくなっています。しかし、ユニット内部の実装密度が高い場合には、モデル②がよいでしょう。

### 6.7.4　ユニットの流体抵抗を見積る方法

モデル②や④では流体抵抗（圧力損失係数）の値をいかに決めるかがポイントです。

流体抵抗は、電源ユニットの詳細モデルを作成し、下記の手順で推定します。

① 電源ユニットの詳細形状をダクトに入れたモデルを作成します（**図6-39**(a)）

② 出口に流量を設定します（これが（b）のグラフの横軸となります）

③ 出口流量を変化させて計算を行い、電源ユニットの前後の圧力差を求めます

④ 解析結果から、圧力差と流量のグラフを描きます

⑤ 算出された特性を簡易モデルの流体特性として与えます

電源回路領域だけのモデルであればメッシュ数はそれほど多くならずにすみます。また流体解析だけを行えばよいので、各部品の発熱量などを知る必要はありません。この手法は電源だけではなく、購入ユニットに広く適用できます。

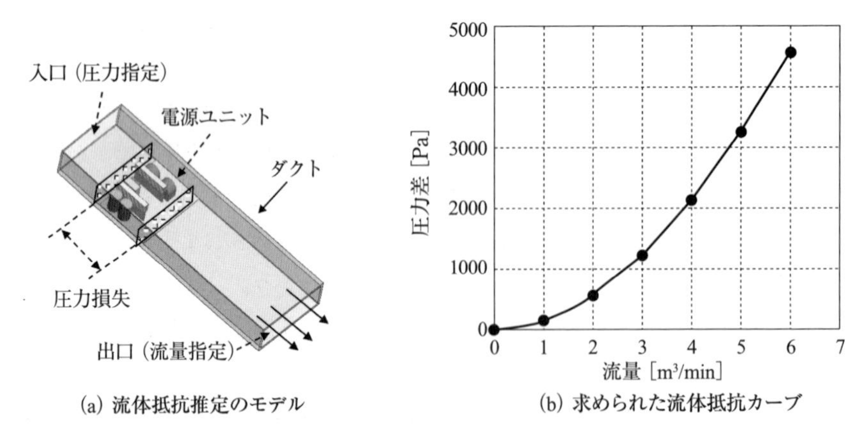


(a) 流体抵抗推定のモデル　　(b) 求められた流体抵抗カーブ

**図6-39　電源ユニットの流体抵抗計算**

## 第7章

# 冷却用部品のモデリング

## 7.1 筐体のモデリング

空冷ファンは、電子機器の冷却用部品として広く使われています。しかし、電子機器の熱流体解析では、空冷ファンのモデル化方法によって計算時間や精度が大きく変わります。ここでは、軸流ファンを中心に説明します。

### 7.1.1 解析目的によるファンのモデル化の違い

ファンの数値解析といっても、ファンそのものの特性を予測するための計算から、電子機器の冷却用部品としてファンを使用する計算まで、さまざまなレベルがあります。

ファンそのものの特性を予測する場合は、ブレードやフレーム、モータハブの形状を詳細にモデル化します。測定用のチャンバーをモデル化し、実際の測定と同じように、チャンバー内にファンを設置します。一定回転数の条件で流量を変えながらファン前後の圧力差を求めれば、ファンの静圧特性が計算できます。

一方電子機器の熱設計では、ファンによる流れを表現できれば温度予測には十分です。電子機器用熱流体解析ソフトでは、圧力と流量の関係を定義した簡易的な部品（「ファンモデル」と呼ばれる）を用意し、計算負荷の低減と入力の簡素化を図っています（**図7-1**）。ここでは電子機器でファンモデルを扱う際の注意点について説明します。

### 7.1.2 ファンモデルの特性

目的に合った高精度のファンモデルを作るためには、ファン特性とその設定方法について理解しておかなければなりません。ファンモデルで重要なポイントには以下のものがあります。

図7-1　ファンモデルを用いた解析と3次元ファンモデルの例

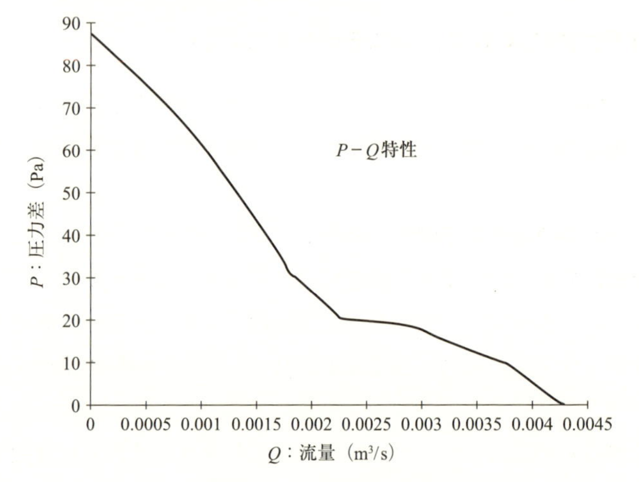


図7-2　ファンの*P*-*Q*特性

### （1）*P*-*Q* 特性の設定

ファンモデルでは、流量を正しく設定することが一番重要です。

最も簡単なファンの表現方法は、ファン吸排気面の流速や流量を固定することですが、実際のファンは前後の圧力差（負荷）により流量や流速が変わります。流体解析ソフトのファンモデルには、流量とファン前後の圧力差の関係（*P*-*Q* 特性と呼ばれる）を与えることができます（**図7-2**）。これを指定すると、ファン前後の圧力差から自動的に流量を計算します。

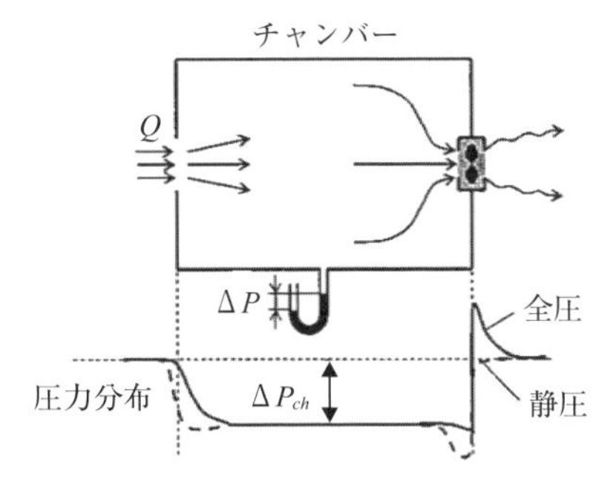


(a) チャンバー方式の圧力差 $\Delta P_{ch}$

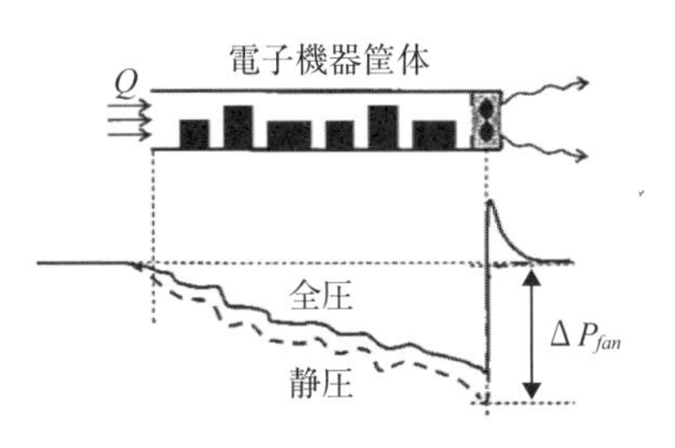


(b) ファンモデルの圧力差 $\Delta P_{fan}$

**図7-3　測定チャンバーと電子機器モデルでの圧力差ΔPの違い**
**(中村元：日本機械学会RC214「エレクトロニクス実装における信頼性設計と熱制御に関する研究分科会」研究報告2006年4月より引用)**

このタイプのファンモデルでは、ファンメーカーが提供する*P*-*Q*特性データを使用しますが、ファンデータベースとして提供されているソフトもあります。

ここで注意が必要なのは、ファンメーカーが提供する*P*-*Q*特性の圧力*P*と流体解析ソフトのファンモデルでの圧力*P*の定義が異なる場合があるという点です。ファンメーカーでは**図7-3** (a) のような測定用チャンバーの排気側にファンを取り付け、チャンバー内の静圧を測ることで*P*-*Q*特性を測定します。測定チャンバーは充分大きく、内部流速はほぼゼロ（動圧＝0）のため、ここで測定された静圧は、ほぼ「全圧」（静圧＋動圧）になります。

一方、実際の電子機器の内部空間は狭く、一定の風速（動圧）があります。

一般的な流体解析ソフトではファン前後の「静圧差」を*P*と定義しているため、計算ではファン上流側の動圧分だけ圧力差を過大評価し、実際よりも流量を少なめに計算してしまう可能性があります。流れが速いほどこの傾向は顕著になります。

この問題への対策は2つあります。

1つは、ソフト側で対応する方法です。電子機器用熱流体解析ソフトにはファン*P*-*Q*特性の実測環境を考慮して，ファン上流の全圧と下流の静圧の差を*P*と定義したファンモデルを使うものもあります。このようなソフトであれば、ファンメーカーが提供するデータをそのまま使用できます。

もう1つの方法は、ユーザーが補正する方法です。ファンメーカーが提供する$P$-$Q$特性に、ファン上流の動圧分をプラスして$P$-$Q$特性を補正したものを使用します（**図7-4**）。

動作風量を$Q$（m³/s）、ファン上流側の流路断面積を$A$（m²）とすれば、平均風速は、$v=Q/A$となるので、密度を$\rho$（kg/m³）とし、動圧$P_d$は次式で計算できます。

$$P_d = \frac{\rho}{2} v^2 \qquad (7 \cdot 1)$$

この$P_d$をメーカーの$P$-$Q$特性の静圧に加えます。

いずれにしても、使用する熱流体ソフトのファンモデルがどのような圧力$P$の定義を用いているか、知っておくことが重要です。

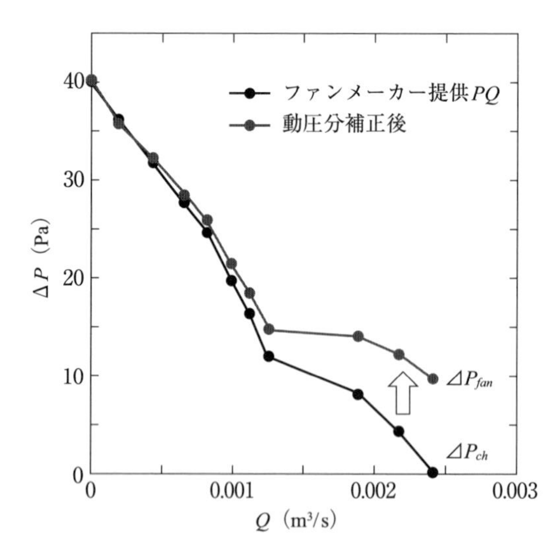


**図7-4　$P$-$Q$特性の補正方法**
（中村元：日本機械学会RC214「エレクトロニクス実装における信頼性設計と熱制御に関する研究分科会」研究報告2006年4月より引用）

### （2）旋回速度の考慮

軸流ファンから出る空気の流れは、ブレードの回転によって作られるので、必ず旋回流になっています。*P-Q*特性が正確に与えられていても、この旋回流を考慮しないと流れの方向や広がりを正しく表現できません。**図7-5**は筐体内の基板をファンによる吹き付けで冷却するモデルです。ファンの旋回流を考慮した場合（a）と考慮しない場合（b）の結果を比較しています。基板上に配置されている８個の部品の温度を比較すると、直進流では内側に配置されている部品の温度が低く、外側の部品の温度が高いのに対して、旋回流では流れが拡散されるため、直進流に比べると外側の部品の温度も低く、全体的に温度が低くなることが確認できます。

この結果からも、特に吹付けで発熱体を冷却する方式では、ファンの流速分布を正しく表現するために、旋回速度の考慮が必須であることがわかります。

一般にファンによる旋回は周方向の速度成分を軸方向速度成分に合成することで考慮します。周方向の速度成分はファンの回転数より推測して与えますが、回転数から算出される回転速度をそのまま与えるのではなく、スリップ率を考慮します。スリップ率は、実際の旋回速度がファンの回転速度よりも遅くなることを表す係数で、動作圧力や風量によって異なります。ファンの動作点が低流量（高静圧）のときはスリップ率を大きく、高流量（低静圧）では小さく調整するモデルもあります。

### （3）形状のモデル化

コンピュータの処理能力が低かった時代には、ファンの厚みを無視した「２次元ファンモデル」が使われていましたが、最近はファンを３次元形状でモデル化するようになりました。２次元ファンモデルは、風量は正しく計算しますが、ファンの流路面積が実際とは異なるため、風速は正しく計算できません。風速が重要な局所冷却用のファンには不向きです。

局所冷却ファンでは、フレームとモータハブをモデル化します。**図7-6**のように空気が通過する断面積が実物と一致しないと、流速が異なるので、フレームとモータハブの正確な形状入力が必要です。またファンの厚みを表現しないと循環流（排気側から吸気側に戻る流れ）が過剰に発生します。

**図7-7**にさまざまなファンモデル形状を示しました。風速を重視する場合には、（d）や（e）のモデルが必要になります。

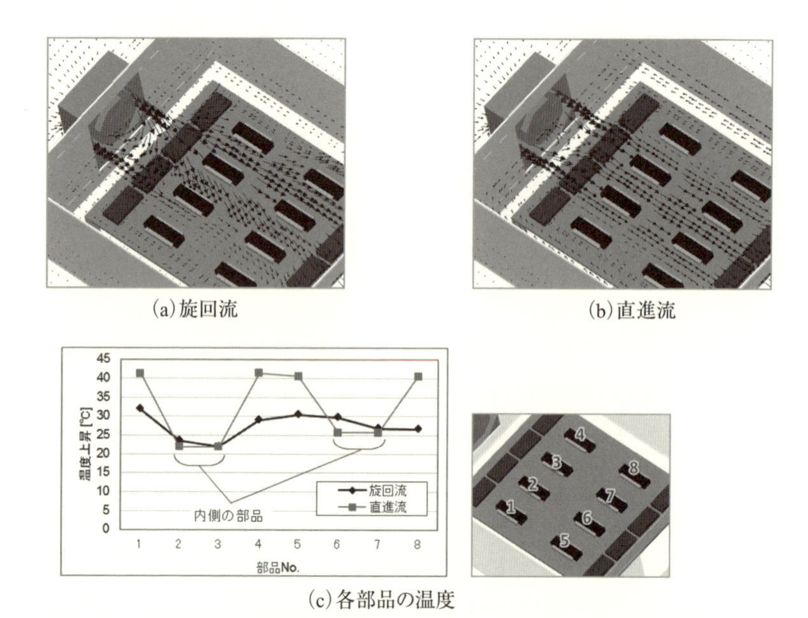


(a)旋回流

(b)直進流

(c)各部品の温度

**図7-5　旋回流と直進流の比較**

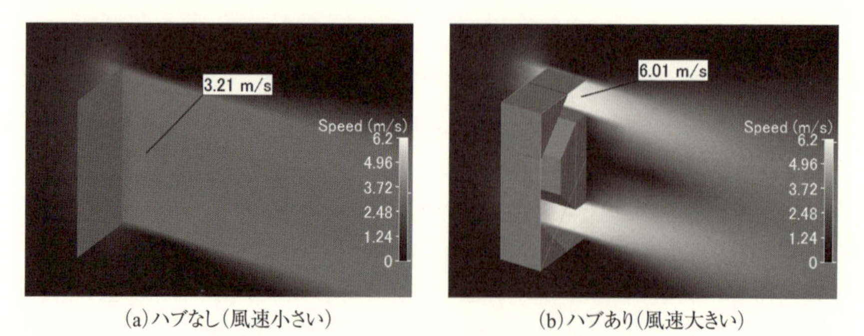


(a)ハブなし(風速小さい)

(b)ハブあり(風速大きい)

**図7-6　ファンの流路面積の違いによる風速の比較**

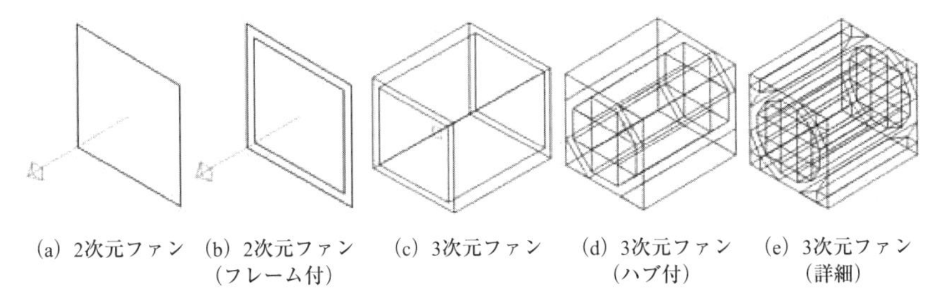


**図7-7　さまざまなファンの形状モデル例**

## 7.1.3　ファンの使い方とモデルの条件設定

ファンの使い方は、大きく分けて換気扇と扇風機になります。

換気扇は、機器内部と外部との空気の入れ替えを行うもので、機器内の空気温度を下げる働きをします。換気扇では風量が重要になります。

扇風機は風速によって発熱体表面の熱伝達率を増大させることが主目的で、固体表面温度を下げる働きを持ちます。扇風機では風速が重要になります。最近では１つのファンを換気扇と扇風機の両方の目的に使用し、ファン個数を削減する設計が一般的になっています。

### （1）換気ファンの取り付け方法と形状モデル

換気用ファンの取り付け方は**図7-8**に示すように２通りあります。

１つは筐体内の暖まった空気を吸い込んで筐体外に吐き出す“吸い出しファン（プル型ファン）”です。このファンは筐体内の空気を吐き出すために利用され、流量さえ正しく計算できれば、精度は保たれます。タイプ（a）～（c）のモデルでも比較的精度よく計算できます。

一方、外気の取り込みと部品の冷却を兼ねた“押し込みファン（プッシュ型）”は、排気側の速度分布や流れの状態によって発熱体の温度が変わるため、（d）や（e）のモデル化が必須になります。

### （2）ファンと流路障害物との距離

ファンメーカーから提供される$P$-$Q$特性は、ファン単体で測定され、その周囲に流れを妨げるものはありません。しかし、実際の機器ではファンの流入

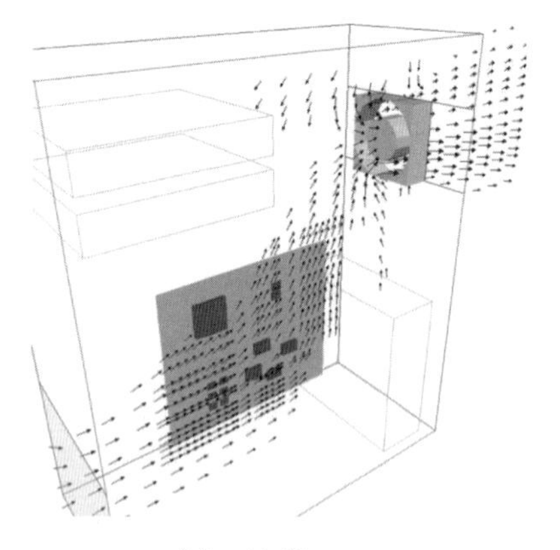

(a) プル型ファン

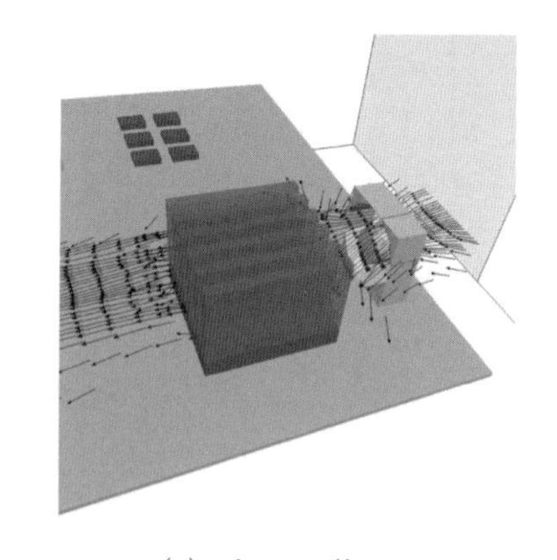

(b) プッシュ型ファン

**図7-8　ファンの取り付け方法**

流出部近傍に障害物がある場合が多く、これによってファン特性が変化することがあります。特にファン上流側に大きな障害物が存在し、ファンとの距離がファンの直径の20%よりも近いと風量低下が大きくなり、予測が難しくなります。ファンの動作点をチェックし、動作点が高風量側（図7-2のグラフ右側）にあれば心配はいらないでしょう。

### （3）ファンの発熱

筐体の吸気側に取り付けて空気を押し込むようなプル型ファンや、密閉筐体の内部攪拌に使用するようなファンでは、ファン自身の発熱が空気の温度を上昇させます。この場合、ファンのモータ部分に体積発熱を与えて、これを考慮します。

### （4）回転数による *P-Q* 曲線の補正

ファンメーカーから提供される*P-Q*特性は，定格回転数でのみ有効です。省エネや騒音対策のために回転数を落として使用する場合には、*P-Q*特性を補正しなければなりません。回転数$n$は、ほぼ駆動電圧に比例しますので、以下の式で動作回転数から風量、静圧を割り出し、*P-Q*特性を補正します（**図7-9**）。

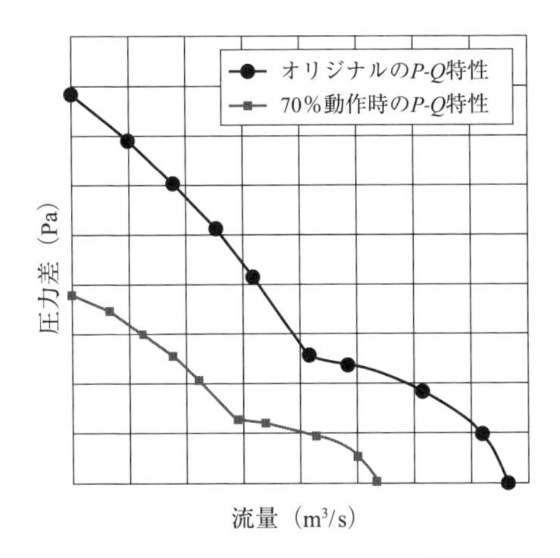


**図7-9　回転数を変えた場合の*P-Q*特性補正**

風量比　$Q_2/Q_1=(L_2/L_1)^3\times(n_2/n_1)$　　(7・2)

静圧比　$P_2/P_1=(L_2/L_1)^2\times(n_2/n_1)^2$　　(7・3)

ただし、$L$：代表寸法（ブレードの直径）、$n$：回転数、$P$：静圧、$Q$：風量

### （5）ファン停止時の取り扱い

ファンが故障して停止すると、実際の機器では、停止したファンの羽の隙間から自然換気が起こります。また、複数ファンを並列運転している状態で1つだけ停止すると、停止したファンを経由して空気が逆流する現象（ショートサーキットと呼ばれる）が起こります。

しかし、熱流体解析ソフトのファンモデルは、ファンをオフ（停止モード）にすると流速をゼロにしてしまうものが多く、停止ファンを空気が通過する現象は計算できません。この場合には、ファン部分を通風口に置き換えた別のモデルに変更する必要があります。停止ファンを通風口として扱うソフトであれば、その必要はありません。

### （6）遠心ファンのモデル化

軸流ファンは、軸方向から吸い込み、軸方向に吐き出すタイプのファンで、

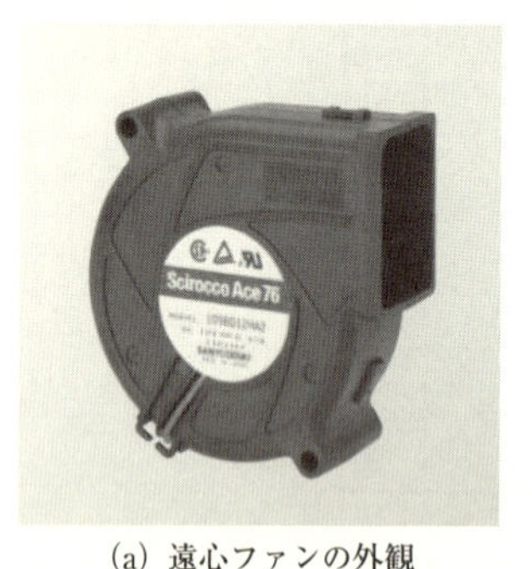


(a) 遠心ファンの外観

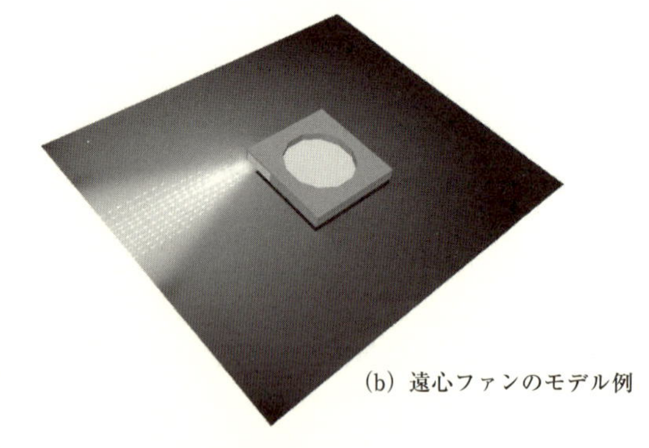

(b) 遠心ファンのモデル例

**図7-10　遠心ファンとそのモデル**

圧力は低いですが大きな風量を得ることができます。一方、遠心ファンは、軸方向に吸込み周方向に吐き出すタイプのもので、大きな圧力を必要とする場所に使われます。遠心ファンも軸流ファンと同じように*P-Q*特性を用いてモデル化できます。吹き付けの冷却では、吐き出し口に風速分布が発生するため、吐き出し部に風速分布を設定します（**図7-10**）。

「ファン」の定義は圧力比1.1以下であり、圧力比が1.1～2程度のものは「ブロア」と呼ばれ、区別されています。ブロアも局所冷却や高密度実装機器の冷却用途に使用されます。圧力比が大きい高圧ブロアの解析には、圧縮流体を扱うことのできるソフトが必要になります。

## 7.2 ヒートシンク

ヒートシンクは、形状をそのままモデル化すれば、精度よく計算することができます。しかし、フィン枚数が多いヒートシンクや多数のヒートシンクを使用する場合には、そのままの形状だとモデルが大きくなってしまいます。ここでは、モデルの規模を増大させずにヒートシンクの特性を表現できる簡易モデルについて説明します。

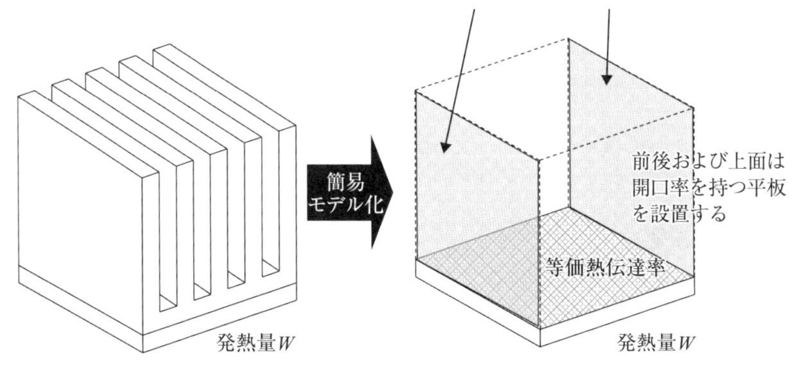


**図7-11　ヒートシンクの簡易モデル作成手順**

## 7.2.1　ヒートシンクの簡易モデル

ヒートシンクには部品の熱を広い面に拡散して空気に伝えるという熱的な働きと、流れを妨げる流体的な影響があります。この２つを等価的に表現する方法として、多孔質体を用いたモデルが利用されますが、設定が難しいため、ここでは多孔質体を使わない簡単な等価モデルの作成手順を紹介します。

**① 詳細モデルによる熱抵抗計算**

最初に、ヒートシンク単体の詳細モデルを用いて、ヒートシンクの熱抵抗を求めます。

フィン形状を詳細に表現して、一定発熱$W$を与えたときの発熱体と周囲空気との温度差$\Delta T$を求め、下式でヒートシンクの熱抵抗$R_{HS}$を計算します。

$$R_{HS}=\frac{\Delta T}{W} \qquad (7\cdot 4)$$

**② 簡易モデルの作成**

アルミ押出ヒートシンクは、両サイドがフィンで塞がれているため、平板を置いて空気の流入・流出を防ぎます（**図7-11**）。

③ **開口率の算定**

空気の流入・流出口であるヒートシンク前後の面の開口率を下式で求めます。

$$\phi = \frac{A_s}{A_{fin}} \tag{7・5}$$

ただし、$\phi$：開口率、$A_s$：フィン間の空気の流れる隙間の断面積合計
$A_{fin}$：空気の流れに直交する方向のヒートシンク全体の断面積

④ **通風口の設定**

求めた開口率を有する平板を、ヒートシンクへの前後面（流入流出面）に設定します。同様に、ヒートシンク上面の開口率を計算して、上面にも開口率を有する平板を設置します。平板にはフィンの放射率を設定します。

⑤ **熱伝達率の設定**

ヒートシンクが取り付けられる発熱体の表面（図7-11の網掛面）に、熱抵抗$R_{HS}$から換算した等価熱伝達率$h$を設定します。

$$h = \frac{1}{R_{HS} \times S} \tag{7・6}$$

ただし、$h$：等価熱伝達率、$R_{HS}$：詳細モデルで求めた熱抵抗（K/W）
$S$：ヒートシンクを取り付ける部品の取り付け部の表面積（$m^2$）

これはあくまでもメッシュ数削減のための簡易モデルなので、ヒートシンク後方の流れなどは実際と異なる場合があります。

### 7.2.2　ヒートシンクの簡易モデル生成機能

このような簡易モデルを生成する機能を備えたソフトもあります。**図7-12**は、熱設計PACの多孔質体モデル生成画面の例です。ヒートシンクのスペックを入力すると、放射も含めた等価多孔質体の簡易モデルを生成します。

この機能を使って作成した簡易モデルと詳細モデルとの比較を**図7-13**に示します。

簡易モデルは、メッシュ数を削減するための近似モデルなので、速度分布は正確ではありません。図に見るように、ヒートシンク後方の流れには違いが見られます。近くに要注意部品がある場合には、詳細モデルを使うべきでしょう。

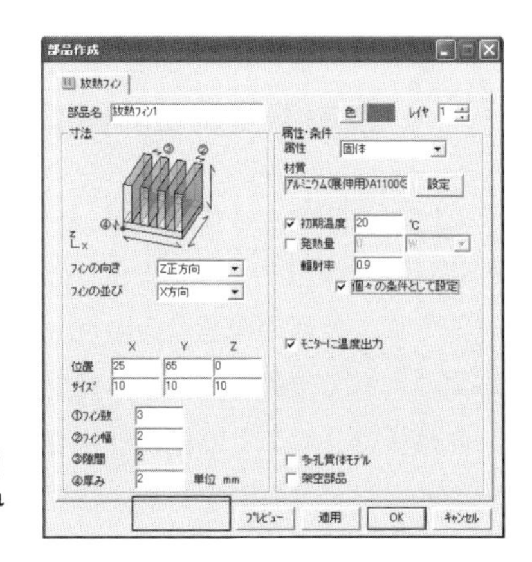


**図7-12　ヒートシンクの簡易モデル作成機能の例**
「多孔質体モデル」を選定すると簡易的なモデルが生成される（熱設計PACの例）

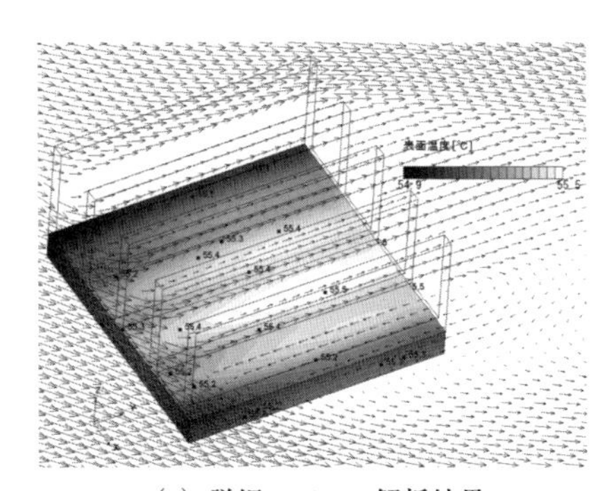
(a) 詳細モデルの解析結果

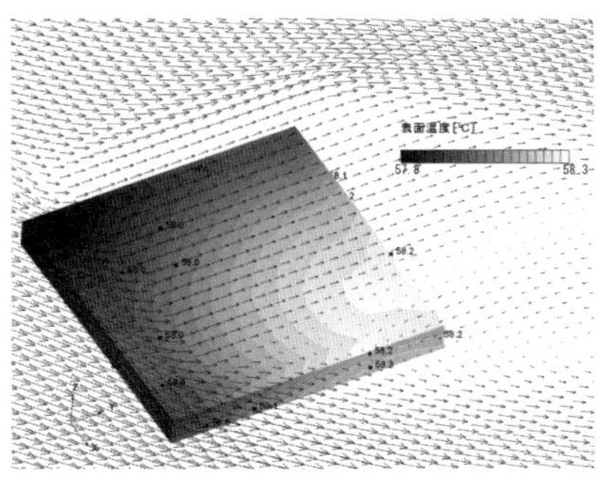
(b) 多孔質体による簡易モデルの解析結果

**図7-13　詳細モデルと簡易モデルの比較**
簡易モデルは熱設計PACを使って生成したもの

多孔質体モデルを使用することで、解析の規模は16%低減（メッシュ数：91, 260→76, 440）しています。解析結果は、詳細形状で55.6℃（部品最高温度）、簡易モデルで58.3℃と2.7℃（誤差7.6%）簡易モデルのほうが高めになりました。

多数の薄肉フィンを備えた大型強制空冷ヒートシンクなどでは、さらに大幅なメッシュ数削減を図ることができます。

# 7.3 接触熱抵抗とTIM（Thermal Interface Material）

4.1.2でも取り上げましたが、熱解析でパラメータ設定に困るものの1つに「接触熱抵抗」があります。固体と固体の接触部分は、外観は接触しているように見えても、表面の凹凸や面の反りによってわずかな隙間ができています。この隙間によって接触面に接触熱抵抗が発生します。

熱解析でこのような微細形状をモデル化するのは難しいため、熱抵抗という概念的なパラメータ、あるいは等価な熱伝導体に置き換えます。しかし、通過する熱流量が大きいと、接触熱抵抗のわずかな違いで温度が大きく変わってしまいます。ここでは、接触熱抵抗の設定方法と、これを低減するための各種放熱材料（TIM：Thermal Interface Material）のモデル化について説明します。

## 7.3.1 接触熱抵抗の計算方法

固体間の接触面は、固体どうしが直接接触している部分（真実接触点）と流体を挟んで間接的に接触している部分から成り立っており（**図7-14**（a））、模式的には図7-14（b）に示すようなモデルになります。

この図で、上下の物体は半径$r$（m）の接触面で接触し、その他の隙間は流体で満たされていると考えます。全体の接触熱抵抗$R$（K/W）は、固体どうしが接触している部分の熱抵抗$R_s$と、空気を介した熱伝導抵抗$R_f$とが並列に構成されています。

固体部分が接触している部分の熱抵抗は２つの固体突起部の熱抵抗の直列合成になるので、以下の式で表されます。

$$R_s=R_{s1}+R_{s2}=\frac{\delta_1}{\lambda_1\pi r^2}+\frac{\delta_2}{\lambda_2\pi r^2}=\frac{1}{\pi r^2}\left(\frac{\delta_1}{\lambda_1}+\frac{\delta_2}{\lambda_2}\right) \quad (7\cdot7)$$

流体を介しての熱抵抗は、以下の式になります。

$$R_f=\frac{\delta_1+\delta_2}{\lambda_f\ (A-\pi_{r^2})} \quad (7\cdot8)$$

この２つの熱抵抗を並列に合成すると、以下の式が導かれます。

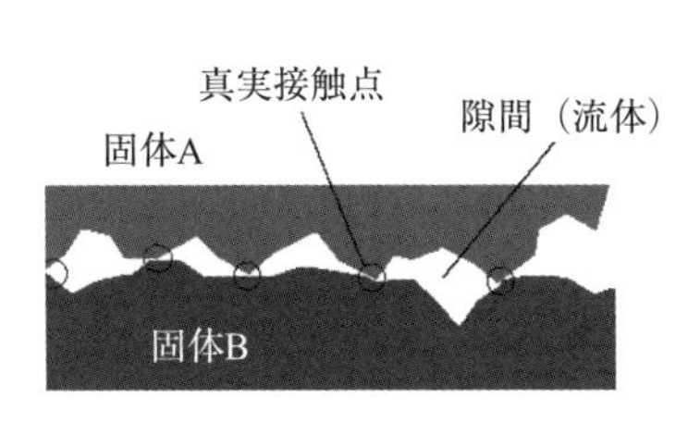

(a) 接触面

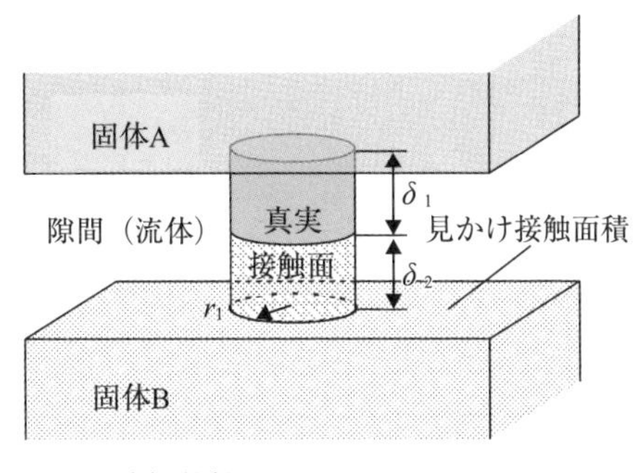

(b) 接触面のモデル

**図7-14　接触熱抵抗のモデル**

$$1/R=(\alpha/R_s+1/R_f)=\frac{\alpha\pi r^2}{\dfrac{\delta_1}{\lambda_1}+\dfrac{\delta_2}{\lambda_2}}+\frac{\lambda_f(A-\pi r^2)}{(\delta_1+\delta_2)}=\frac{1}{\dfrac{\delta_1}{\lambda_1}+\dfrac{\delta_2}{\lambda_2}}\cdot a+\frac{\lambda_f}{\delta_1+\delta_2}\cdot A \tag{7・9}$$

ここで、$\lambda_1$, $\lambda_2$：上下の固体の熱伝導率（W/(m・K)）
$\lambda_f$：空気の熱伝導率（W/(m・K)）、$\delta_1$, $\delta_2$：上下の接触部高さ（m）
$A$：見かけの接触面積（m²）、$\alpha$：圧力と接触面積を関係付ける係数
$a$：加圧時の真実接触面積（m²）　$a=\alpha\cdot\pi\cdot r^2$

見かけの接触面積$A$は真実接触面積$a$より十分大きい（$A>>\pi\cdot r^2$）と考えます。

この式は一見論理的に見えますが、$r$などの変数は推測するしかなく、実用的とはいえません。他にも同様の考え方で導かれた実験式が報告されています。

下式は金属どうしの接触実験から求められた代表的な実験式（橘の式）です。

$$K=\frac{1.7\times10^5}{\dfrac{\delta_1+\delta_0}{\lambda_1}+\dfrac{\delta_2+\delta_0}{\lambda_2}}\cdot\frac{0.6P}{H}+\frac{10^6\lambda_f}{\delta_1+\delta_2} \tag{7・10}$$

ここで、$K$：接触熱コンダクタンス（W/(m²・K)）、$\delta$：面粗さ（$\mu$m）
$\delta_0$：接触相当長さ（=23$\mu$m）、$\lambda_1$、$\lambda_2$：各固体の熱伝導率
$\lambda_f$：流体の熱伝導率（W/(m・K)）、$P$：接触圧力（MPa）
$H$：軟らかい方のビッカース硬度（HV）

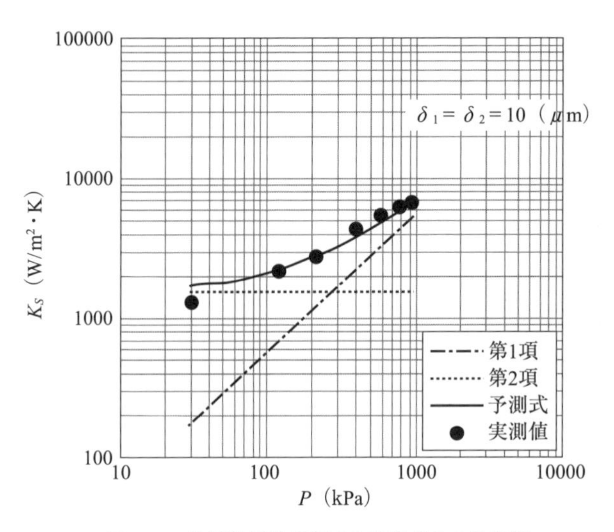


**図7-15　接触熱抵抗予測式と実測値との比較例**

固体はアルミ（A5052：$\lambda_1 = \lambda_2 = 140$W/(m・K)、$\delta_1 = \delta_2 = 10\mu$m、流体は空気（$\lambda_f = 0.03$W/(m・K)）
（大串哲朗："接触熱抵抗の測定法と測定例"、熱設計・対策技術シンポジウム2009論文集より引用）

この式の推定値と実測値の比較（介在物質は空気）を**図7-15**に示します。金属どうしが空気を介して接触する場合には、妥当な推定値が得られています。

しかし、固体が非金属の場合や介在物質が液体の場合、さらに面に反りやうねりが存在する場合などは、正確な推定は難しく、実測する必要があります。

## 7.3.2　接触熱抵抗の簡易設定法

このように、接触熱抵抗を精度よく計算するのは難しいのですが、接触熱抵抗を0で計算してしまうと温度が大きく違ってしまうことがあります。実際には接触熱抵抗が0になることはありませんから、何らかの値を設定しなければなりません。その場合の超概算方法として、接触面に一定の厚みの流体が存在すると考える方法があります。これは以下の単純な式で計算できます。

$$r = t/\lambda \qquad (7 \cdot 11)$$

ただし、$r$：単位面積の接触熱抵抗（(m²・K)/W）※この値を接触面積で割ると熱抵抗になる

$t$：空気層の厚み（m）、$\lambda$：空気の熱伝導率（W/(m・K)）

例えば、界面に20μmの空気層があると考えると、厚み$20 \times 10^{-6}$mm、空気の熱伝導率0.027W/(m・K)、接触面積0.01×0.01mとし、熱抵抗は7.4K/Wになります。

界面に熱伝導率1W/(m・K）のサーマルグリースを入れると、熱抵抗は0.2K/Wまで低減される計算になります。

### 7.3.3　TIMの種類と特徴

接触熱抵抗を低減する方法としてTIMが用いられます。TIMは熱伝導シートやサーマルグリースなどの接触熱抵抗を低減するための熱伝導性の材料をさします。グリース・ゲル・熱伝導性接着剤・サーマルテープ・エストラマーパッド・PCM（相変化材料）などが挙げられます。これらの特徴と特性を**表7-1**に示します。

サーマルグリースは、熱抵抗が小さく、パワーデバイスなどの取り付けによく使用されます。塗りにくい、機械的な固定が必要、長期使用で漏れ出しの可能性があるなどの課題もありますが、広く普及しています。

**表7-1　TIMの種類と特徴**

| Thermal Interface Material | 接触熱抵抗の典型値 (K・cm²/W) | 記　事 |
|---|---|---|
| サーマルグリース | 0.2～1 | 歴史が長い<br>一様に塗布するのが難しい<br>長期使用中に漏れ出しの可能性<br>300kPa程度の接触圧が最適 |
| 熱伝導シート | 1～3 | 取り扱い容易、衝撃吸収効果あり<br>700kPa程度の接触圧が必要 |
| PCM（相変化材料） | 0.3～0.7 | 融点50～80℃のワックス<br>再作業に難点 |
| ゲル | 0.4～0.8 | グリースに似ているがキュア（硬化）できる |
| 高熱伝導接着剤 | 0.15～1 | 強度信頼性に優れる<br>再作業はできない |
| サーマルテープ | 1～4 | 両面接着テープ、ヒートシンク接着用 |

熱伝導シートは、塗布作業が不要で作業性に優れますが、グリースに比べると熱抵抗は大きく、取り付ける際には加圧が必要になります。

ゲルは、熱抵抗が小さく硬化できるため、取り扱いは容易ですが、やはり機械的な固定が必要です。

熱伝導性接着剤は、熱抵抗が小さく機械的な固定が不要です。ただし、接着剤ですので、一度貼り付けるとはがすことができなくなります。

サーマルテープは、取り扱いが容易で機械的な工程も不要な反面、熱抵抗値は他に比べて高くなります。

### 7.3.4　熱伝導シートの熱抵抗

熱伝導シートの熱抵抗$R$（K/W）は、以下の一般式で表すことができます。

$$R = \frac{t}{\lambda A} \tag{7・12}$$

ただし、$\lambda$：シート材の熱伝導率（W/(m・K)）、$t$：シートの厚さ（m）、$A$：接触面積（$m^2$）

熱伝導率が大きく薄ければ、接触熱抵抗は小さくなることがわかります。しかし、熱伝導シートが薄すぎると、固体表面の凸凹を吸収しきれずに空気が入り込み、逆に接触熱抵抗が悪化する恐れもあります。また材料が硬すぎても同じ現象が起こります。部品表面が平滑で面の仕上げがよい場合は、薄い熱伝導シートでかまいませんが、凸凹がある場合にはその程度に応じて、厚さが必要になります。凸凹の大きい面に使用する際には、隙間の密着性を高めるために軟らかい熱伝導シートを選びます。

式（7・12）はシートの熱抵抗だけを算出していますが、実際には両面に何らかの接触熱抵抗が入るので、それを考慮して熱抵抗を少し大きめに見積っておいた方がよいでしょう。例えば、シートの接触面に5～10$\mu$m程度の空気層が存在すると仮定して、熱抵抗を補正する方法などがあります。この仮定値はシートの硬度や接触圧力に大きく依存するため、測定を行うか、メーカーに問い合わせてください。

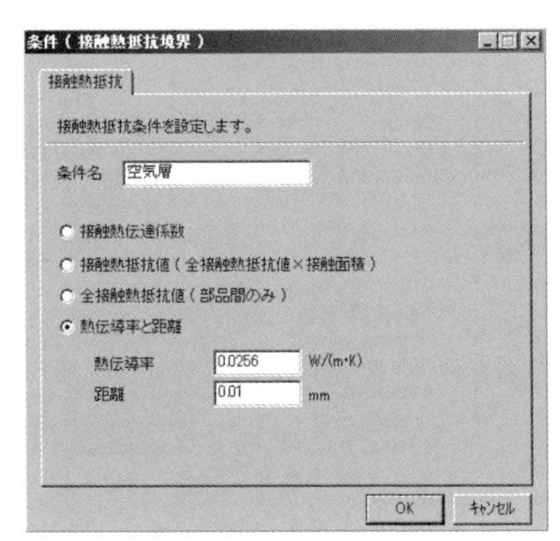


(a) 熱抵抗で入力する場合

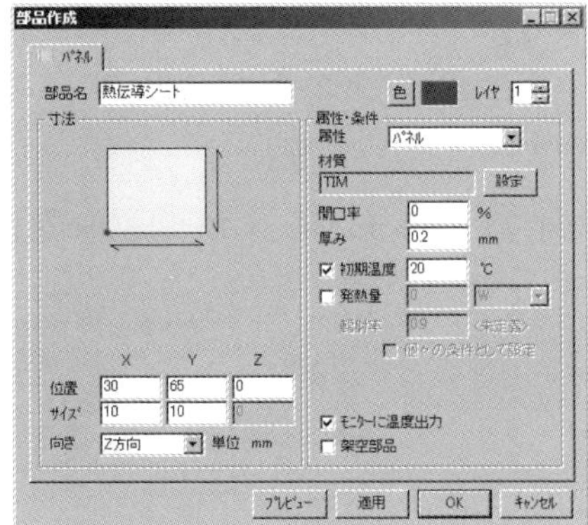


(b) 薄板モデルで入力する場合

図7-16　熱伝導シートの入力例

## 7.3.5　熱解析でのシートの扱い

熱伝導シートをモデル化するには2つの方法があります。1つは、熱抵抗で表現する方法、もう1つは形状をモデル化する方法です。前者は熱抵抗という概念が扱えるソフトに限定されます。また、この方法だとシートの厚み方向の熱伝導だけを考慮し、面方向の熱伝導は考えないことになります。

形状モデルでは、熱伝導シートをブロックや平板で入力しますが、厚みの薄いブロックが存在すると、メッシュが細かくなったり、アスペクト比が悪くなったりすることがあります。形状としては厚みを持たずに、面方向の熱伝導も計算する「薄板モデル」と呼ばれる要素を使うとメッシュサイズやアスペクト比に影響を与えないでモデル化できます。

**図7-16**は熱伝導シートの入力画面例です。(a) は接触熱抵抗で設定するための画面で、接触熱抵抗値の直接入力、熱伝達係数の入力、熱伝導シートの熱伝導率と厚さの入力などから定義方法を選択できます。(b) は薄板モデルで入力するものです。

# 7.4 ペルチェモジュール

## 7.4.1 ペルチェモジュールの原理と構造

ペルチェモジュール（Thermoelectric Cooler：TEC）は、熱電半導体の「ペルチェ効果」を利用したヒートポンプの一種で、部品を冷却したり加熱したりできます。ペルチェ効果とは、金属電極で接合されたN型素子からP型素子に電流を流すと、熱移動が生じる現象です。これは、電子が半導体から出るときにエネルギーを放出し、半導体に入るときにエネルギーを吸収することにより

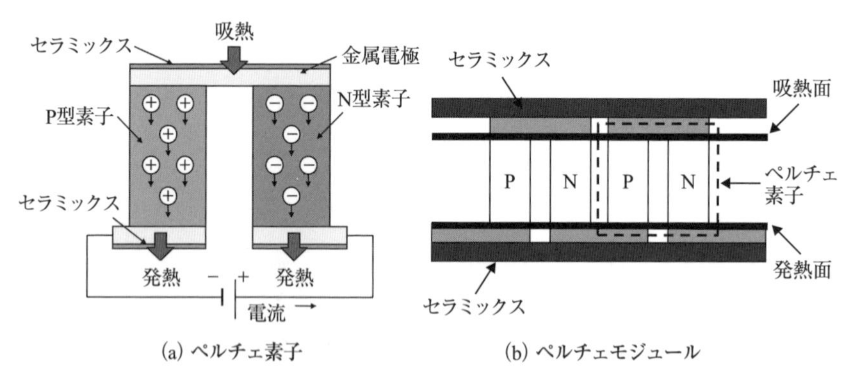


**図7-17　ペルチェ素子の動作原理とペルチェモジュール**
ペルチェ素子を多数配列したものがペルチェモジュールである

**図7-18**
**ペルチェモジュールの外観**

発生します。この結果、**図7-17**（a）のように電流を流すと、上部金属電極で吸熱、下部金属電極で発熱が起こります。電流の向きを逆にすると吸熱と発熱が逆転するため、スイッチ1つで加熱、冷却の切り替えが可能です。

ファンやヒートシンクでは部品を周囲温度以下にはできませんが、ペルチェモジュールを使うと、部品を周囲温度以下にすることもでき、温度制御が可能となります。

ペルチェモジュールは、図7-17（b）のように約1mm角程度の直方体のペルチェ素子をマトリックス状に並べ、それぞれの上下を電極で電気接続し、さらに、その上下には電気的に絶縁されたセラミックが取り付けられた構造になっています。ペルチェモジュールの外観を**図7-18**に示します。

### 7.4.2 ペルチェ素子の熱特性

ペルチェモジュールの吸熱量は、電流に比例して増加しますが、内部抵抗によるジュール発熱が電流の2乗に比例して増加することから、吸熱量が最大となる電流値が存在します。また、素子の熱伝導により高温面から低温面への熱の戻りがあります。ペルチェ素子の吸熱量$Q_c$、発熱量$Q_H$は、以下の式で表されます。

$$Q_c = \alpha \cdot T_c \cdot I - R \cdot I^2/2 - K \cdot \Delta T \qquad (7 \cdot 13)$$

$$Q_H = \alpha \cdot T_H \cdot I + R \cdot I^2/2 - K \cdot \Delta T \qquad (7 \cdot 14)$$

ここで、$Q_c$：吸熱量（W）、$Q_H$：発熱量（W）、$T_c$：吸熱面側絶対温度（K）
$T_H$：発熱側絶対温度（K）、$I$：電流値（A）、$\Delta T$：素子の温度差（K）＝$T_H - T_c$
$\alpha$：素子のゼーベック係数（V/K）、$R$：素子の抵抗値（Ω）、
$K$：素子の熱コンダクタンス（W/K）

この式の右辺第1項はペルチェ効果による吸熱量、第2項は素子のジュール発熱、第3項は発熱面（高温）から吸熱面（低温）に戻る熱流量です。

この式に見るように、ペルチェ素子は、その代表特性である吸熱量$Q_C$、発熱量$Q_H$が温度依存になります。また電気抵抗も温度で変化します。このため、厳密な解を求めるには温度依存性を考慮する必要があり、熱解析では取り扱いにくい部品です。

ペルチェ素子のカタログには、$I_{max}$（最大電流）、$V_{max}$（最大電圧）、$Q_{max}$（最

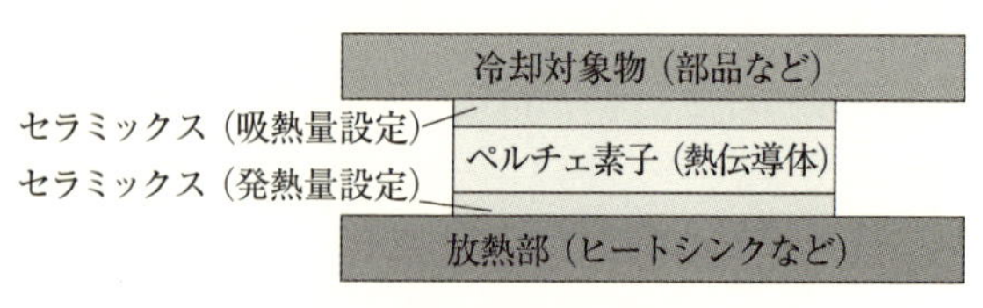


**図7-19　ペルチェ素子を熱伝導体とするモデル**

大吸熱量）、$\Delta T_{max}$（最大温度差）が記述されています。それぞれの意味は下記のとおりです。

$I_{max}$（最大電流）：吸熱側と排熱側が最大の温度差を生じるときの電流値

$V_{max}$（最大電圧）：$I_{max}$（最大電流）を流すために必要な電圧

$Q_{max}$（最大吸熱量）：$I_{max}$（最大電流）で動作させた時の吸熱量

$\Delta T_{max}$（最大温度差）：吸熱側と排熱側に生じる最大温度差

ペルチェ素子のモデル化には、式（7・13）、（7・14）の右辺に現れる発熱や熱伝導をモデル化して現象を再現する方法と、ペルチェモジュールの各種特性データを用いて$Q_c$と$Q_H$を直接与える方法があります。ここでは、この２つの方法について説明します。

## 7.4.3　ペルチェモジュールを熱伝導体でモデル化する方法

ペルチェモジュールを熱伝導体と考え、ペルチェ効果による吸熱量とジュール発熱量および熱伝導伝熱を考慮した等価なモデルを構成して熱的挙動を模擬するのがこのモデルです。

### （1）モデルの構成

ペルチェモジュールのモデルは、**図7-19**のように構成します。ブロックで表現したペルチェ素子を上下のセラミックス層で挟みます。上部セラミックス層に負の熱流量（吸熱量）を設定し、下部セラミックス層に正の熱流量（発熱量）を設定します。ペルチェ素子部には等価熱伝導率を与え、ペルチェ自身の発熱量はペルチェ素子に与えます。吸熱量、発熱量、ペルチェのジュール発熱量の計算は、下記のように計算します。

### （2）吸熱量・発熱量の設定

ペルチェ効果による吸熱量$Q$は、ゼーベック係数$\alpha$（V/K）、吸熱面の絶対温度$T$（K）、電流値$I$（A）、モジュール内のペルチェ素子数$N$（PとNで１個とする）から、下記の式で計算できます。

$$Q = 2N \cdot \alpha \cdot T \cdot I \tag{7・15}$$

この値をマイナスにして低温側の吸熱量として与えます。また高温側には発熱面の絶対温度を用いて、プラスの値を発熱量として与えます。

### （3）ペルチェ素子のジュール発熱量の設定

ペルチェ素子にも電気抵抗$R$があるため、電気が流れるとジュール発熱を生じます。これは下式で計算できます。

$$Q = IV = I^2R \tag{7・16}$$

$R$はペルチェ素子のカタログに記載されていますが、記載がない場合は、素子の抵抗率（Ω・cm）、素子の高さ（cm）、素子の断面積（cm²）、素子の数を用いて、以下の式で計算します。素子がビスマス－テルルであれば、抵抗率$\rho$は0.001Ω・cmとします。

$$R = \rho \frac{h}{A} \tag{7・17}$$

これに熱起電力$\alpha \cdot \Delta T$（V）の影響を加え、素子数$N$を考慮すると、以下の式が得られます。これを素子部に体積発熱として設定します。

$$Q = 2N \cdot \left(I^2 \cdot \rho \cdot \frac{h}{A} + I \cdot \alpha \cdot \Delta T\right) \tag{7・18}$$

$\Delta T$：吸熱面と発熱面の温度差

ゼーベック係数$\alpha$は0.0002（V/K）を用います（25℃の条件）。

### （4）ペルチェ素子の等価熱伝導率計算

ペルチェ素子の$Q$-$\Delta T$特性では、高温側と低温側の温度差が０のときに最大吸熱量を得ることができ、逆に最大温度差になると吸熱量が０になります。こ

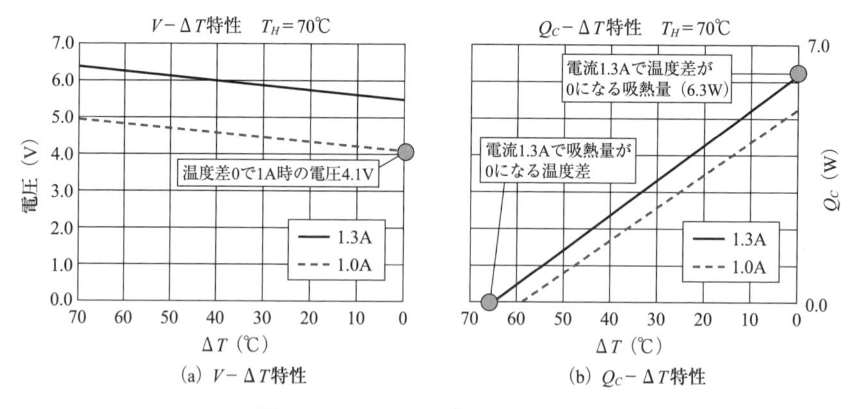


**図7-20　ペルチェモジュールの特性例**

れは高温側から低温側にペルチェ素子を伝わって熱が移動し、低温側の温度が上がってしまうことに起因します。シミュレーションでは、ペルチェ素子の等価熱伝導率を正しく設定すれば、この現象を再現できます。

素子の等価熱伝導率は$V$-$\Delta T$特性から、以下の手順で求めます。

**① 電気抵抗特性からペルチェの形状パラメータ（高さ/面積）を割り出す**

例えば、**図7-20**（a）の$V$-$\Delta T$特性から、電流値１（A）と温度差０のときの電圧値を4.1Vを用いれば電気抵抗が得られます。

$$R=\frac{V}{I}=4.1(\Omega)$$

これは全素子の抵抗なので、2$N$で割って１素子の抵抗とします。素子数が65であれば、

$$R_{element}=\frac{R}{2N}=\frac{4.1}{130}=0.0315(\Omega)$$

抵抗率（0.001Ω・cmとする）を１素子当たりの抵抗で割ると、素子の断面積/高さ比（$A/h$）を逆算できます。

$$\frac{A}{h_{elem}}=\frac{抵抗率}{R_{elem}}=\frac{0.001}{0.0315}=0.0317(\mathrm{cm})$$

### ② 形状パラメータを用いて等価熱伝導率を計算する

次にこの比を使用して、等価熱伝導率を求めます。

素子単体の熱コンダクタンスは、次式で表されます。

$$d=\lambda_e\frac{A}{h} \qquad (7\cdot 19)$$

$\lambda_e$はペルチェ素子の熱伝導率で、ビスマス－テルルでは、0.015W/(cm・K)(25℃)を用います。素子数を65とするとモジュール全体の熱コンダクタンス(W/K)は、以下の式で求められます。

$$D=2N\cdot\lambda_e\frac{A}{h}=130\times0.015\times0.0317=0.062(\mathrm{W/K})$$

この熱コンダクタンス$D$にモジュール全体の高さをかけて、モジュール全体の断面積で割ると、モジュールの等価熱伝導率$\lambda_{eff}$が得られます。

例えば、素子部の高さを0.1cm、断面積を1.7cm²とすると、

$$\lambda_{eff}=2N\cdot\lambda_e\frac{A}{h}\cdot\frac{h_{\mathrm{mod}\ ule}}{A_{\mathrm{mod}\ ule}}=0.062\times\frac{0.1}{1.7}=0.0036(\mathrm{W/cm\cdot K})=0.36(\mathrm{W/(m\cdot K)})$$

これを図7-19のペルチェ素子部の熱伝導率として与えます。

このモデルの妥当性を確認するには、高温側の温度を特性測定条件の温度（図7-20では$T_H=70$℃）に固定し、低温側は吸熱量が0になるような温度を与えて解析します。図7-20では、高温側が70℃のときに吸熱量が0になる温度差が、電流1.3Aでは65℃なので、低温側温度は5℃とします。ペルチェ効果による吸熱量や素子のジュール発熱は、電流1.3Aで計算して与えます。

この条件で熱伝導解析を行い、低温側の吸熱量が0Wになっているかを確認します。また、高温側と低温側に同じ温度（$T_H=70$℃）を与えたときに低温側の吸熱量が特性データの最大吸熱量（図7-20では6.3W）になるかを確認します。

ペルチェ素子の特性を正確に表現するには、熱伝導率やゼーベック係数の温度依存性を考慮する必要があります。解析で求めた温度を用いて、熱伝導率やゼーベック係数を再計算して解析を行えば、精度が上がります。しかし、放熱側と冷却側の温度差が大きくなければ一定値でも大きな誤差になりません。

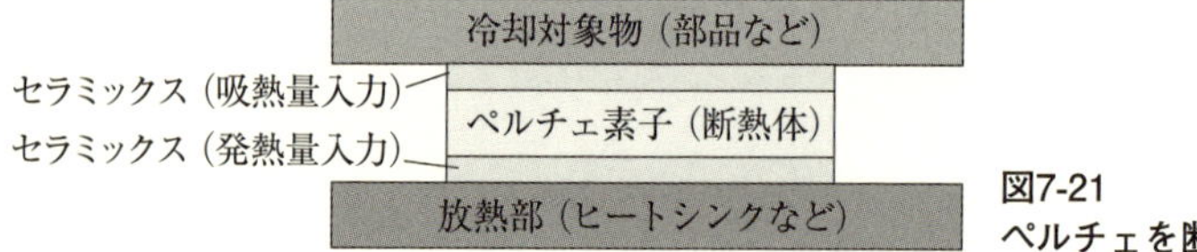


**図7-21**
**ペルチェを断熱体とするモデル**

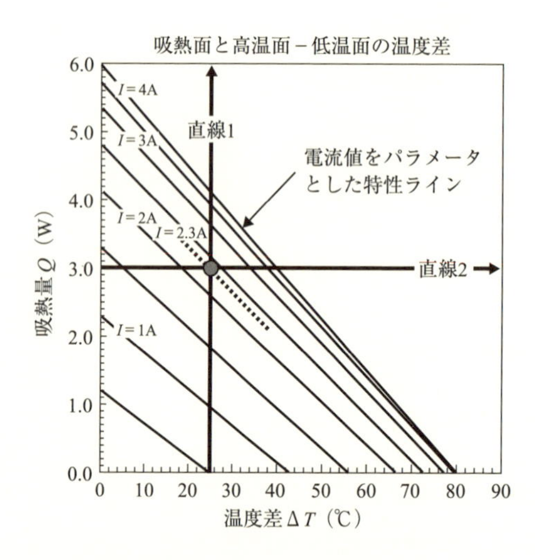


**図7-22**
**ペルチェモジュールの性能特性例（1）**

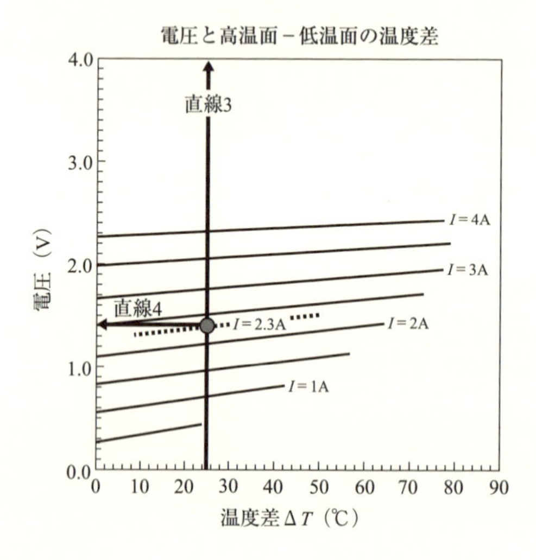


**図7-23**
**ペルチェモジュールの性能特性例（2）**

まず単体で検証を行い、部品モデルでの特性再現性を確かめてから装置モデルに組み込むとよいでしょう。

### 7.4.4 ペルチェモジュールを断熱体でモデル化する方法

この方法は、**図7-21**のようにペルチェ素子部を断熱体と考え、吸熱量と発熱量の関係を温度や電流から決めていく方法で、繰り返し計算が必要となります。解析に当たっては、**図7-22**，**図7-23**に示すペルチェの特性線図を用います。これらの特性はメーカーから入手します。

解析の流れとしては、実現したい吸熱量から決めていく方法と、印加電圧から決めていく方法があります。

**（1）ペルチェの吸熱量から決めていく方法**

この方法では、まず目標吸熱量を決め、この吸熱に必要な電流・電圧値からペルチェの発熱量を求めます。手順は以下のとおりです。

**① ペルチェ形状モデル作成**

形状を図7-21のような構成で入力し、ペルチェ素子のブロックは「断熱」（熱伝導率＝0）とします。

**② ペルチェの低温側吸熱量算定**

セラミックス部分に吸熱量を設定して解析を行い、セラミックスの温度が希望温度となるような吸熱量を求めます。

**③ 必要な電流の算定**

図7-22に示す吸熱量と温度差の特性グラフから電流を求めます。②で求めた吸熱量が3Wで、ペルチェの高温側と低温側の希望温度差が25℃だったとします。

横軸の$\Delta T=25$℃から直線1を、縦軸の吸熱量3Wから直線2を引きます。直線1と直線２の交点がペルチェに流れる電流値となります。この例では、電流値は約2.3Aとなります。

**④ 必要な電圧の算定**

電圧は、図7-23の電圧－温度差グラフから求めます。高温側と低温側の希望温度差は25℃なので、直線3を引きます。直線3と電流値2.3Aの線との交点を見つけ、その位置の電圧値を読み取ります（直線4）。この例では、約1.4Vになります。

**⑤ ペルチェモジュールのジュール発熱量の算定**

ペルチェ素子の発熱量は、求めた電流と電圧から　2.3(A)×1.4(V)＝3.22(W)となります。

**⑥ ペルチェモジュールの全発熱量の算定**

全発熱量は、吸熱量とペルチェモジュールのジュール発熱量の合計なので、全発熱量＝3(W)＋3.22(W)＝6.22(W)　となります。

**⑦ 熱解析の実行**

ペルチェモデルの低温側に吸熱量－3（W）、高温側に全発熱量6.22（W）を設定して解析を行います。冷却対象物が目的の温度にならなかった場合は、吸熱量を修正して繰り返します。

**（2）ペルチェの印加電圧から決めていく方法**

**① ペルチェ形状モデル作成（(1) の①と同様です）**

**② 必要な電流値の算定**

図7-23のグラフを用い、希望温度差と印加電圧から電流を求めます。例えば、希望温度差が25℃で、印加電圧が1.4Vであれば、電流値は2.3Aとなります。

**③ ペルチェの低温側吸熱量の算定**

図7-22のグラフを用い、電流値2.3Aと希望温度差25℃から、吸熱量3Wを求めます。

**④ ペルチェモジュールのジュール発熱量の算定（(1) の⑤と同様)**

ペルチェのジュール発熱量（W）＝2.3（A）×1.4（V）＝3.22（W）　となります。

**⑤ ペルチェモジュールの全発熱量の算定（(1) の⑥と同様)**

全発熱量（W）＝3(W)＋3.22(W)＝6.22(W)　となります。

**⑥ 熱解析の実行（(1) の⑥と同様)**

冷却対象物が目的の温度にならなかった場合は、電圧を見直して繰り返します。

なお、市販ペルチェモジュールの選定に当たっては、必要な吸熱量/最大吸熱量＝0.3を目安として考えます。

### 7.4.5　熱流体解析ソフトでのペルチェモジュールモデル

ペルチェモジュールは温度依存性があるため、上記のように面倒な手順でその特性を表現しなければなりません。

しかし、熱流体解析ソフトには、もっと簡単に扱えるようにペルチェモジュール（TEC）モデルを備えたものもあります。これらを利用すると、**図7-24**のような専用パネルに特性値を入力するだけで、ペルチェモジュールの特性を表現したモデルを作成することができます。

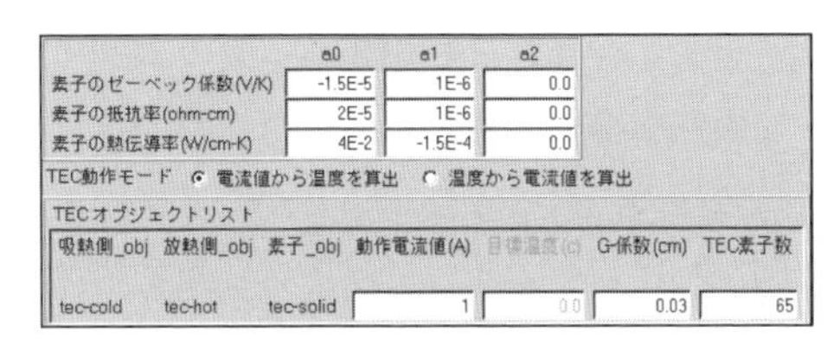


(a) Icepak

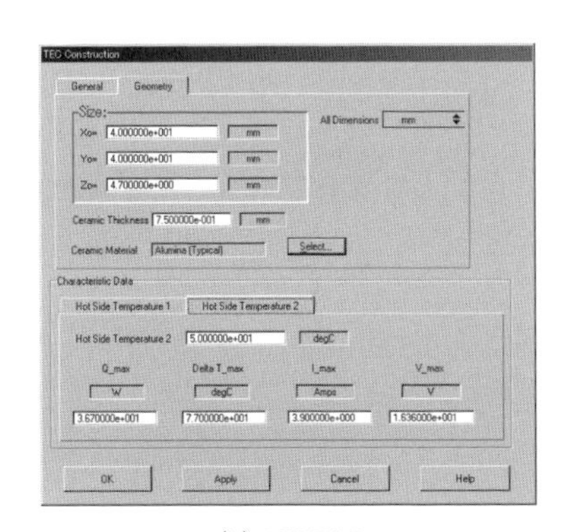


(b) NX-ESC

(c) FloTHERM

**図7-24　ペルチェモジュールの入力画面例**

**ゼーベック係数や抵抗率、熱伝導率を入力するものと特性データを入力するものとがある**

# 7.5 ヒートパイプ

## 7.5.1 ヒートパイプの原理と構造

ヒートパイプは大きな熱輸送力を持った冷却デバイスで、ノートパソコンやゲーム機で使用されています。冷却したい熱源の周囲にスペースがない場合、空間に余裕のある位置までヒートパイプで熱輸送し、離れた場所に冷却機構を設けることができます（RHE：リモート・ヒート・エクスチェンジャ方式と呼ばれます）。

ヒートパイプは、液体の相変化（蒸発と凝縮）を利用することで大きな熱輸送を行い、銅の数十倍に匹敵する等価熱伝導率を持ちます。使う側からは、非常に熱伝導率の大きい材料でできた棒状の部品とみなすことができます。

ヒートパイプの構造は単純で、**図7-25**に示すように、減圧された密閉金属容器（コンテナ）に少量の液体が封入され、容器の内表面に「ウィック」と呼ばれる毛細管構造体が形成されているだけです。封入された液体を作動流体（作動液）と呼びます。

ヒートパイプの一端が加熱されると、その近傍の作動流体が蒸発します。この蒸発によって大きな気化熱を奪います。気化した流体により、加熱部近傍の圧力が高くなるため、内部に圧力差を生じます。この圧力差で蒸気が反対側の

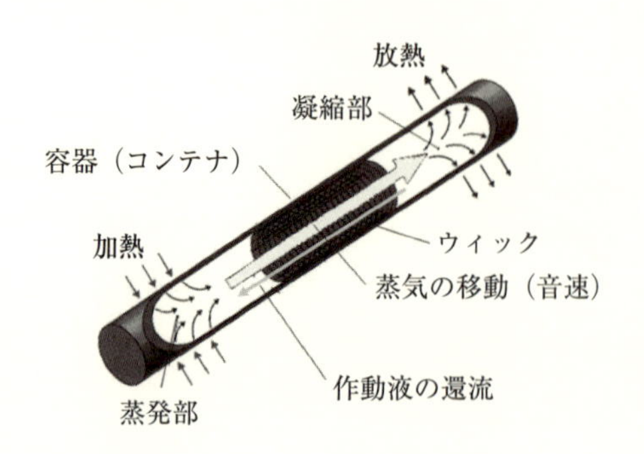


**図7-25**
**ヒートパイプの構造と作動原理**
(株)フジクラホームページより引用

端部へ瞬間的に移動します。移動した蒸気は冷却されて凝縮し、元の液体に戻ります。ここで、蒸気となって運んできた熱エネルギー（気化熱）を凝縮時に潜熱として放熱します。このような原理で大量の熱輸送が行われます。

これだけでは高温側の液体が枯渇してしまいますが、パイプの内表面に形成されたウィックが毛細管効果を発揮し、液体が多くなった冷却端から液体の少ない加熱端へ作動流体を還流させます。このような循環システムによって、パイプの両端に温度差がある限り熱を運搬し続けることができます。

### 7.5.2　ヒートパイプのモデル化

ヒートパイプの一般的なモデル化方法は、ヒートパイプと同一外形の中実ブロックを作成し、等価熱伝導率 $\lambda_{eq}$ を与えます。等価熱伝導率 $\lambda_{eq}$ はヒートパイプの熱抵抗 $R$、断面積 $A$、長さ $L$ から下式で計算します。

$$\lambda_{eq}=\frac{L}{R\cdot A} \tag{7・20}$$

ヒートパイプの径方向はほとんど均一な温度になるため、長さ方向と同じ等価熱伝導率を与えます。つまりヒートパイプのブロックには等方性の熱伝導率を与えます。

ヒートパイプの熱抵抗と標準熱輸送量の例を**表7-2**に示します。

### 7.5.3　最大熱輸送量の把握

最大熱輸送量や熱抵抗は、ヒートパイプの設置角度によって異なるので注意が必要です。通常はボトムヒートモードから水平ヒートモードの範囲で使用し、トップヒートモードでの使用は避けます。

解析後、ヒートパイプの通過熱流量が最大熱輸送量を超えていないことを確認します。通過熱流量が最大熱輸送量を超えると、作動液のドライアウトが発生し、熱輸送能力が急減します。通過熱流量は、ヒートパイプ断面の熱流束から算定するか、加熱部と冷却部の温度差 $\Delta T$ から下式で計算します。

**表7-2　ヒートパイプの熱抵抗と標準熱輸送量（例）**

| 仕様 | モード | | $\phi$6.0 | （$\phi$8.0） | $\phi$9.5 | $\phi$12.7 |
|---|---|---|---|---|---|---|
| 全長<br>300mm<br>加熱部<br>100mm<br>冷却部<br>100mm | 水平ヒート | $R$（℃/W） | 0.36 | 0.26 | 0.084 | 0.06 |
| | | $Q_{max}$（W） | 75 | 105 | 250 | 340 |
| | ボトム<br>ヒート | $R$（℃/W） | 0.3 | 0.22 | 0.06 | 0.048 |
| | | $Q_{max}$（W） | 158 | 220 | 340 | 530 |
| | トップ<br>ヒート | $R$（℃/W） | 0.57 | — | — | — |
| | | $Q_{max}$（W） | 22 | — | — | — |

（株）UACJ銅管ホームページより引用
http://www.heatpipe.jp/

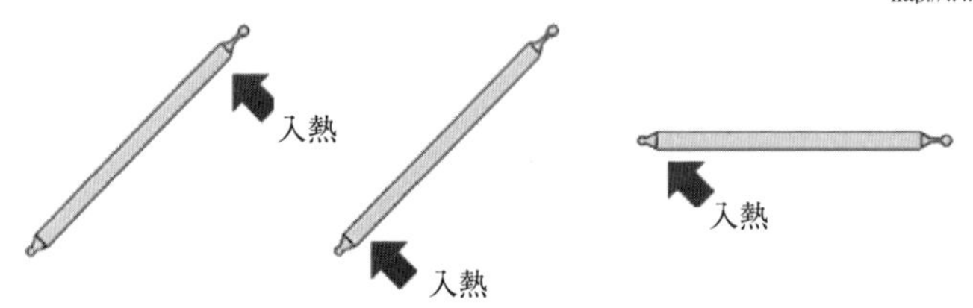


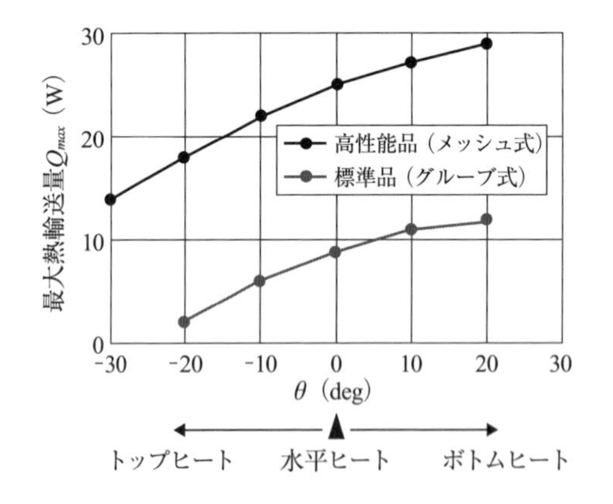


**図7-26**
**ヒートパイプの傾斜角度$\theta$と最大熱輸送量$Q_{max}$**
**(株) UACJ銅管ホームページより引用**
**http://www.heatpipe.jp/**

$$Q = \frac{\lambda \cdot A}{L} \cdot \Delta T \qquad (7 \cdot 21)$$

$A$：ヒートパイプモデルの断面積、 $L$：加熱部、冷却部間の距離、 $\lambda$：等価熱伝導率

**図7-26**は、ヒートパイプの傾斜角度と最大熱輸送量との関係を示した例です。ヒートパイプを傾斜させて使用する場合には、使用する傾斜角度における最大熱輸送量を上限値と考えます。

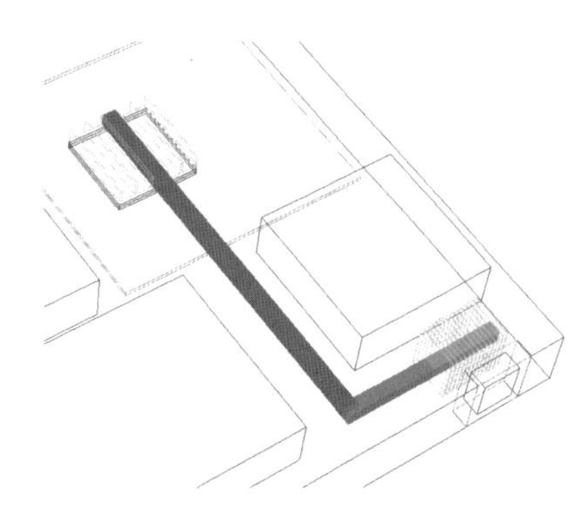

図7-27　ヒートパイプモデルの解析例

### 7.5.4　解析ソフトのヒートパイプ機能の例

熱流体解析ソフトには、ヒートパイプのモデリング機能が装備されたものもあります。この機能を使用すると、熱抵抗と最大熱輸送量を設定することで、熱的特性が自動計算されます。解析結果の例を**図7-27**に示します。

なお、ヒートパイプは曲げ加工やつぶし加工ができますが、加工は熱輸送能力に影響を与えますので、メーカーに確認する必要があります。

第8章

# 熱流体解析ソフトの特徴と使い方

ここでは主な熱設計用の熱流体解析ソフトについて、それぞれの特徴や使い方を説明します。

## 8.1 ANSYS Icepak

### 8.1.1 概要

ANSYS Icepak（アンシス・アイスパック、以下Icepak）は、エレクトロニクス機器設計者向けの熱流体解析ソフトウェアです。

ソルバには、全世界で実績のある自社の有限体積法汎用流体解析ソフトウェアANSYS FLUENT（アンシス・フルーエント）を使用しています。オブジェクトベースのモデラと形状の再現性に優れた非構造6面体メッシュを中心とする自動メッシュジェネレータを組み合わせ、効率的な電子機器の熱解析・評価を実現します。

システムの構成と操作画面を**図8-1**に示します。

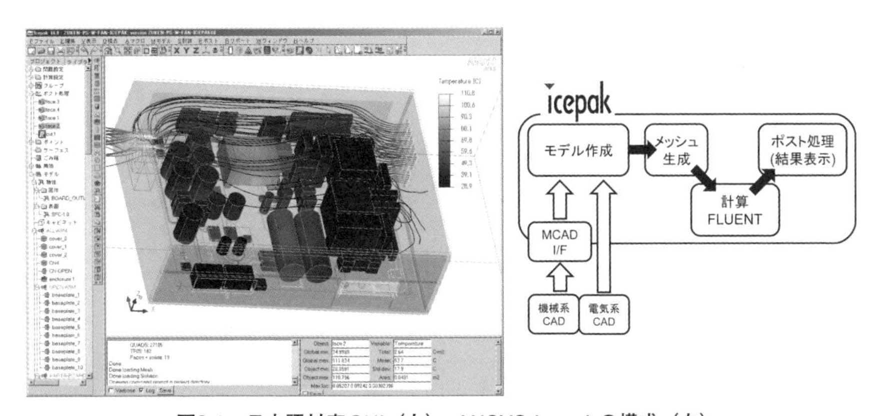


**図8-1　日本語対応GUI（左）、ANSYS Icepakの構成（右）**

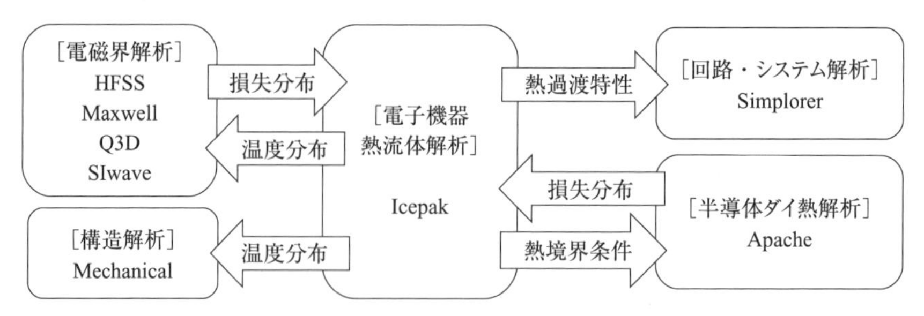


**図8-2　ANSYS解析ソフトウェア群との連携**

Icepakは、必要に応じて自社の広範な解析ソフトウェア群と連携が可能となっています（**図8-2**）。

## 8.1.2　ANSYS　Icepakのモデル作成・メッシュ生成と機械系・電気系CADインタフェース

### [オブジェクトベースのモデル作成]

熱解析モデルは「オブジェクト」とよばれる部品（**表8-1**）を組み合わせて解析対象に倣って作成します（**図8-3**）。

**表8-1　Icepakの主なオブジェクト**

| オブジェクト名 | アイコン | 機能・特徴 |
|---|---|---|
| ブロック | | 固体, 流体 |
| プレート | | 薄板（面方向熱伝導考慮可） |
| ソース | | 発熱源, 電流・電圧源 |
| グリル・レジスタンス | | 2次元・3次元圧力損失 |
| ファン・ブロワ | | 固定流量および圧力流量特性 |
| オープニング | | 開口部, 流速, 圧力 |
| ウォール | | 解析領域外との熱移動 |
| PCB | | プリント基板の簡易・詳細モデル |
| ヒートシンク | | パラメータ入力で作成 |
| ICパッケージ | | パラメータ入力で作成 |
| エンクロージャ | | プレートによる筐体 |
| その他 | − | 周期境界, 熱交換器,<br>熱抵抗ネットワーク等 |

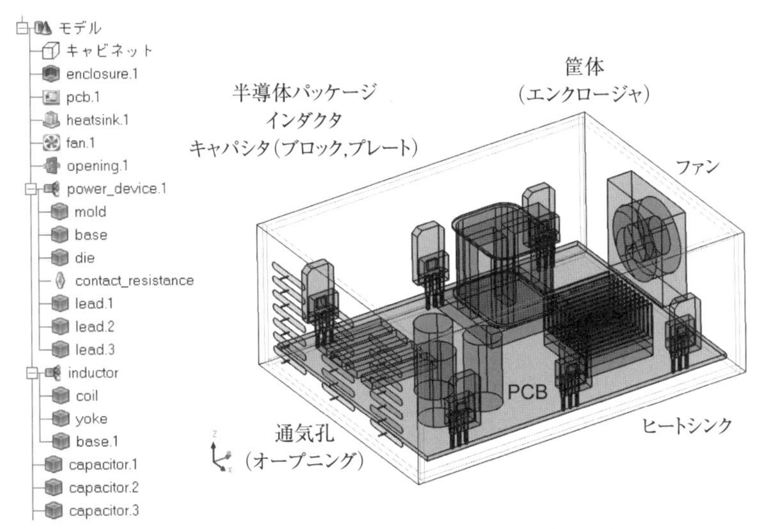


**図8-3　オブジェクトの組み合わせによるモデリングのイメージ**

### [優先度によるモデリング]

Icepakの内蔵モデラーでは、3次元CADのような形状同士の論理演算は不要で、オブジェクトが重なった部分については、各オブジェクトの優先度によって、自動的に処理されます。形状変更を伴うパラメトリックな解析にも柔軟に対応できます。

### [機械系・電気系CADとのI/F]

3次元CADインタフェースANSYS DesignModelerでは、ほとんどの主要な3次元CAD形状データの読み込みが可能で、形状の作成・分割・簡略化およびIcepakオブジェクトへの変換を行います。2次元CADデータの3次元化や形状の修正にはANSYS SpaceClaimダイレクトモデラーも利用可能です。

電気系CADからは、基板形状・部品配置と各層の配線・ビアをインポートでき、プリント基板やICパッケージ基板などの積層配線構造に対して、等価熱伝導率分布を設定したモデルが作成できます（**図8-4**）。GUI上でネット名なども確認可能です。

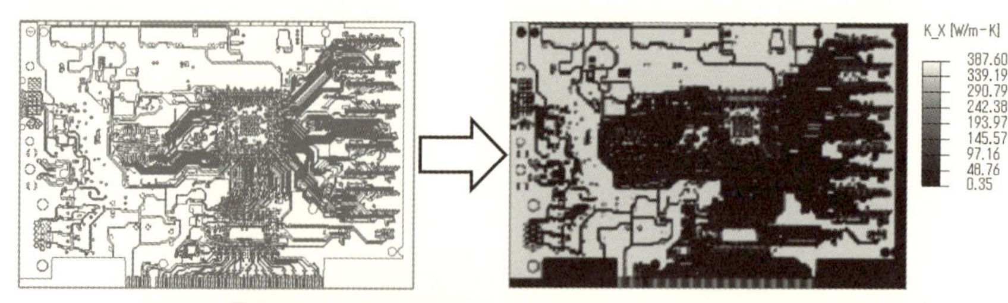


図8-4　電気系CADの配線形状から自動計算された基板熱伝導率分布

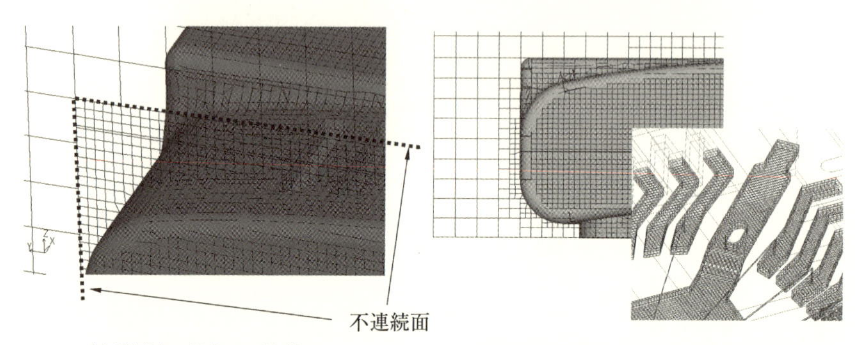


図8-5　3次元CAD形状に対応する自動メッシュ

[メッシュ生成]

Icepakでは、メッシュは6面体を中心とした非構造メッシュで、不連続メッシュや、形状に追従したメッシュを生成するハンギングノードメッシュ機能を適用することで、解析規模の増大を避けつつ柔軟なメッシュ生成が可能です（**図8-5**）。

## 8.1.3　ANSYS Icepakの特徴的な機能

Icepakでは、ソルバーであるFLUENTの機能を適宜取り込んでいます。例えば乱流モデルではSST k-$\omega$モデル、計算手法として圧力－速度連成ソルバーや疑似時間進行法、放射に関してはDO（Discrete Ordinates）放射モデルなどが利用可能で、高度な解析にも十分対応できます。以下に特徴的な機能をご紹介します。

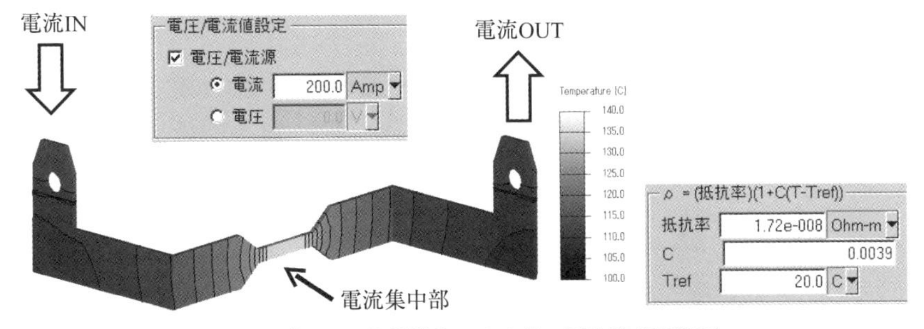


図8-6　ジュール発熱機能による熱―電流連成計算例

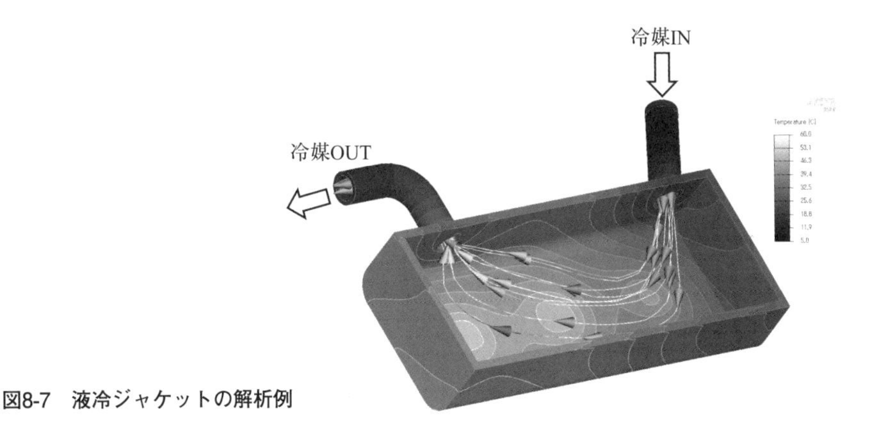


図8-7　液冷ジャケットの解析例

**[ジュール発熱解析]**

電流によるジュール発熱を考慮したい場合、電気抵抗率（温度依存性対応可）と電流・電圧の条件を設定して熱との同時解析が可能です（**図8-6**）。電流経路は非構造メッシュを生かしてそのままの形状を取り扱うことが可能です。非定常電流にも対応しています。多層基板ではSIwave、高周波ではHFSSまたはQ3Dとの連携解析で対応します。

**[多流体解析]**

パワーエレクトロニクス分野で一般的な液冷ヒートシンクなどに対応する、複数の種類の流体を含む解析が可能です（**図8-7**）。拡張壁処理など高度な乱流

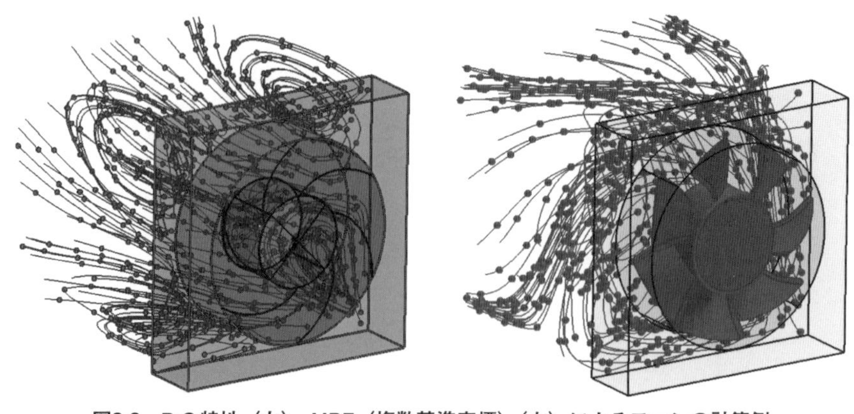

**図8-8　P-Q特性（左）、MRF（複数基準座標）（右）によるファンの計算例**

モデルも適用可能です。

**［MRF解析］**

一般的な圧力-流量（*P* - *Q*）特性はもとより、ファンブレードの3次元CADデータを利用して回転速度を設定して計算する複数基準座標（MRF：Multiple Reference Frame）の適用を可能としています。ファン下流での渦の再現性に優れています（**図8-8**）。

**［化学種解析］**

ガス等の流れによる拡散や混合を考慮した解析に対応しており、例えば水蒸気を考慮することで、相対湿度が取り扱え、結露の予測などに利用できます。

**［電磁界解析ソフトウェアとの連携］**

インダクタなど、渦電流損や誘電損が熱源となる場合、ANSYS HFSS・Maxwell・Q3D・SIwaveの各電磁界解析ソフトウェアと連携が可能です。自動アダプティブオートメッシュで計算された高精度な損失のインポートが可能なだけでなく、温度分布をフィードバック可能で、温度特性を含めた解析にも対応しています。

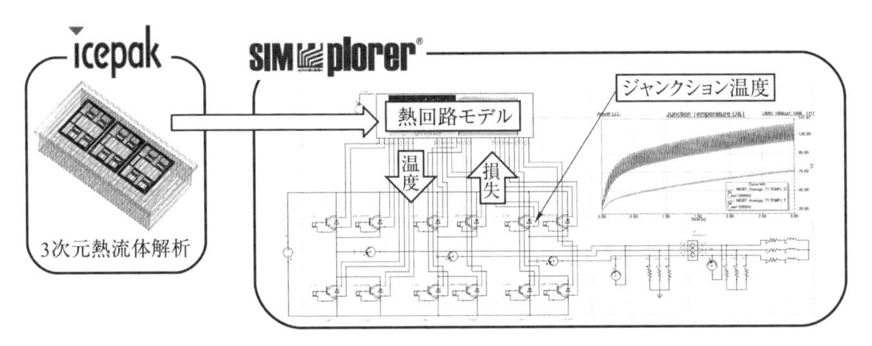


図8-9　ANSYS Icepak, Simplorerによる熱・回路連携シミュレーション

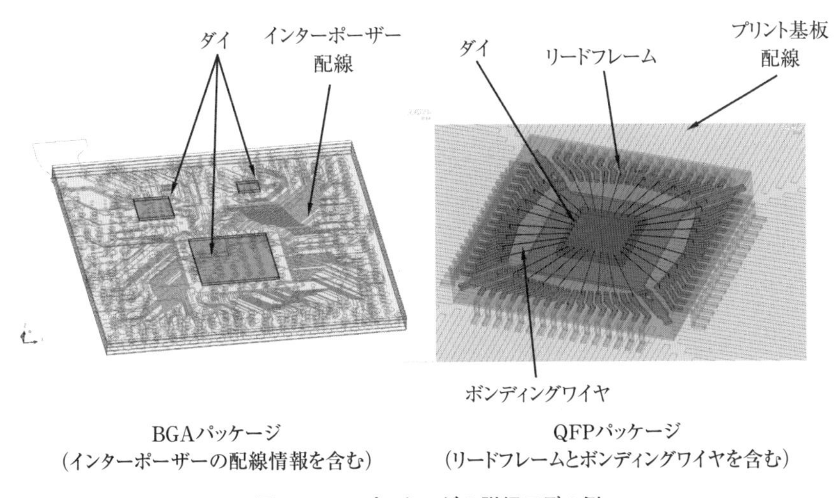


図8-10　ICパッケージの詳細モデル例

**[回路・システムシミュレータとの連携]**

IGBTやバッテリーセルについて、ANSYS Simplorerとの連携により回路シミュレーションと組み合わせた熱解析が可能です（**図8-9**）。

**[プリント基板、半導体パッケージ、LEDのモデル化]**

Icepakは、プリント配線板やICパッケージのインターポーザー（サブストレート）などのモデル化に使用できる、等価熱伝導率計算機能を備えています。電

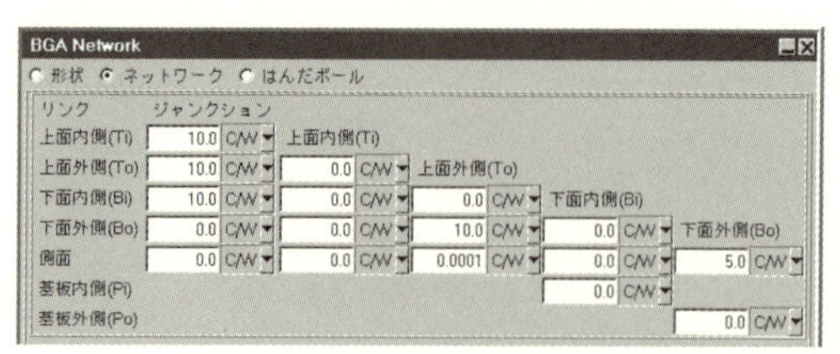


(a)入力パネル

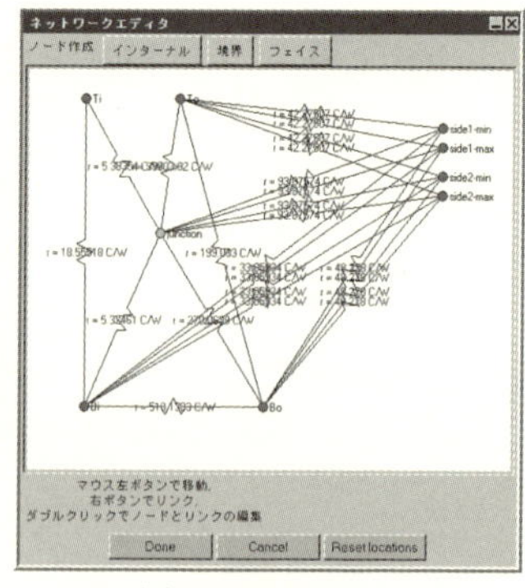


(b)熱回路網エディタ

**図8-11　Delphi熱抵抗モデル**

気系CADで作成した配線パターンの形状データを使用して、層構成やビアも含めた等価熱伝導率分布を自動的に計算・設定できます。

半導体パッケージの詳細なモデル化はもちろん（**図8-10**）、熱抵抗網による表現であるDELPHIモデル（5.3.3参照）の生成・利用にも対応しています（**図8-11**）。

以上、ANSYS Icepakでは、熱解析のビギナーからエキスパートまで、入手可能な情報を最大限活用して高精度な解析を実施することで、熱問題の予防や対策、熱設計の最適化に効果を発揮します。

## 8.2 FloTHERM

FloTHERMは、1989年に世界初の電子機器専用の熱流体解析システムとして、英国Flomerics社（当時、2008年より米国Mentor Graphics社）で開発されました。ここではこのソフトを活用した協調設計の流れを具体的な例で説明します。

### 8.2.1. FloTHERMの目指す「メーカーとエレキの協調設計」

製品の小型化や多機能化が進み、製品開発設計は専門化されて、多くの人が開発に関わるようになりました。機構（メカ）設計と電気（エレキ）設計は、独立して作業が進められますが、完成した製品は1つに組立てられるため、製品トータルな視点で熱設計を進める必要があります。

設計は同時並行で進みますが、筐体の冷却構造設計とそこに実装されるプリント基板の熱設計は強く相互に関連します。この段階で密な情報交換を行い最適化できるかどうかが熱設計の成否を決めるともいえます。

ここでは汎用的な熱設計ツールであるFloTHERM（フローサーム）とプリント基板の熱設計に特化したツールであるFloTHERM PCB（フローサームピーシービー）を活用した開発設計プロセスを紹介します。

### 8.2.2. FloTHERMとFloTHERM PCBの特徴

FloTHERM（**図8-12**）は半導体パッケージからデータセンターまで、様々

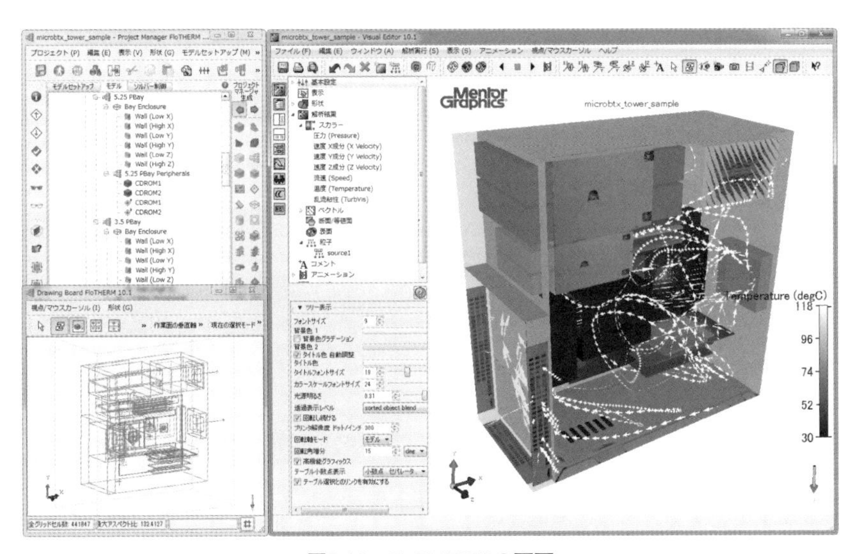


**図8-12　FloTHERMの画面**

なスケールの部品や装置に対応した汎用熱設計ツールで、主に電子・電気機器や半導体パッケージの放熱設計に多く利用されています。

多くの部品メーカーから提供されたファンやヒートシンクなどの冷却部品、JEDEC規格の半導体パッケージ、各種材料物性のライブラリを備えています。メーカーCADや基板CADとのデータインタフェースやペルチェ素子のような特殊部品のテンプレートも豊富です。またT3Ster（10.7参照）で測定された部品の熱抵抗・熱容量を反映した等価熱回路モデルを取り込むことができます。さらに、いくつもの設計変数や拘束条件を組合せた複雑なパラメータ解析や最適条件の探索を高速で行えることが特長です。

結果処理では温度・流速・圧力等の一般的な分布の他、熱のボトルネック（熱の流れが堰き止められている箇所）を可視化できる機能（**図8-13**）がユニークです。発熱源からの熱流れ（熱流束）の軌跡を可視化して放熱パスを確かめることが可能です（**図8-14**）。

FloTHERM PCB（**図8-15**）はプリント基板専用の熱設計ツールで、機能が特化されています。解析メッシュの生成は全自動のため、ユーザーの利用技術によらない安定した品質の解析ができます。各部品の発熱密度や許容温度に対する危険度を色の違いで表示するなどの工夫がなされています。

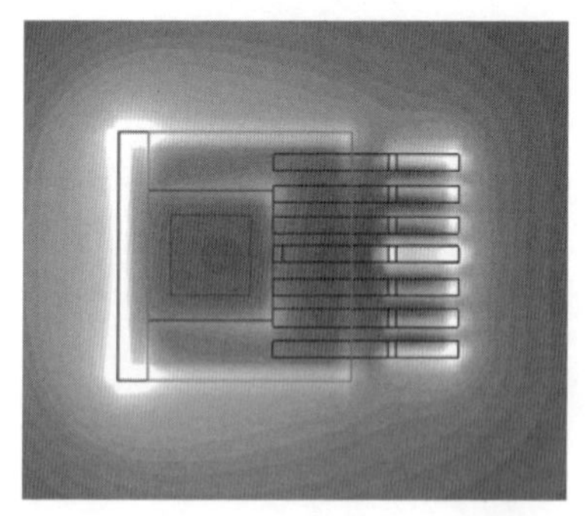

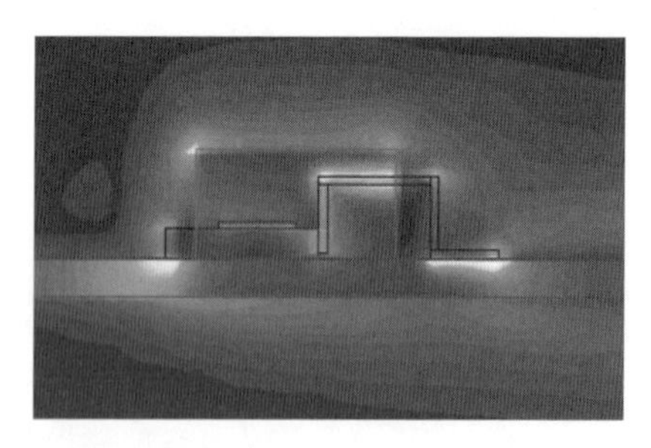

**図8-13　熱のボトルネック**

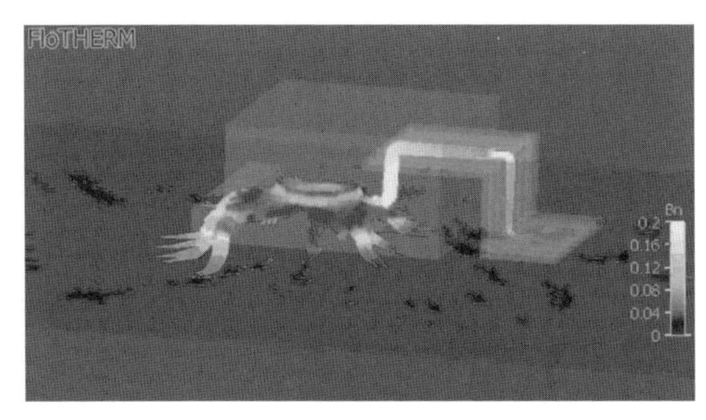


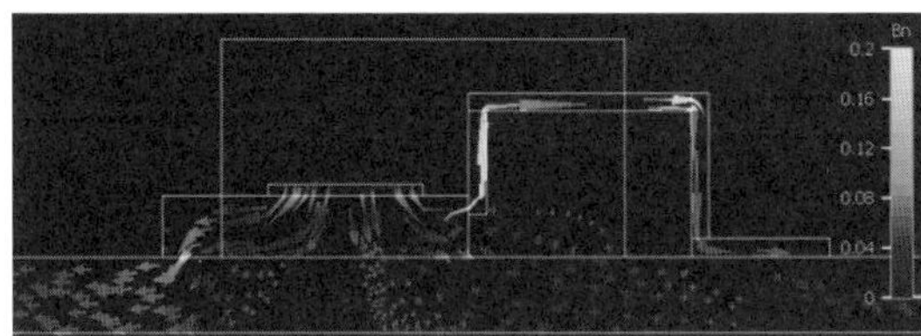


図8-14　伝熱アニメーション

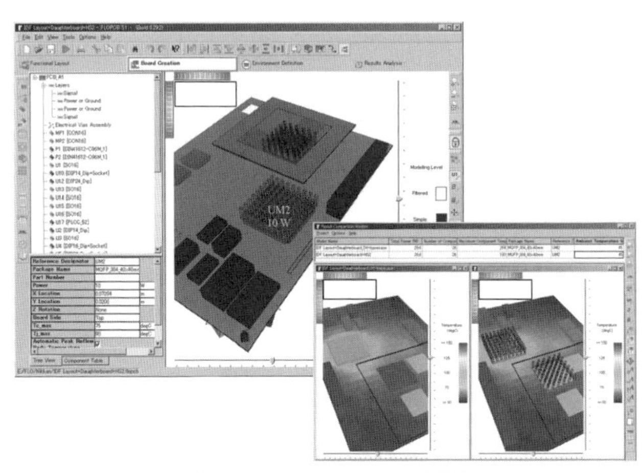


図8-15　FloTHERM PCB画面
一切のメッシュ分割操作を行わず、解析結果が得られる

## 8.2.3. ケーススタディ

ここではFloTHERMを使う機構設計者とFloTHERM PCBを利用する電気設計者が互いに協調して、効率的に熱設計を進めるプロセスを紹介します。**図8-16**に設計フローを示すように、各設計プロセスの独立性を保ちつつ互いのアウトプットをシームレスに共有し合えることに重点を置いています。このフローは、社内別部門や共同開発パートナー企業間で、地理的な制限なく適用できます。

機構設計や電気設計の役割は企業によって異なりますが、ここでは機構設計者は装置や筐体の放熱設計を担当し、回路設計・電気設計者がプリント基板の部品配置や熱対策を行うものとします。

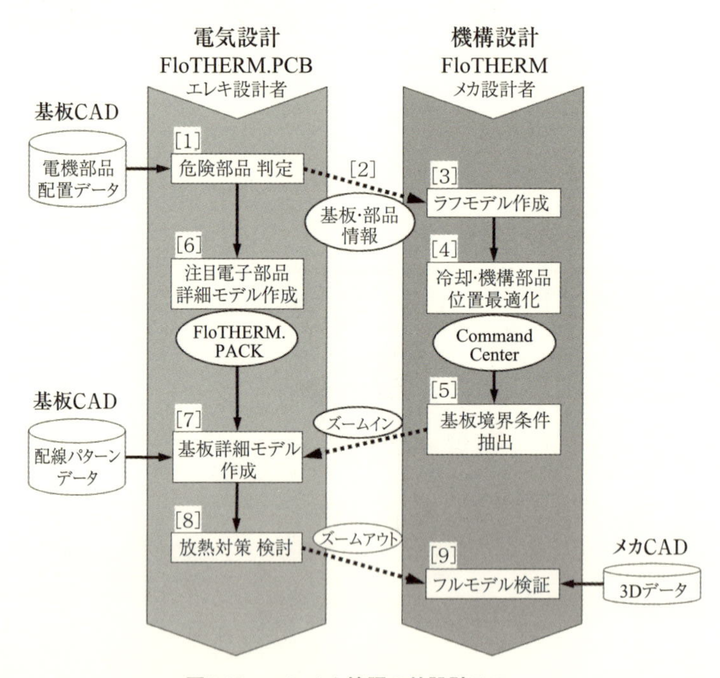


図8-16 エレメカ協調の熱設計フロー

### （1）ステージ［1］：電気設計　危険部品判定

基板上に部品をレイアウトし、各部品に消費電力を設定します。基板CADデータがあれば、ダイレクトインタフェースやIDFファイルを介してFloTHERM PCBに読込みます。部品の消費電力は、基板CADデータにはない場合が多いので、CSVファイルから一括設定します。

FloTHERM PCBで部品発熱密度を表示し、発熱密度の高い（熱的に危険な）部品を識別します。ここで抽出された発熱密度が一定値以上の部品には何らかの熱対策が必要と考えられます。

作成した基板データ（基板外形、部品レイアウト、消費電力）を機構設計に渡します。

### （2）ステージ［2］：機構設計　基板・部品情報の受け取り

ステージ［1］で作られた基板部品情報を入手します。FloTHERM PCBのデータや基板CADのデータで入手するのが一般的ですが、この段階では簡単に基板外形と主要部品（パッケージタイプ、サイズ、位置、消費電力）の情報で十分です。基板の総消費電力と主要部品の消費電力を入手します。

### （3）ステージ［3］：機構設計　ラフモデル作成

筐体と基板を含む構成部品を大まかにモデル化します。この段階では装置全体のレイアウトを決めることが目的なので、3次元CADデータをそのまま使うのではなく、変更が容易な簡易モデルを作成します。但し形状は簡単にしても、部品どうしの接触や通風の有無、消費電力などは実際に合わせます。複合材料部品は等価熱伝導率で表現し、通風孔は開口率を基にした流体抵抗に、ファンは製品カタログのP-Q特性や回転数を与えます。

基板はこの段階では1枚の等価熱伝導板（厚さ方向異方性＋一体モデル）、半導体部品は直方体（単一ブロックモデル）モデルで十分です。半導体部品の材質や熱抵抗値は、登録されているライブラリを利用します。モデル化する部品は、電気設計から指定された部品（後述の危険部品など）や流れに影響しそうな大型部品に限定し、他の部品は形状を省略して消費電力のみを基板の消費電力として与えます。

### (4) ステージ［4］：機構設計 部品位置最適化

ラフなモデルで先ずは筐体形状と構成部品のレイアウトを決めます。構成部品のレイアウトがほぼ決まっている場合は、通風孔やファン、ヒートシンクなどの位置や大きさ、容量を検討します。

例えばファン取付け位置を変えて、要注意部品の温度を最小化するファンの位置を見つけます（**図8-17**）。

ファン取り付け位置の自由度が高い場合は、基準モデルを1ケース作ってパラメータスタディを行います。パラメータスタディとは、注目する部品の設計変数（位置、サイズ、材質、型番、有無等）をパラメータ化し、新たに追加モデルを作ることなく条件変更のみで一連の解析結果を得る方法です。

このパラメータスタディを行う仕組みをCommand Center（コマンドセンター）と呼びます。Command Centerには設計変数を組合せて実験計画法や線形関数で自動的にモデルケースを生成する機能や、目的関数（例えば部品温度やヒートシンクの質量）を最小化するような設計変数の値を探索する最適化機能（応答曲面法など）が備わっています。

この例では筐体下方にファンを置いたケースが注目部品の温度が最も低く、

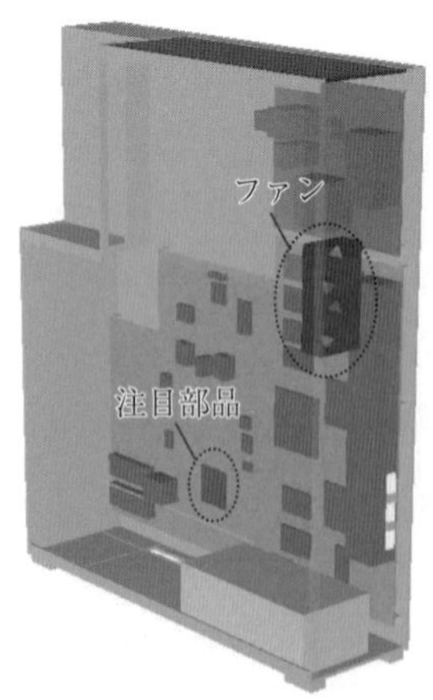


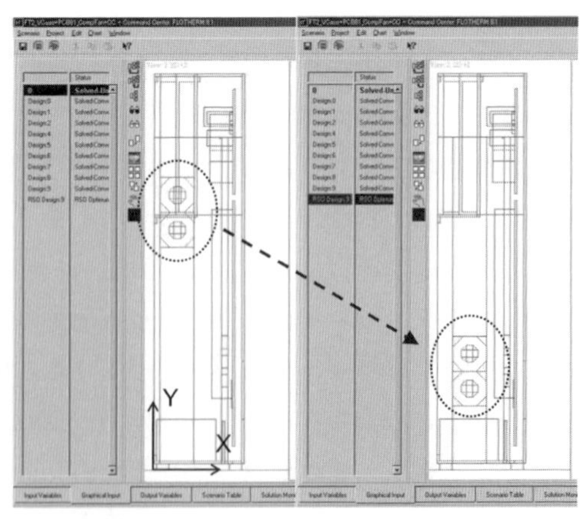


(a) 初期設計のファン位置 (b) 最適化後のファン位置

**図8-17　ファン位置のパラメータスタディ**

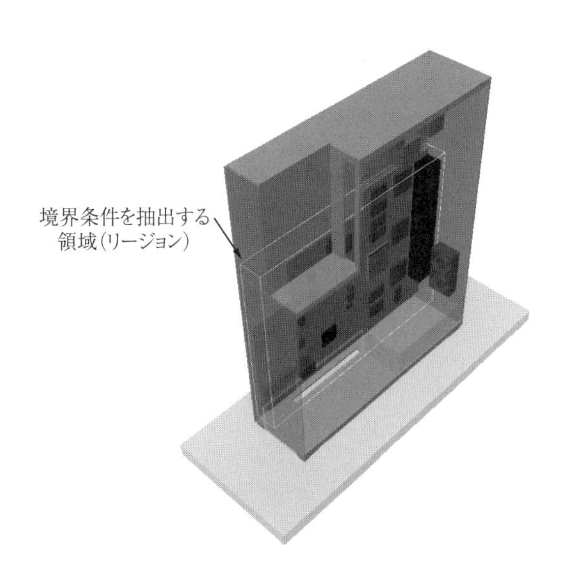


図8-18　リージョンの設定

最悪値と最良値で約9℃の温度差がありました。

**(5) ステージ［5］：機構設計　基板境界条件の受け渡し（ズームイン）**

ここで解析した最良モデルの情報を電気設計向けに抽出します。基板は筐体内に実装され、複雑な流れや温度の条件下で冷却されます。このため電気設計時に基板単体で解析を行なう場合、対象基板の周囲の流れと温度の条件をある程度念頭に置く必要があります。

このソフトには、任意の3次元矩形領域を指定するリージョン（Region）という機能があります（**図8-18**）。基板の周囲にリージョンを設定しておくと、その範囲の解析結果（温度、圧力、風速、熱流束等の値）をFloTHERM PCBで引用できます（ズームイン機能と呼ばれます）。

**(6) ステージ［6］：電気設計　注目部品の詳細モデル作成**

半導体部品ではチップ温度で良否判定を行うことが多いですが、単純なブロックではジャンクション温度の正確な見積りができません。そこでステージ［1］で抽出された危険部品や温度上限の低い部品を、詳細モデル（内部構造を表現したモデル）に置き換えます。

ここではFloTHERM PACK（フローサームパック；5.3.3参照）という半導

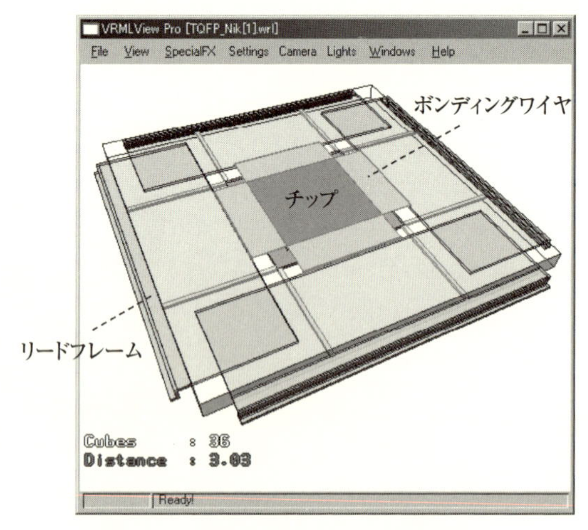


**図8-19　FloTHERM PACK詳細モデル**
**熱等価ブロックの組合せにより、内部構造を反映したモデルを比較的コンパクトに作ることができる**

体部品テンプレートを用いて部品の内部構造を表現したモデルを作成します（**図8-19**）。外形寸法をもとにJEDEC基準を用いてチップサイズなどが算出されるため、パッケージの内部構造を入手できないアセンブリメーカーでも、ジャンクション温度を精度よく見積ることができます。

なお部品メーカーによってはパッケージモデルを提供してくれる場合もあります。

### （7）ステージ［7］：電気設計　基板詳細モデル作成

ステージ［5］のリージョン解析結果とステージ［6］のパッケージ詳細モデルを合わせて基板の詳細モデルを作成します。部品配置や配線データを基板CADからインポートし、詳細なモデル化を行います。配線パターンやビアデータはそのままだと解析モデルの規模が大きくなるため、通常は等価熱伝導モデルに自動変換（モザイク化）する機能（**図8-20**）を用います。

### （8）ステージ［8］：電気設計　部品の放熱対策を検討

Region解析結果の境界条件を用いてFloTHERM PCBで解析を実施します。解析の結果、温度上限を超える部品があれば、ヒートスプレッドパターンやヒートシンクの取り付け、部品配置変更などの検討を行います。

**図8-20　配線パターンのモザイク化**
スライドバーを動かして画面変化を見ながら粗さを自由に設定できる

### (9) ステージ [9]：機構設計　詳細なフルモデルで注目部品の安全性を検証

FloTHERM PCBで放熱対策を行った基板詳細モデルを機構設計に渡し（ズームアウト）、装置レベルで最終確認を行います。基板だけで熱対策できない部品、例えば筐体への接触による熱対策が必要な部品などでは、筐体側で対策をシミュレーションします。

最終的には必要に応じて、3次元CADからインポートした詳細な筐体モデルに置き換えて解析します。

以上、FloTHERMとFloTHERM PCBを利用して機構設計者と電気設計者とが協調して進める熱設計作業の流れを紹介しました。単にツール間のデータの受け渡しに留めず、業務フローとして整備することで設計段階での確実な熱対策の実施が定着し、開発期間の大幅な短縮に効果を発揮することが期待されます。

# 8.3 熱設計PAC

## 8.3.1 概要

熱設計PACは（株）ソフトウェアクレイドルが開発した電子機器専用の熱流体解析ソフトウェアです。

直交構造格子を用いた高速で安定性の高いソルバーとわかりやすいプリポストが特徴です。

## 8.3.2 プリ機能

### （1）ウィザード形式のユーザーインタフェース

解析領域や境界条件の設定などシミュレーションを行うために必要な設定はウィザードによる対話形式で行うことができます。中でも境界条件の設定は初心者にとってわかりにくいため、解析のタイプを選ぶことで自動的に境界条件の組み合わせが選択されます（**図8-21**）。また、設定一覧表を確認することで設定漏れなどのヒューマンエラーを防ぎ、シミュレーション結果の品質を保ちます。

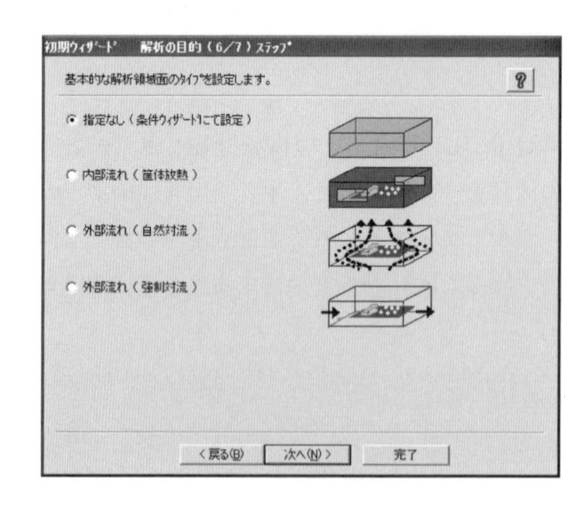


**図8-21**
**計算領域外側の境界条件設定画面**

### （2）CADインタフェースと形状修正機能

代表的な3次元CAD（SOLIDWORKS、Creo、CATIAなど）のネイティブファイルや中間ファイル（Parasolid、STEPなど）をインポートすることができます。Parasolidカーネルを搭載しており、大規模なデータを高速にそのままの形でインポートすることが可能です。そのため、解析を行うための事前のCADデータの簡易化や修正作業が不要となり、シミュレーションに必要な工数を大幅に短縮できます。また、必要に応じてインポートされた形状の簡略化を行うこともできます。**図8-22**は簡略化機能を使ってコネクタのピンを除去した結果です。この他にも解析に不要なネジを削除してネジ孔を自動的に埋める機能、筐体の一部を切り抜いてファンやスリットを取り付ける機能などのCADデータ編集機能が搭載されています。熱的に影響の少ない部品の簡略化を行ったり、部品に設計変更を加えて解析を行い、変更した形状をCAD側へ出力したりすることが可能です。

これによって、CADとCAEでの重複した形状の変更がなくなり、作業時間が短縮できます。

### （3）メッシング機能

直交構造格子を用いているため、メッシュサイズを指定するだけで、自動的にメッシュを作成することができます（**図8-23**）。製品データをそのままインポートする場合には、複雑な形状の部品や微小部品の影響でメッシュ数が膨大になることがありますが、部品単位、アセンブリ単位で形状表現の詳細度を指定することができるため、メッシュ数を効率的にコントロールできます。さら

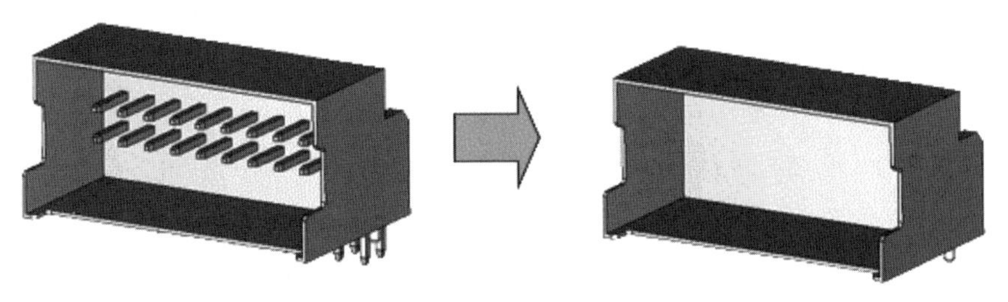

**図8-22　インポートされたCADデータ形状の簡略化（コネクタのピンの除去））**

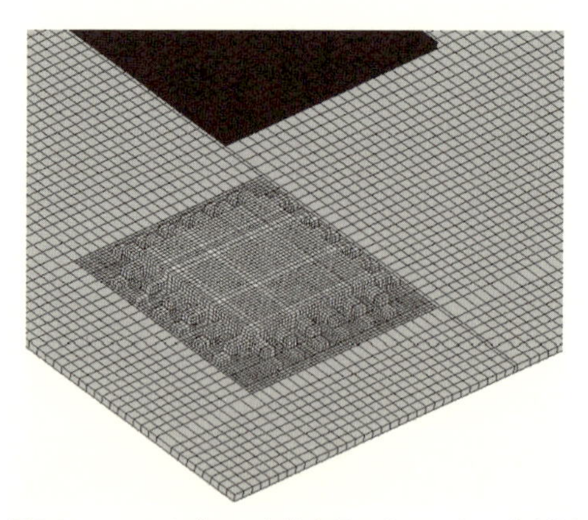

**図8-23　マルチブロック法を用いたメッシュ分割例**

に、マルチブロック機能を使うことで、着目する部品のメッシュを効率的に細かくすることが可能です。これらの機能を利用することで、設計データをそのまま利用した「製品の丸ごとシミュレーション」を実現しています。また、解析の精度という観点では、物体に隣接する流体のメッシュ幅を一定にすることが重要になります。そのため、部品単位、アセンブリ単位でメッシュ幅をコントロールすることが可能になっており、利用者によるシミュレーション結果のバラつきを少なくするアルゴリズムが採用されています。

### 8.3.3　ライブラリ機能

電子部品はライブラリ機能を用いてモデル化を行うことができます。半導体部品は付属ツールのElectronicPartsMakerによってコンパクト熱モデル（DELPHIモデル、2抵抗モデル）を作成することができます（**図8-24**）。

また、ElectronicPartsMakerはweb（http://www.cradle.co.jp/epm/）からダウンロードして無料で利用することが可能です。作成したコンパクト熱モデルはECADから出力されるIDFなどの形状データと置き換えて利用することができます。ファン部品はメーカーから提供されたライブラリを利用することが可能です。ライブラリにはファンの能力を示すP-Q特性図だけではなく、ファン形状（ボス径や羽根枚数）や回転数が含まれているため、モデリングの必要

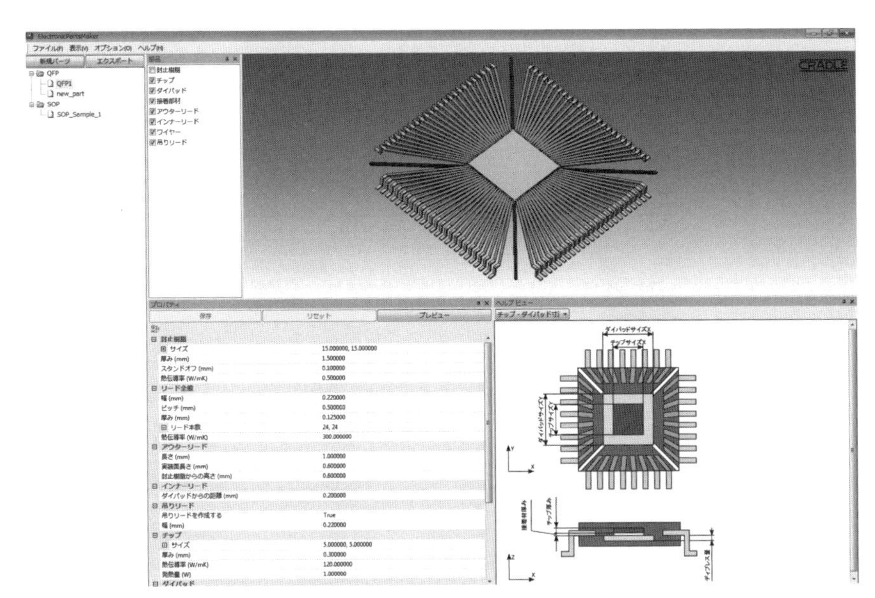


図8-24　付属ツールによるコンパクト熱モデルの作成

がありません。

吹付けファンによる冷却を行う場合には、ファンの旋回成分の再現が温度予測に重要であることが知られています。しかし、従来の旋回モデルはユーザーが旋回成分の度合いを入力する必要があったため、実機との合わせこみが不可欠でした。現在は、羽根枚数と回転数によって旋回成分が決定されるモデルを採用しており、ライブラリ情報から精度のよいファンの流れを再現することができます。

## 8.3.4　ポスト機能

ポストプロセッサに搭載されている豊富な機能を使うことで、流れや温度の解析結果を視覚的に表示できます。様々な可視化手法の中でも付属ツールHeatPathViewの熱経路の可視化機能は熱設計・熱対策に有効なツールです。

**図8-25**はLED電球の全体熱経路図を示しています。各部品間の熱移動が矢印で表示され、矢印の向きは熱移動の方向、矢印の太さは熱移動量の大きさを

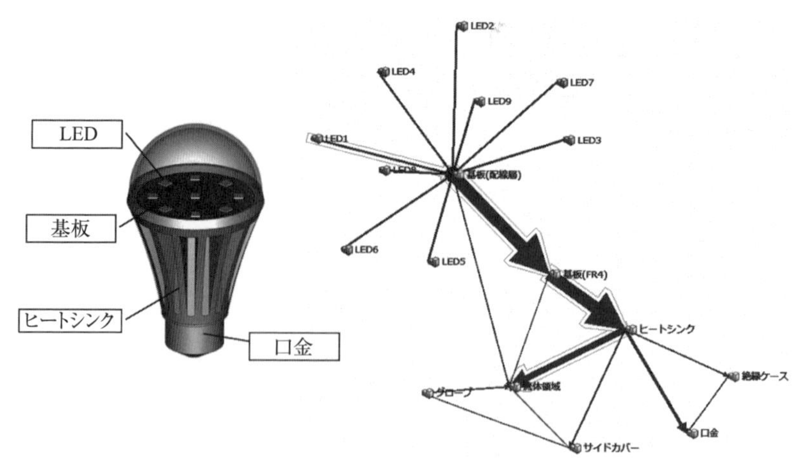


**図8-25　熱経路の可視化機能（LED電球の例）**

意味しています。全体熱経路図を見ることで設計者は部品から発生した熱がどのように放熱されているか、意図した放熱経路に沿って放熱されているか確認できます。

さらに、大規模な実製品データを解析する場合には、熱経路図をサブアセンブリ単位に集約することが可能です。簡素化されたマクロな熱経路図に落とし込むことで、大局的な放熱経路の把握が行えます。

ここで、発熱源であるLED素子の放熱経路に着目してみましょう。主熱経路の抽出機能により、LED素子からの放熱経路が表示されます（**図8-26**（左））。横軸は放熱経路上の部品、縦軸の折れ線グラフは部品温度、棒グラフは熱抵抗を示しています。温度を下げるため必要なことは熱経路上の主要な熱抵抗を下げることです。ここでは基板（FR4）と周囲空気への対流熱抵抗がボトルネックになっていることがわかります。そこで、基板を高熱伝導率材料に変更した結果、図8-26（右）のように、基板の熱抵抗が下がり、LED素子温度が低下しました。

このように、熱の流れの可視化を行うことで、解析ツールの用途は温度を求めるためだけでなく、なぜその温度になるのか？どこにアプローチすれば温度が下がるのか？といった対策立案に広げることができます。これにより、解析

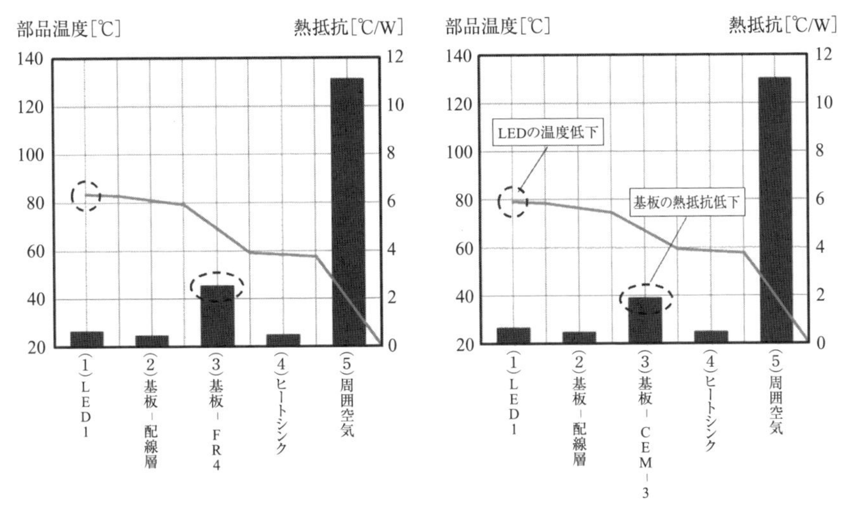


**図8-26　LED素子からの放熱経路**

結果から熱対策や熱設計に有効なアイディアにつながる知見を得ることが可能になります。

## 8.3.5　自動化機能

熱設計PACの機能はAPIが公開されているため、VB（Visual Basic）を使って実行することができます。例えばExcelに記入された値を入力値として、プリ、ソルバー、ポストの一連の作業を自動化することが可能です。また、VBを利用してGUIやレポート出力機能を作成することで、ユーザー専用のツールにカスタマイズすることも可能です。さらに、マクロ作成支援ツールscWorkSketchを使えば、画面上でコンポーネントを結合したフローチャートを作成でき、感覚的にマクロプログラムを作成できます（**図8-27**）。

## 8.3.6　STREAMとの連携

熱設計PACは使いやすさを追求するため、あえて機能を絞っています。日射・結露・粒子（塵埃）・多種流体・移動物体などの機能は上位ソフトであるSTREAMを用いることで解析できます。モデルや境界条件はそのまま

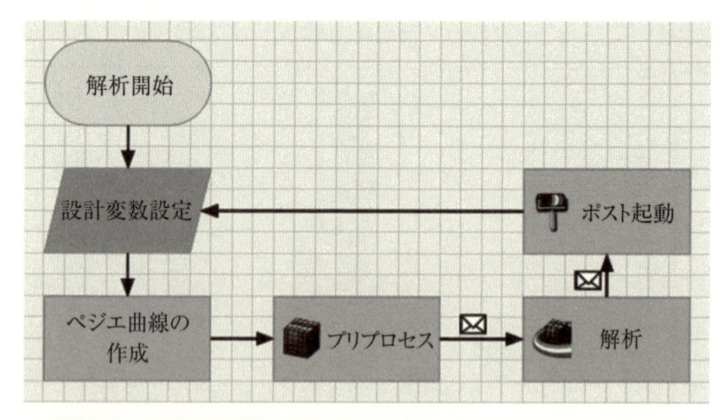


図8-27　マクロ支援ツールscWorkSketch

STREAMへ移行することができます。

熱設計PACは、設計者自身が設計案を迅速に評価するために使用することを想定しており、製品設計フローに定着した利用がなされています。日常的に設計で使うには、利用者のスキル不足による誤差を防ぐ必要があります。その解決策として、ユーザーと開発元共同による設計者向け教育や、設計者が操作を意識せずに使用できるような、マクロ機能を利用した熱設計システムの構築を行っています。

各社の状況に応じた最適なアプローチを行うことで、より有効な熱設計ツールとなります。

# 8.4 Autodesk CFD

## 8.4.1 概要

Autodesk CFDは設計初期段階での予測検討を支援し、試作回数を削減することを目的とした設計者向け熱流体解析ソフトウエアです。汎用熱流体解析ツールとして開発されており、家電製品からメカトロ機器に至るさまざまな電子機器を対象としています。多層基板やペルチェ素子、コンパクトサーマルモデル、サーモスタット制御のファンなど、電子機器冷却に特化した機能モデルを備えています。また、メッシュ生成方法として形状再現性が高い非構造メッシュを採用しています。

ここでは、「スキャナーユニット」を例に、冷却系を適性化する設計事例を紹介し、Autodesk CFDの機能について解説します。

## 8.4.2 スキャナーユニットの構造と熱問題

スキャナーユニットは、レーザプリンタに使用されるもので、レーザ光を感光体に照射させるユニットです。回転するポリゴンミラーやレンズ、ミラーを駆動するモータなどで構成されます。光学部品なので熱変形が精度に深刻な影響をおよぼします。

ここでは、筐体裏面に通風ダクトを設け、遠心ファンによりヒートシンクに外気をあてて冷却する構造を検討します。ユニットの構造を**図8-28**に示します。

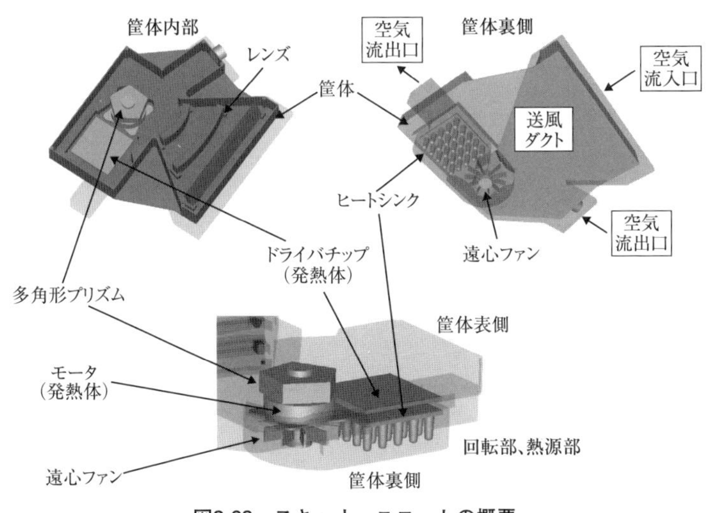


**図8-28　スキャナーユニットの概要**

### 8.4.3　モデル化

発熱源となるモータ、ドライバチップと基板の熱伝導、流れをつくる遠心ファンおよびヒートシンクをモデル化します。

**（1）モータ**

モータのロータとステータの間にはエアギャップがあるため熱抵抗を設定します（**図8-29**）。これを無視してシャフトとステータを一体形状としてモデル化すると、熱が伝わってしまい、間違った解析となります。

**（2）ドライバチップ**

Autodesk CFDでは「コンパクトサーマルモデル」という半導体用のモデルを使用します。このモデルはチップを上下２つの要素に分けて考える２抵抗モデルです。解析規模を増やさずに、部品内部のジャンクション温度を計算することができます。

**（3）プリント基板**

Autodesk CFDの「基板モデル」では、各層の厚みや熱伝導率を入力すると自動的に等価熱伝導率が設定されます。

**（4）遠心ファン**

P-Q特性が不明なファンなので、実際に形状を回転させて発生する流れを解析します。Autodesk CFDでは、空気領域ごと回転させる方法と、固体領域のみを回転させる２通りの回転定義方法を用意しています。また運動はプレビュー

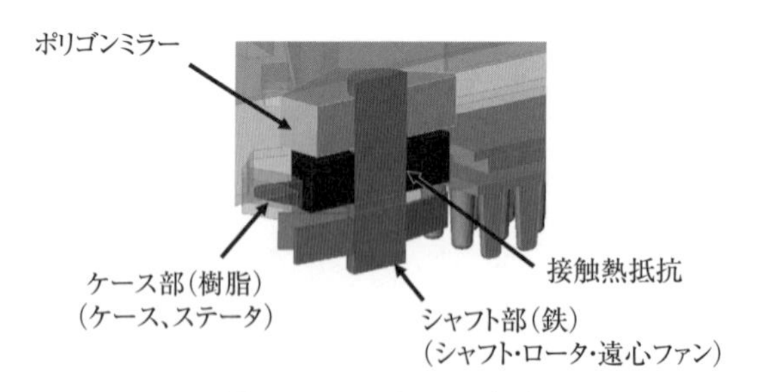


**図8-29　モータのモデル化**

ケース部（ケース、ステータ）、シャフト部（ロータ、シャフト、遠心ファン）、ポリゴンミラーの３つに分けてモデル化する。ケース部とシャフト部の接合面では熱が直接伝わらないように定義する

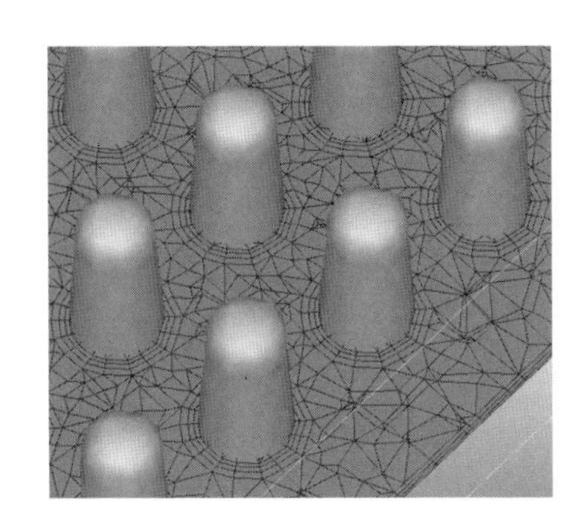

**図8-30**
**メッシュエンハンスメント機能による境界層メッシュ作成**

ができるので、条件設定ミスを防ぎやすくなっています。

**(5) ヒートシンク**

精度よく計算するために、ヒートシンク周辺のメッシュを細かく切る必要があります。

Autodesk CFDは、固体表面近傍に細かい境界層メッシュを自動生成する「メッシュエンハンスメント」機能を備えています（**図8-30**）。

### 8.4.4 検討の流れ

検討目的は、ヒートシンクの冷却性能を向上させ、筐体全体の温度を下げることです。そのために、ヒートシンクへの送風ダクト形状を最適化します。

ユニット全体の解析は負荷が大きいので、まず送風ダクトとヒートシンクの部分的な解析を行い、ヒートシンクの通過流量や温度を把握し、ダクト形状の最適化を行います（ステップ1)。次に、ユニット全体の温度分布を解析し、仕様を満足できるかどうかを確認してみます（ステップ2)。

### 8.4.5 【ステップ1】 部分解析モデルの評価と改良

ヒートシンクの温度を最小化することを目的として、送風ダクトのみの部分解析を行います（**図8-31**)。

初期設計モデルの解析結果（流跡線図）（**図8-32**）を分析すると、ファンへの流入が不均一になって渦が発生していることや、流出した流れがヒートシンクにあたらず壁面に偏ってしまっていることがわかりました。

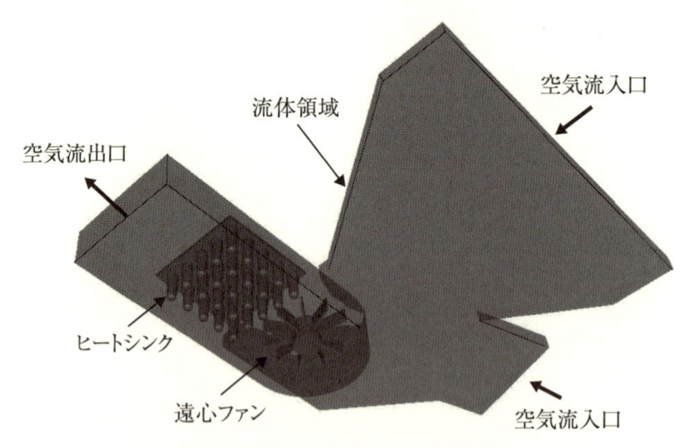


**図8-31　送風ダクトの部分モデル**

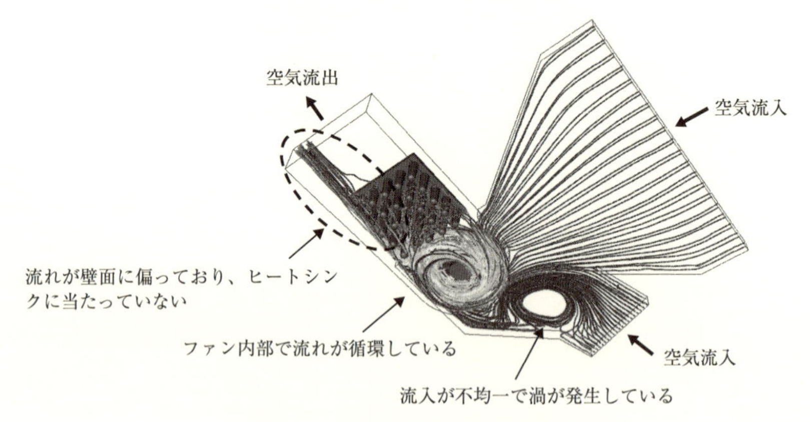


**図8-32　初期モデルでの流れ結果**

そこで、流れを外へ誘導するようケースに段差を設ける形状修正を行いました。また、流れがヒートシンク全面を通過するように、ヒートシンク側の吐き出し口を絞りました（**図8-33**）。

ダクト形状改良後の解析結果（**図8-34**）を確認すると、形状変更により流れが意図どおりに誘導され、ヒートシンクを通過する流れが多くなっていることがわかります。ヒートシンクの温度上昇も初期モデルの+95℃から+43℃まで低減され、放熱能力が大幅に改善されています。

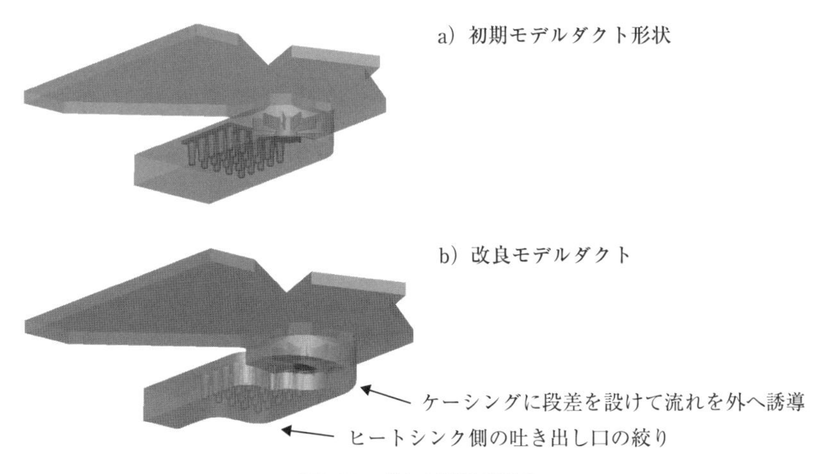


**図8-33　ダクト形状の改良**

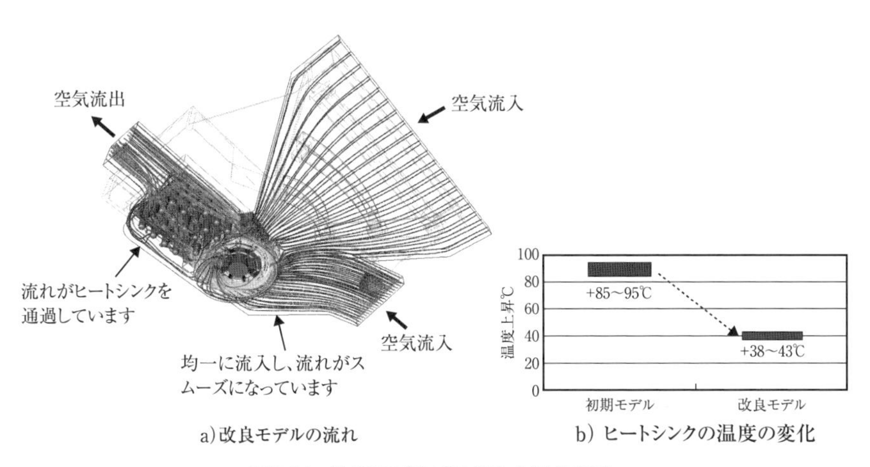


**図8-34　改良モデルでの流れと温度結果**

## 8.4.6 【ステップ2】 全体モデルでの温度分布の確認

部分解析モデルで得られた最適形状を使って、ユニット全体モデルの温度評価を行います。結果の温度分布が**図8-35**です。ユニット全体の温度上昇も38～43℃と5℃の範囲に収まる良好な結果が得られました。

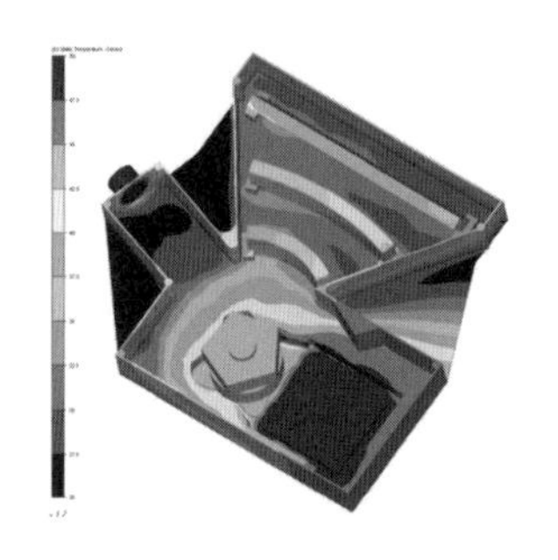

図8-35　モデル全体の温度結果

以上、スキャナーユニットの事例を通じて、Autodesk CFDを用いた熱対策事例を紹介しました。この事例のように、まず小規模なモデルで部分最適を行い、その結果を全体モデルに組み込んで検証するというステップを踏むことで、効率的な解析ができます。

# 8.5 FloEFD

## 8.5.1　概要

FloEFDは設計者を想定ユーザーとする設計検討のための汎用熱流体解析ツールです。設計者が作成した3次元CADデータのインポートや設計者が使用する3次元CADへのアドインが可能です。設計者が使用する3次元CADに環境を統合することで、設計の初期段階におけるデザインスタディを実現し、コストの削減や設計品質の向上を目指します。

このソフトは汎用熱流体解析ソフトなので圧縮性流体や非ニュートン流体、複数流体の解析が可能です。電子機器、自動車（電装品・吸排気系・車内空調）、産業機械、環境・空調など広範囲な分野の熱流体解析に適用することができます。

追加オプションとして、プリント基板や電子部品の解析に便利なエレクトロニクスオプション、室内空調解析のためのHVACオプション、燃焼・極超音速流を解析するためのアドバンストオプション、LEDの熱設計に必要なふく射モデルやモデル簡易化機能が揃ったLEDオプションがあります。これらを

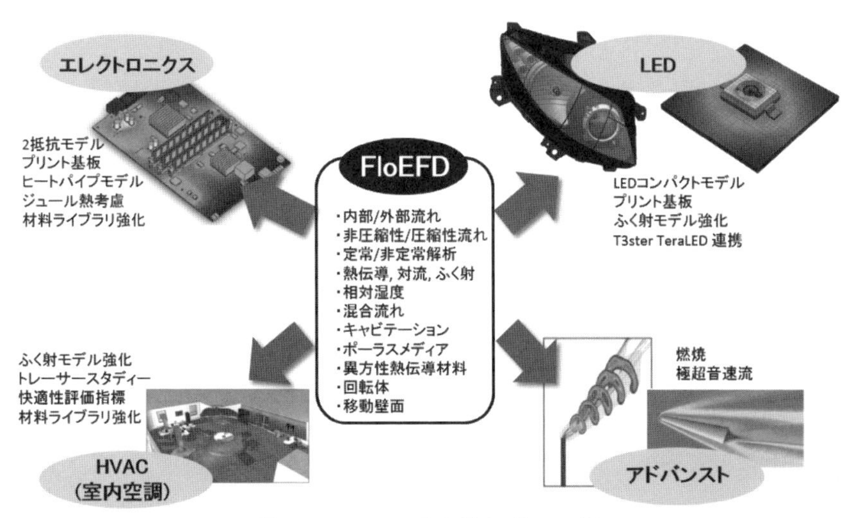


図8-36　FloEFDと各種オプション例

追加することで、解析機能や材料データベースが強化されます（**図8-36**）。

## 8.5.2　3次元CADアドイン

FloEFDは3次元CADのSOLIDWORKS、Creo Parametric（Pro/ENGINEER）、NX、CATIA V5（**図8-37**）にアドインされ、解析に必要な操作メニューが全て3次元CADに組み込まれます。設計者が利用する3次元CAD上で、モデリングから解析まですべての操作ができます。同一操作環境のため、短期間で操作の習得が可能です。スタンドアロン版ではIGES、STEP、ACIS、

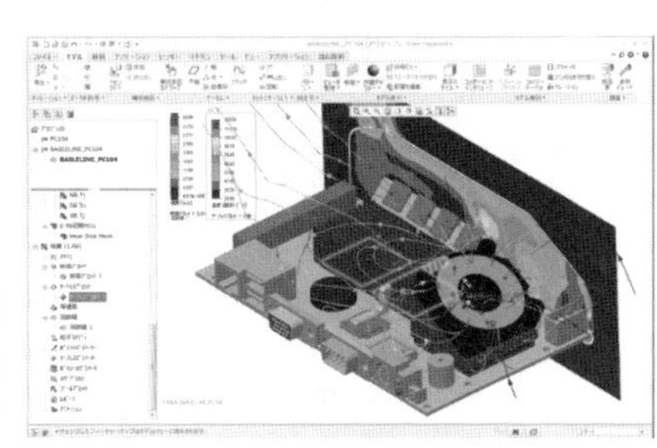

図8-37　CATIA V5アドイン（左）とCreoアドイン（右）

Parasolidなどの CADフォーマットを経由してCADデータを取り込むことが可能です。

### 8.5.3 自動メッシュ

設計者が作成した3次元CADデータをそのまま解析に使用するには、複雑な3次元形状を認識できるメッシュ分割技術が不可欠です（**図8-38**）。FloEFDはメッシュ生成の安定性に優れる直交格子をベースに、曲面形状や薄板形状にリファインセル、カットセルを使い分けます。設定するのはメッシュ分割レベルのみで、自動で複雑な形状を効率的に分割します。それぞれのセルの種類について次に解説します。

**① リファインセル**

部品の形状に合わせ、セル（要素）単位で再分割します。**図8-39**の左図がリファインセルの例です。メッシュの分割レベル（1〜8）を設定すると、自動的にモデル形状に合わせたメッシュの再分割が行われます。隣り合うセルの頂点を一致させる必要がなく、局所的に必要な部分だけメッシュを作成するので無駄なメッシュ分割をせずに済みます。また特定の部品毎、領域毎にメッシュの分割レベルを変更することもできます。

**② カットセル**

直交格子では表現が困難な曲面形状をメッシュ分割するために、カットセルと呼ばれる手法を使用しています。カットセル法では、各セルの内部に

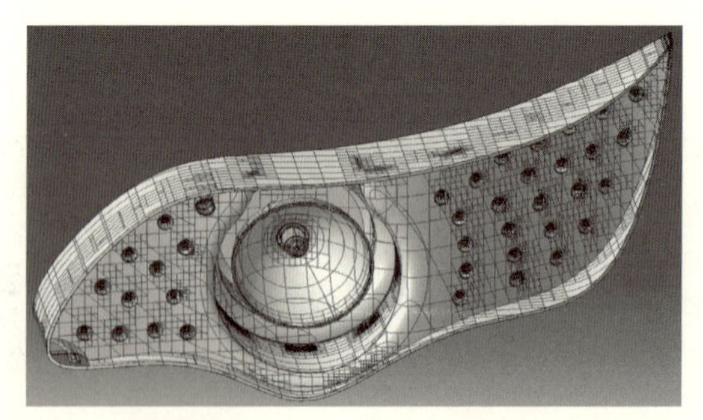

**図8-38　複雑形状のメッシュ分割（自動車のヘッドライト）**

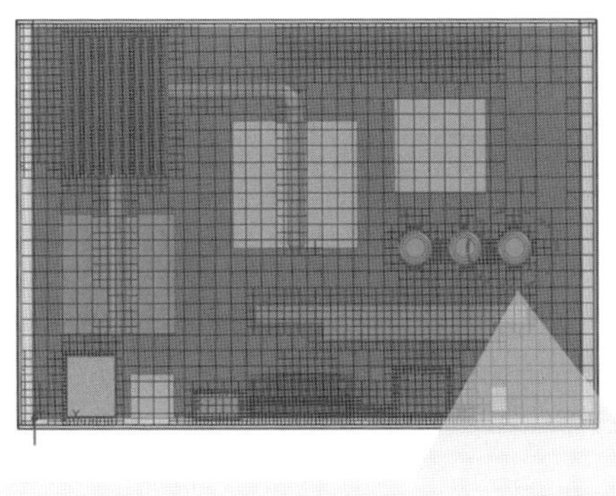

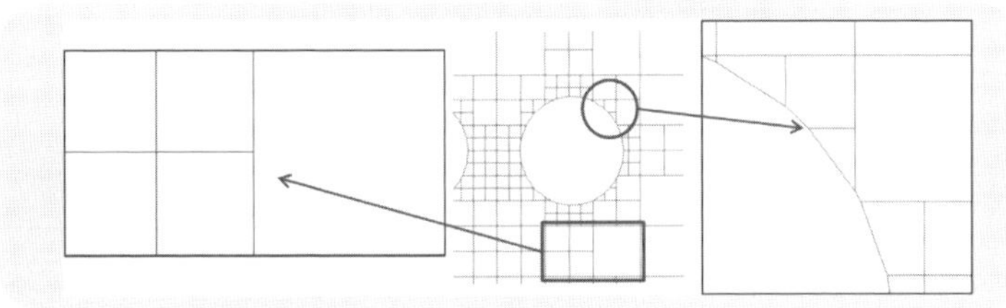

図8-39　リファインセル（左）とカットセル（右）

含まれる固体の形状を識別し、固体と流体の境界面に沿って、セル内部を分割します。これにより曲面形状が正確に再現されます。図8-39の右図は曲面に対するメッシュ分割です。円筒の境界面でセルが斜めに分割されています。この手法を使うと曲面の表現のために膨大なメッシュを分割する必要がありません。

### 8.5.4　パラメータスタディ

解析条件や形状のパラメータ（媒介変数）を変えて解析を実行し、最適な条件や形状を導く手法に「パラメータスタディ」があります。FloEFDでも、複数の条件によるパラメータスタディができます。

**図8-40**は、パラメータスタディを行うまでのフローです。ここでは解析に使用するほぼ全てのパラメータを変更できます。最初に条件を指定し、複数のパターンを自動で連続計算します。

多くの組み合わせ計算を行う場合には、ネットワークソルバ機能を利用して、

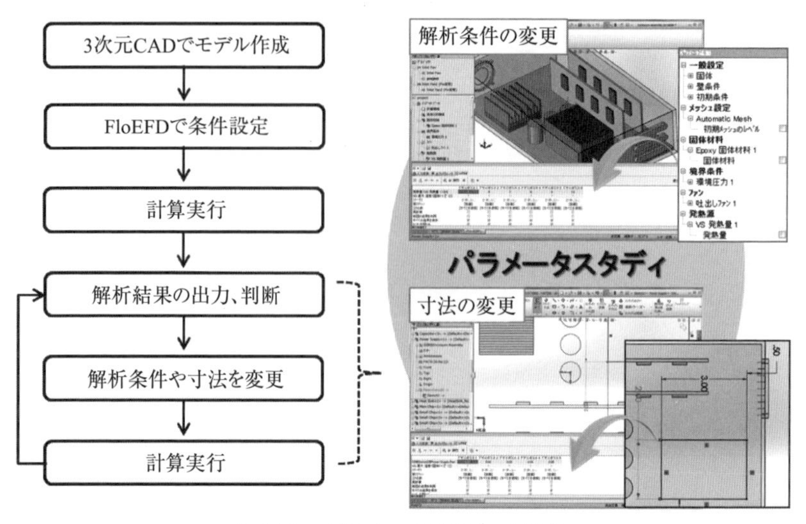


図8-40　パラメータスタディの実行

ネットワーク上の他のPCに計算させます。これにより迅速な計算が可能です。

## 8.5.5　T3Ster TeraLED　との連携

LEDオプションを追加すると、T3Ster TeraLED（10.7.4参照）で測定したLED発光効率の温度依存特性、内部熱抵抗、熱容量を解析に使用できるようになります。T3Ster TeraLEDで測定したデータをインポートし、LEDの動作電流を入力します（**図8-41**参照）。

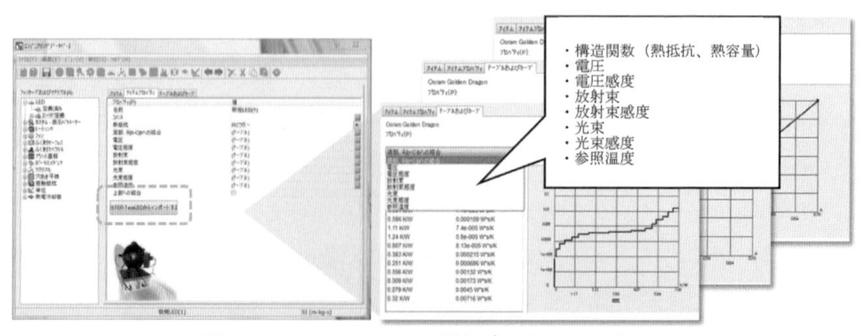


図8-41　T3ster TeraLED測定データのインポート

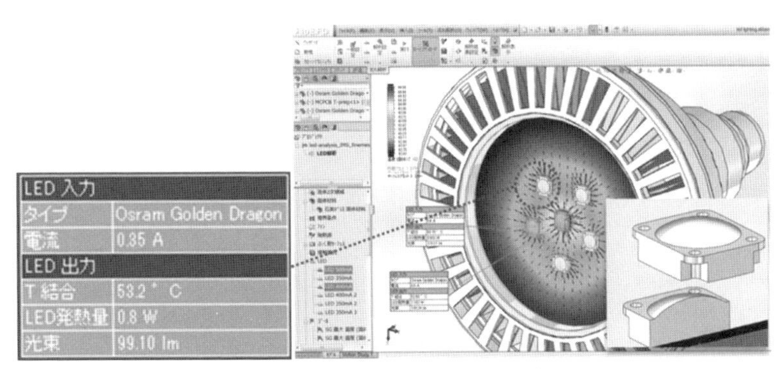


図8-42　FloEFDによるLEDの解析

**図8-42**に解析結果を示します。LEDパッケージは、単一のコンポーネントとして作成します。チップやワイヤ、ケースなどの詳細形状表現は不要で、インポートしたデータによって等価な特性が定義されます。解析の結果として、LEDパッケージの発熱量、ジャンクション温度、光束を取得することができます。

このようにT3Ster TeraLEDとの連携により、実際のLEDの特性に基づいた、正確な温度を予測できます。自動車のヘッドライトや街路灯などのLED製品に応用可能です。

# 8.6 NX Electronic Systems Cooling

## 8.6.1 概要

NX Electronic Systems Cooling（以下NX ESC）は、汎用CAD/CAM/CAEプラットフォームであるNXに統合された電子機器用パッケージで、汎用ソフトウェアであるNX Thermal（熱解析）とNX Flow（流体解析）の機能に加え、主要な電気系CADシステムと連携を行うNX PCB.xchangeやファン特性データライブラリなどを備えています。

また、NX ESCをTeamcenter（チームセンター：製品情報管理システム）に統合し、解析データを製品データのひとつとして管理することで、プロダク

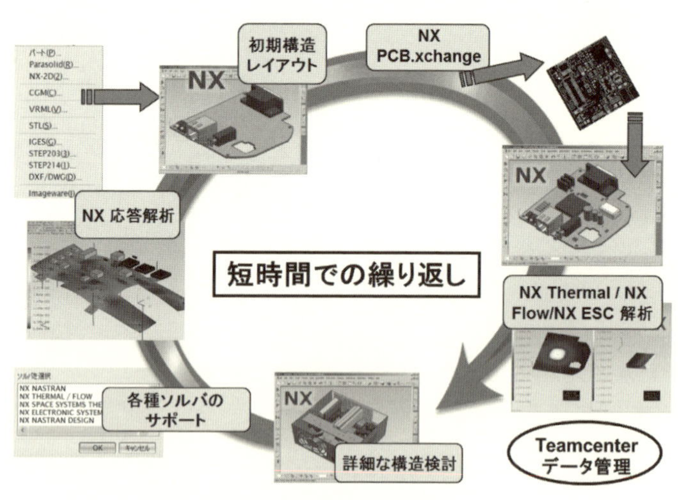


図8-43　NXでのワークフロー

トライフサイクルマネージメント（PLM）環境を構築することができます（**図8-43**）。

ここでは、NX ESCの主な特徴について説明します。

## 8.6.2　機構設計者と基板設計者との連携機能

設計された回路をプリント基板に実装する設計プロセスでは、機構設計者と回路・基板設計者が共同で作業を進めます。各設計者間では、構造部品や回路レイアウトなどの情報のやり取りのサイクルが繰り返されながら設計が進行することになります。

NX ESCが備えるNX PCB.xchangeは、電気系CADの標準中間フォーマット「IDF」(Intermediate Data Format)を使用してデータの入出力が行なえます。

プリント基板の部品配置データは、基板CADからNXのアセンブリへマッピングされ、基板形状、禁止領域、ドリル穴、プリント層、部品サイズや搭載方向、搭載位置などが受け渡されます。部品形状は、フットプリントから指定された高さで押し出し、NXの「アセンブリコンポーネント」として作成されます。詳細な部品モデルがNXライブラリに格納されていれば、その部品を呼

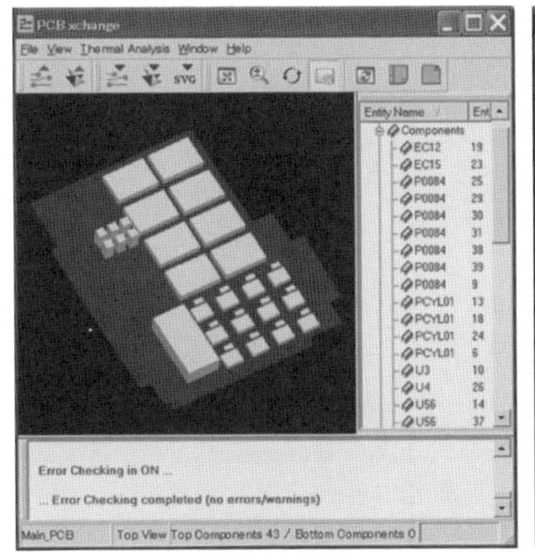


単独ウィンドで
IDFファイルの更新情報の確認

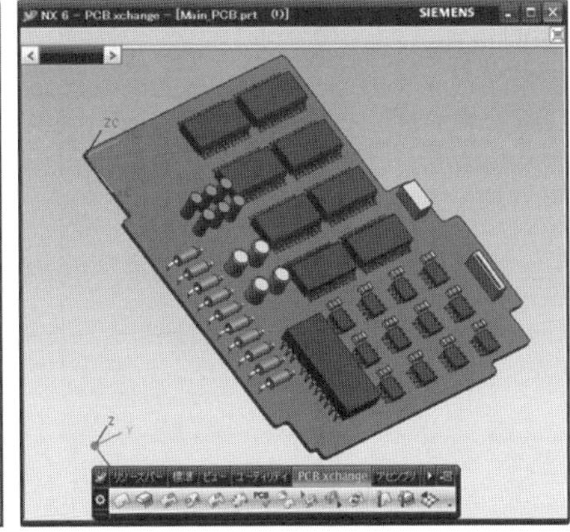


NXへの形状更新情報の反映

**図8-44　NX PCB.xchangeでの読み込みとNXへのマッピング**

び出すことで3次元モデルを自動作成できます。また、NXで修正した情報を基板CADデータとして出力し、基板設計者へ最新情報を渡すこともできます(**図8-44**)。

## 8.6.3　CADデータを使った解析モデルの準備

NX ESCはNXの統合CAD/CAM/CAE環境下で同一ユーザーインターフェイスのCAD機能を活用して、熱流体解析を行うことがでるのも大きな特徴です。

例えば、3次元CADデータを元に流体領域を作成するには、開口部に面を作成して塞いだり、履歴を削除して閉じたボリュームを作成したりと面倒な作業が必要です。NXでは「シンクロナステクノロジ」により、作成したCADシステムやモデルの履歴に影響されず、面を削除するコマンド1つで、穴をふさぎ内部流体ボリュームを作成します(**図8-45**)。そして、CADモデルに含まれる熱流体解析に不要な微細形状は、形状クリーンナップ機能により、サイズを指定することで自動除去できます。

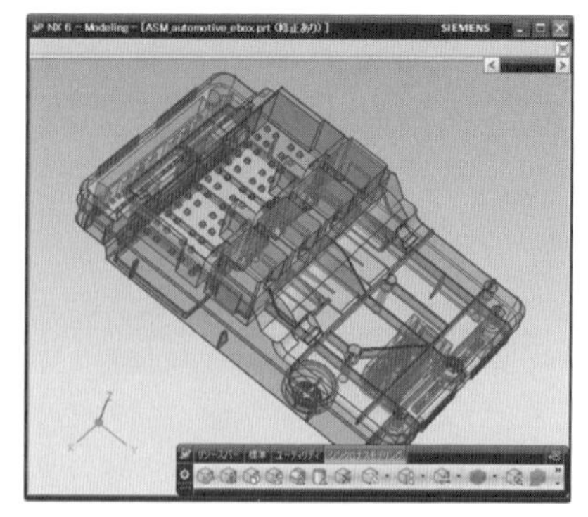

ケースの外側の面を削除して、流体領域のボリュームを作成

**図8-45　流体領域の作成**

## 8.6.4　部品間の熱伝達定義（熱カップリング）

モデル形状作成後は、熱流体解析に必要な情報を形状ベースで設定します。BGAのはんだボールなどの微細形状を忠実に表現すると解析規模が増大し、メッシュ品質も悪化します。このような微小構造物は「熱カップリング」とよばれる手法を使用して等価モデルに置き換えます。2つの部品の節点が共有されないと、その部品間は断熱とみなされますが、熱カップリングを用いると、オブジェクトが接する境界面間の材料物性や厚さを考慮した熱抵抗を定義できます。

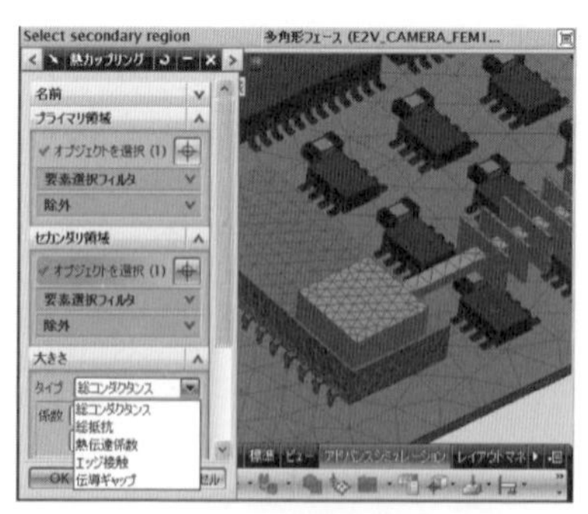

ICの上面とヒートパイプの底面間に熱カップリングを設定

**図8-46　熱カップリングの設定例**

熱カップリングは接触熱抵抗や部品の接続端子、熱伝導シートなどの定義に使用できます（**図8-46**）。また、離れたオブジェクト間には「放射熱カップリング」を定義し、サーフェイス間の単純な放射をモデリングすることができます。

### 8.6.5　熱放射計算の設定

電子機器のファンレス、密閉化や基板の高熱伝導化が進むと、対流よりも熱伝導や放射による放熱が重要になります。放射伝熱を計算するには３次元空間に配置された物体の位置や形状を正確に表現し、形態係数を求めなければなりません。NX ESCでは、代表的な形態係数の算出方法である「ヘミキューブ法」や「モンテカルロ法」が使用できます。

ヘミキューブ法は、半分に切断された擬似的な半立方体の投影面に形状を投影して形態係数を算出する手法で、CGのレンダリングと同じ手法です。この手法ではOpenGLをサポートするグラフィックカードを活用して形態係数計算を行えるため、非常に高速に処理できます。

モンテカルロ法は、精度のよい計算を行うため、対象製品が光学特性をもつプロジェクターランプなどに有効です。定義した可視光スペクトルからランダムに光線を発し、反射（拡散、鏡面反射含む）、吸収、透過を考慮した光線追跡（レイトレーシング）を行って形態係数と熱荷重を計算します。光線が反射・吸収を繰り返し、消滅するまで計算するため、時間はかかりますが、非一様に照射される光源や、光学特性が重要な場合には有効な手法です。

### 8.6.6　流体領域の取り扱い

流体領域の作成は、手間と時間がかかりますが、NX ESCでは計算実行時にコンポーネントを含まない領域だけに要素分割を行えます。**図8-47**（a）は、筐体内部の立方体ボリュームに流体領域を指定した例です。図8-47（b）に示すように、流体と固体の境界面には、サイズと数を指定して境界層要素を生成することができます。境界層要素の厚みは変化させることができ、境界層の計算精度を向上させます。

なお、オプション機能を使用すると、サーフェイスラッピング機能により、不要な狭い隙間を除去した流体領域が作成でき、局所的な形状再現性も制御することが可能です。複雑な流体領域を単純化し、解析効率の向上が行えます（**図8-48**）。

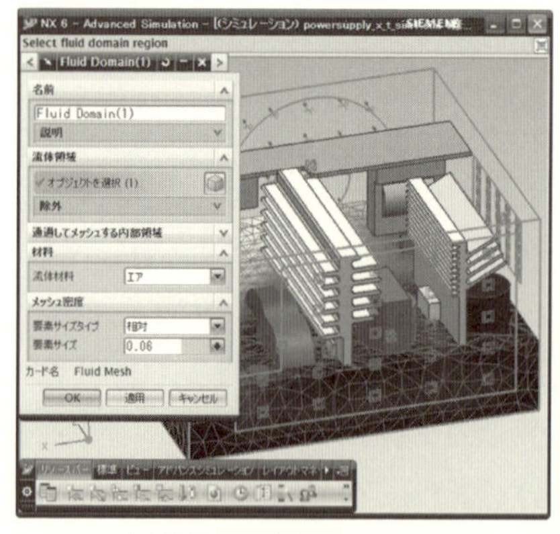

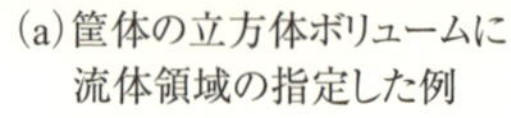

(a)筐体の立方体ボリュームに
流体領域の指定した例

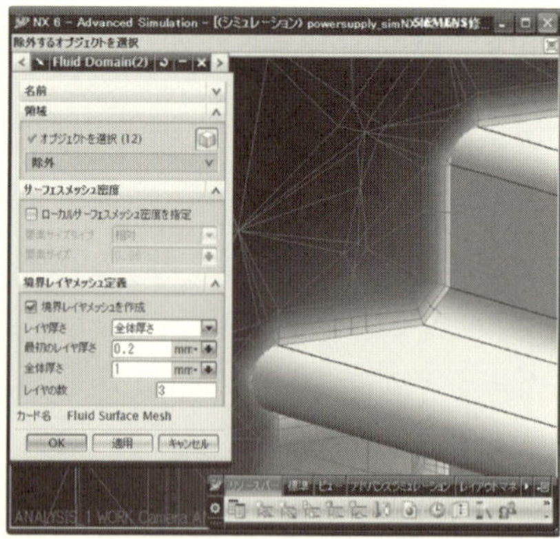

(b)ヒートシンク壁面近傍に
レイヤ要素を生成した例

**図8-47　流体領域の作成例**

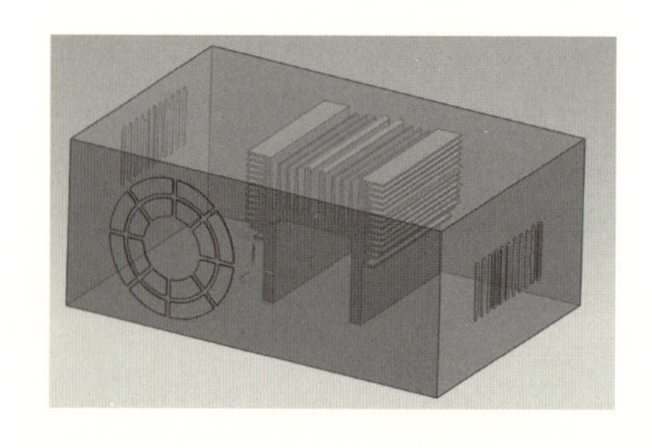

**図8-48**
**サーフェイスラッピング**

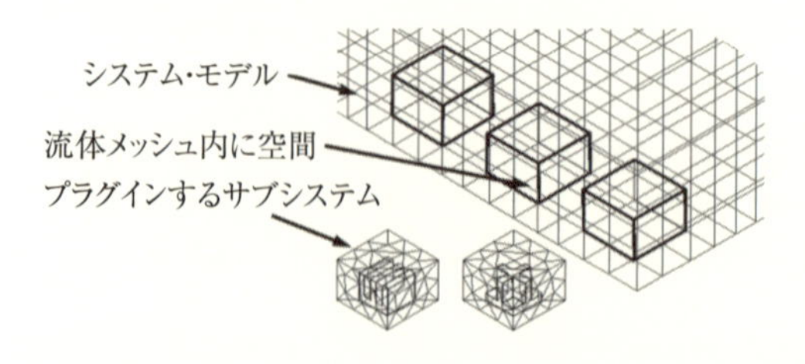


**図8-49**
**不連続流体領域の応用例**

NX ESCでは、メッシュが一致していない不連続な流体領域どうしを連続したものとみなして計算することもできます。**図8-49**に示すように、ヒートシンクと部品をサブコンポーネントとしてメッシュ作成し、メッシュが一致していない装置のモデルに埋め込むことができます。特定領域をアセンブリ部品のように置き換えることで、さまざまな設計案を容易に検討することができます。

### 8.6.7 NXで利用できる連成解析

熱流体解析で得られた温度や圧力の計算結果はNXの構造解析に境界条件として渡すことができます。データ補間が行えるため、流体解析用メッシュと構造解析用メッシュの差異を意識する必要はありません。基板の熱解析結果を用いてNX Nastranではんだの熱応力や基板のそりなどを解析することができます。同じCADモデルから同じユーザーインターフェイスで、構造/応答/機構解析なども行うことができます。

### 8.7.8 解析データの管理

NX ESCの熱流体解析データをTeamcenterの環境で管理することにより、製品データ（3Dモデル）と解析データ（解析モデルや結果）を関連づけて管理できます。

Teamcenterでは、製品情報管理だけでなく、CAEワークフローも管理でき、設計変更や解析依頼の進捗、承認などの業務プロセスをビジュアル化します。

解析に特化したオプションも用意されており、過去の解析事例の検索や確認、形状変更やアセンブリ構成の変更に追従した解析モデルの構成の更新も行えます。

解析結果は、3Dデータビューイング用の軽量フォーマット「JTファイル」を用いて技術以外の部門からも参照でき、解析データを共有することができます。

第9章

# 開発・設計における熱流体解析活用事例

本章では、実際の開発設計段階において、どのように熱流体解析が活用されているかについて、ハイブリッドカーのPCUや、発熱量が高まっている自動車のECU、そして放熱経路に注目したデジカメや電源ユニットの例などを紹介します。

## 9.1 ハイブリッドカーにおける活用事例（株式会社豊田自動織機）

ハイブリッドカーでは、駆動用の電動モータの制御にPCU（Power Control Unit）と呼ばれる電力制御装置を搭載しています。PCUはハイブリッドカーの電力損失の多くを占めており、特にパワー半導体の冷却が重要な課題です。

3代目プリウスに搭載されているPCUの冷却器は独自の構造を採用する事で熱抵抗を大幅に低減し、その結果PCUの小型化に大きく寄与しています。ここでは3代目プリウスの熱流体解析事例を紹介します。

### 9.1.1 PCUの冷却器

PCUにはパワーモジュール・昇圧リアクトル・DC/DCコンバータなどの発熱の大きな部品が内蔵されており、それらの熱をPCUの外部に排出するために冷却器があります。冷却器は水冷であり冷却器の中の水路に冷却水を流す事で部品から放出する熱を冷却水に伝え、PCUの外部に排出しています（**図9-1**に外観を示す）。

冷却器の上面にはパワーモジュール内のパワー半導体素子が直接搭載され、下面には昇圧リアクトルとDC/DCコンバータが配置されますので、1つの冷却器でPCU内の高発熱の3部品を一度に冷却しています。

パワー半導体素子を直接冷却するためにセラミック基板とヒートシンクを一括でアルミろう付けした構造は世界初となります。

a)PCU外観

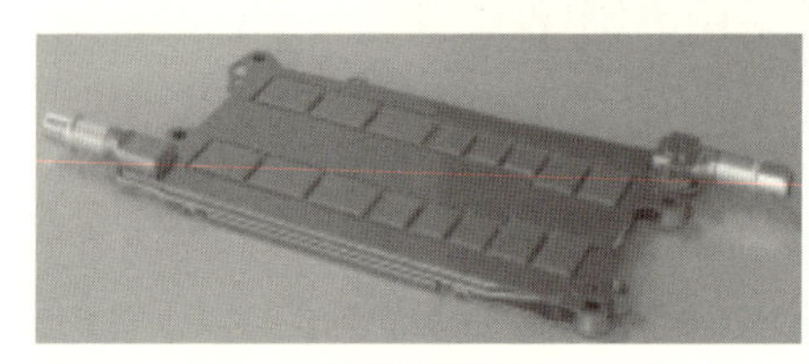

b)冷却器外観

c)冷却器とパワーモジュール

**図9-1　3代目プリウスに搭載されているPCU**

## 9.1.2　従来品との構造比較

従来のパワー半導体素子の冷却構造はセラミック基板をヒートスプレッダにはんだ付けし、アルミダイキャスト製の水路にシリコングリスを介在して放熱していました。シリコングリスを介在する理由はアルミと半導体の線膨張差を吸収するためです。しかし、シリコングリスは熱伝導率がアルミや銅といった金属と比べ、約100分の1と小さいため、セラミック基板をヒートスプレッダにはんだ付けし、放熱面積を大きくする必要がありました。

今回の構造はシリコングリスとヒートスプレッダを省くことで冷却性能を格段に向上させ、小型・低コスト化を実現することを目指しました。そのためには熱膨張係数差によって発生する応力を緩和する必要があり、セラミック基板の下にアルミ製の緩衝材を挿入し、緩衝材の形状を最適化することで応力緩和を実現しました（**図9-2**）。

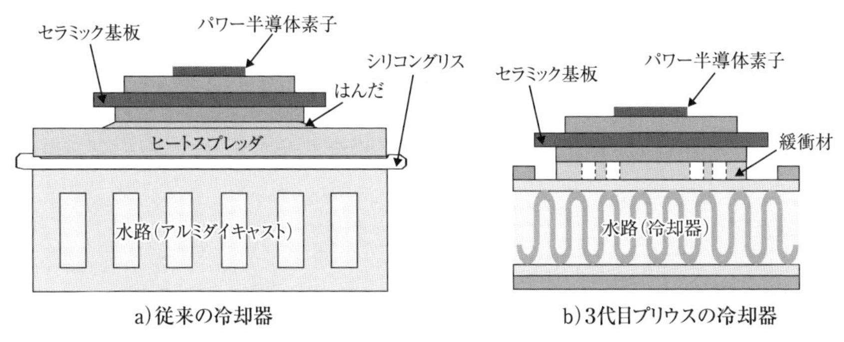


**図9-2　冷却器の断面構造**

## 9.1.3　緩衝材の形状最適化

緩衝材に穴を開けることでセラミックスとアルミの熱膨張係数を吸収し、歪振幅を小さくすることが可能となりますが、放熱経路に穴が開くことによって放熱面積が狭くなり熱抵抗が増加します。つまり、緩衝材の開口率には歪振幅と熱抵抗のトレードオフの関係があるといえます（**図9-3**）。これらの関係を最適化して適正な構造とするため、熱流体解析および、熱応力解析を使用し、短時間で実現しました。

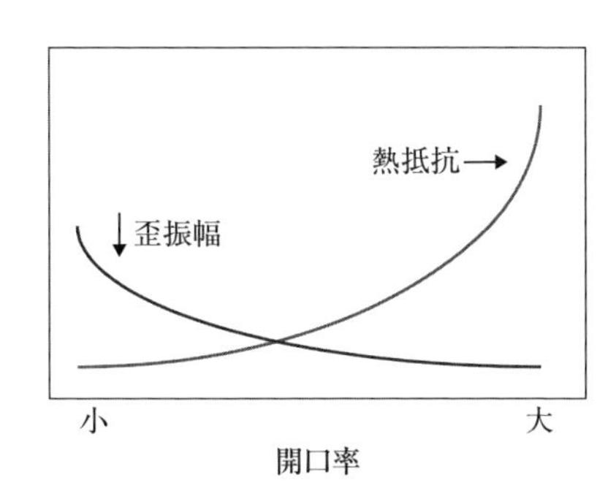


**図9-3**
**緩衝材の開口率と歪振幅・熱抵抗の関係**

### 9.1.4　シミュレーションモデルと解析条件

信頼性規格を満足するためには、歪振幅を穴なし形状と比較し、15%下げる必要がありました。そこで、歪振幅が規定の値以下であり、かつ熱抵抗が最も小さくなる穴の大きさと配置を求める必要がありました。そのため、応力解析及び熱流体解析を連成させて緩衝材の最適形状を求められないか検討しました。

解析を実施する前に、穴の配置禁止エリアと穴の大きさを決め、パラメータ条件の絞込みを行いました。今回の構造の放熱経路は縦方向が主流となります。このような構造の場合、パワー半導体素子の中心部が周辺部より温度が高くなります。そこで、パワー素子の中心部の直下は穴配置禁止エリアとしました。また、穴の大きさは大きいほど温度分布にムラができ放熱性能が悪くなります。しかし、小さい穴を開けるためにはドリル加工が必要となり、加工コストが増加します。緩衝材の製作方法はプレス加工を採用する予定でしたので、穴の大きさはプレス加工で打抜き可能な最小サイズとしました。

解析モデルを作成するときの重要な要素の1つにメッシュ作成があります。また解析の種類によって、解が収束しやすいメッシュ形状があります。連成解析は複数の解析を1つのモデルで実施するため、1つの解析に適したメッシュを作成すると他方の解析が収束しなくなる場合があります。今回の解析での注目点は、緩衝材の歪振幅とパワー半導体素子－冷却水間の熱抵抗です。これを考慮して、パワー半導体から冷却器の上面までは構造解析に適したメッシュ、冷却器は熱流体解析に適したメッシュを作成しました。また、今回のモデルで形状を変更するのは緩衝材のみでしたので、緩衝材と接触するセラミック基板の底面及び冷却器の上面のみを切出せるモデルとし、モデル変更時は切出した部分のみ再メッシュする手法をとりました。

最適化の条件は「規定値以下の歪振幅かつ最小熱抵抗」ですので、まず応力解析を実施して均熱時の歪振幅を計算します。次に歪振幅が規定値以下になったモデルに対し熱流体解析を行います。ここで得られたモデル全体の温度分布を元に再度応力解析を実施し、条件を満足するか確認しました（**図9-4**）。

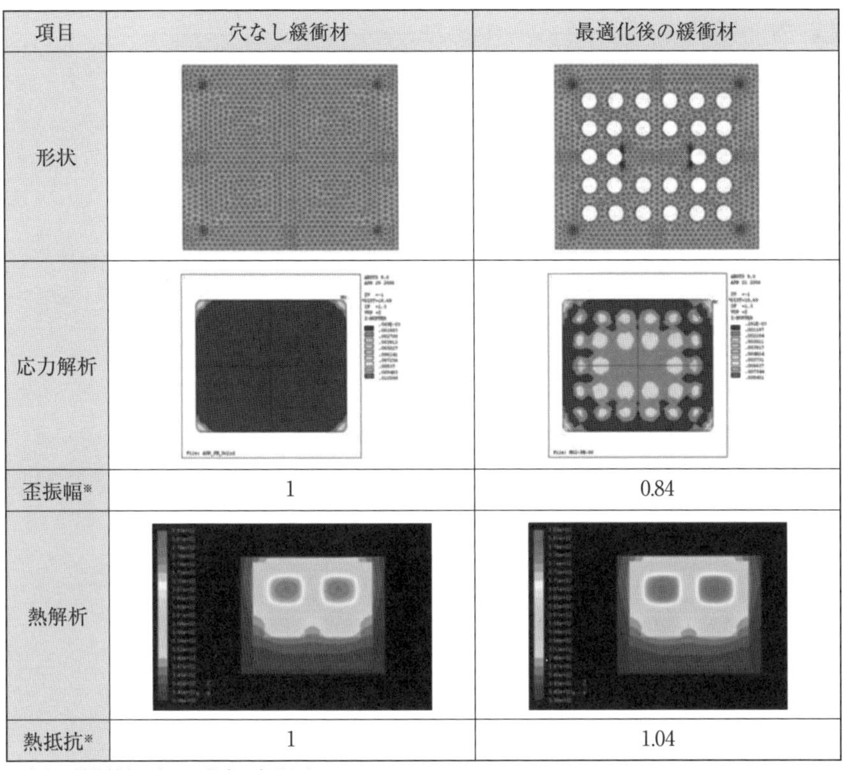

| 項目 | 穴なし緩衝材 | 最適化後の緩衝材 |
|---|---|---|
| 形状 | | |
| 応力解析 | | |
| 歪振幅※ | 1 | 0.84 |
| 熱解析 | | |
| 熱抵抗※ | 1 | 1.04 |

※穴なし緩衝材を１として比率で表現した。

**図9-4　穴なし緩衝材と最適化された緩衝材との比較**

## 9.1.5　まとめ

最終的に、熱抵抗の上昇は穴なし形状と比較して4%に抑え、歪振幅は16%低減できる緩衝材形状が見つかりました。また、その形状で試作し、各種信頼性試験を実施したところ、全ての信頼性試験で合格となりました。

3代目プリウスの冷却器は従来品と比較し、コスト・体格・重量で2分の1以下を目標として開発しました。直接冷却という独自の構造を採用することで、ヒートスプレッダやシリコングリスなどを省くことが可能となり、結果としてコスト50%減、体格63%減、重量80%減を実現し、3項目全てで目標を達成できました。

## 9.2 ECU設計におけるCAEの活用（株式会社デンソー）

最近の自動車では、アクチュエータの高制御化や、部品の小型化に伴い、エンジンコントロールユニット（以下ECU）の発熱量・発熱密度が増加し、放熱が課題となっています。設計上流工程で、高精度な熱解析を行い、信頼性を保証することが重要になっています。

ここでは、ECUの熱設計の事例を通じて、熱流体解析の利用ノウハウや、素子レイアウトの最適化技術について紹介します。

### 9.2.1 「解析予測の高精度化」が必要な背景

設計段階では損失（発熱量）の把握が困難なため、試作して熱対策を行うのが従来の熱設計の流れでした。

回路設計、アートワーク、素子配置を経て筐体を設計し、試作品を動作させて初めて損失を測定していました。

この手順だと、例えば試作段階でECUのアクチュエータ駆動素子のジャンクション温度が保証値を超えた場合、筐体での追加熱対策を強いられ、コストUPにつながります。

これを変えるには構想段階での熱設計や手戻りの削減（いわゆるフロントローディング化）が必要ですが、そのためには解析に使用する入力情報の高精度化、技術やデータの蓄積・活用環境の整備、設計ツールの拡充が必要になってきます。

解析の精度は「入力情報の精度」と直結します。物性値や発熱量を正確に把握して、モデルに与えることが解析精度に最も重要です。実験値と解析の乖離を10%以内に抑えたいのであれば、発熱量や物性値を10%以内に抑えなければなりません。

### 9.2.2 高精度な解析モデル作成のためのポイント

高精度な解析モデルを作成するためのポイントを説明します。

### （1）素子の消費電力の測定

例えば、FET（Field Effect Transistor）の温度は、消費電力を2Wから2.1Wにしただけで、3℃程度上昇します。ICやFETなどの能動部品の消費電力測定は厄介ですが、解析精度向上のためには「消費電力（発熱量）を正しく入力すること」が何より大切です。消費電力は、大きく分けて、ドレイン－ソース間のOn抵抗損失によるものと半導体On、Off時に発生するスイッチング損失(2つ)になります。この3つの損失を丁寧に検証しないと、正確な値は把握できません。

スイッチング損失の計算方法は、オシロスコープの波形演算（MATH）の機能を利用して、OnとOff時それぞれの電圧と電流を積算します。**図9-5**のように、OffからOnへ瞬時に切り替われば、スイッチング損失は少なくてすみます。しかし、急激に切り替われば、ノイズが発生しやすくなります。このように熱とEMCは、トレードオフの関係になり、発熱だけを考慮することはできません。熱とEMCのバランスが重要になります。

FET（2SK3484）を例に机上計算と実測から損失（発熱量）を算出する方法について説明します（**表9-1**参照）。

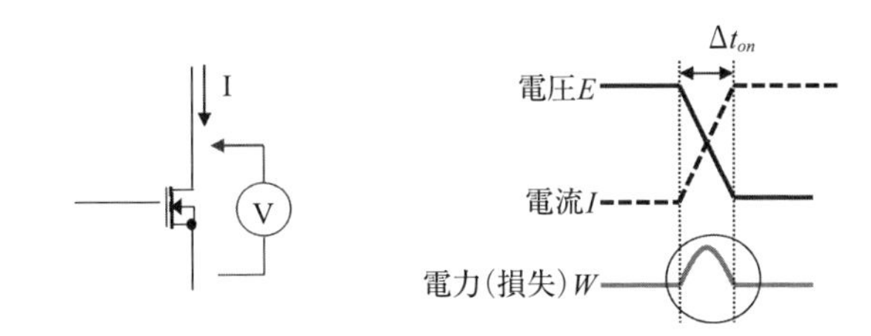


**図9-5　スイッチング損失**

**表9-1　机上算出と実験値の発熱量乖離**

| FET（2SK3484）<br>$I_D$：2.7A　On-Duty：45%<br>時の計算例 | データシートから机上算出 | | 作動時の測定値 |
|---|---|---|---|
| | Typ. | Max.(worst) | |
| On 電圧（V） | メーカー保証値なし | | （Ave.0.42V） |
| On 抵抗（Ω）※ | 0.111Ω | 0.148Ω | — |
| On/Offスイッチング損失（W） | メーカー保証値なし | | 0.99W |
| 損失（W） | 0.36W | 0.49W | 1.50W |

※$I_D$：8A $V_{GS}$：4.5V

まず、メーカーのデータシートより、On抵抗を確認します。Typ（典型値）は0.111Ω、Max.は0.148Ωとなっているので、損失Wは、$2.7^2$A（$I_D$）×On抵抗×(45%) duty比で計算し、それぞれ0.36、0.49Wとなります。

作動時のOn電圧はオシロスコープの測定から0.42Vが得られたので、損失は2.7A（電流）×0.42V（電圧）×45%dutyより0.51Wとなります。On/Offスイッチング損失がオシロスコープの波形演算により0.99Wであったため、素子全体の損失トータルは1.50Wとなります。

このように机上計算だけでは算出できない項目があるため、データシートによる計算値は実発熱量とは乖離します。この例では1Wの乖離があり、実測と解析の差が10℃程度発生します。また、この素子の駆動周波数が速くなるほど、スイッチング損失は多くなります。

こうしたことから、解析の高精度化には、動作時の損失を正確に測定する技術が重要となります。

新しい製品の開発においても、変更がない回路部分は一度測定した損失値をベースとして流用します。また新規の回路や部品はバラック基板を組み立てて、消費電力を測定します。

### （2）熱伝導率の測定

モデルを構成する材料の物性値は、部材のデータシートに標準値が掲載されていますが、正確でない場合も多く、重要な構造部材については測定する必要があります。

例えば、筐体によく使用されるダイキャスト（ADC12）の熱伝導率は、材料物性表などに92～96W/(m・K) などの値が掲載されています。しかし、鋳造メーカーごとにアルミインゴットの成分が少しずつ異なるため、多くのダイキャスト品の熱伝導率が107～139W/(m・K) の範囲となっています。製品で使用するには、材料の熱伝導率を測定することも解析精度向上には重要です。

### (3) 接触熱抵抗の扱い

ECUでは、電子部品、プリント基板、筐体、車体、空気へと放熱しますが、これらの界面には「接触熱抵抗」が介在します。３次元CADで作られたモデルでオブジェクトの面が一致していると、熱流体解析にインポートしたモデルは「完全接触（接触熱抵抗＝0）」とみなして計算することになります。

しかし、界面には必ず接触熱抵抗が存在するため、これだと温度を低く見積る可能性があります。接触熱抵抗を適切に見積ってモデルに反映しておく必要があります。接触熱抵抗を見積る方法については、7.3に記載がありますので参照してください。

実際の接触面には、「うねり」や締結によって生じる「圧力の偏り」が生じるため、橘の式で見積った値よりも熱抵抗が大きくなる場合があります。

これらを特定するには、接触熱抵抗試験機などを用いて測定し、実験式を立てておくとよいでしょう。

### 9.2.3　解析精度の検証

解析モデルの入力精度と実測値とを対比してみましょう（**図9-6**）。

STEP1は、主要部品の消費電力を最大定格の1/2とし、プリント基板は残銅率と樹脂層厚から等価熱伝導率を計算して入力しています。このモデルでは、温度の絶対値はもちろん、温度分布も実測と大きくかけ離れています。

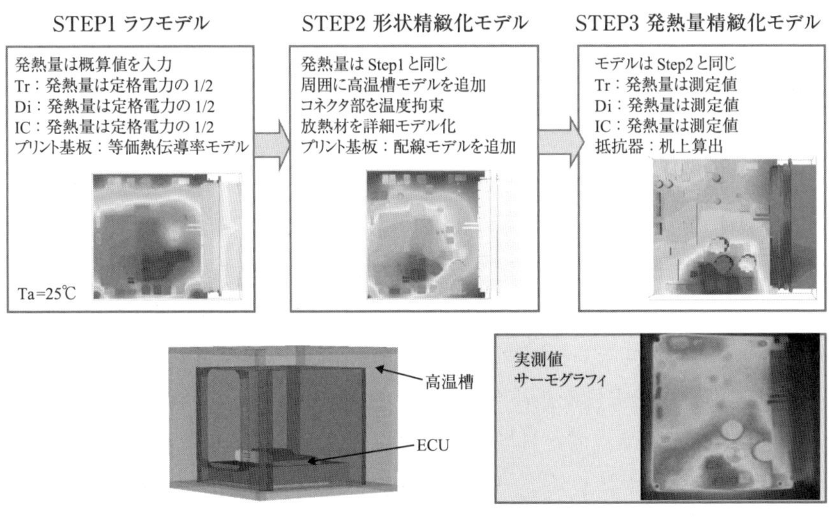


**図9-6　解析の精度**

STEP2では、プリント基板に配線パターンを表現するとともに、基板と筐体間の放熱部材をモデル化しています。また、測定が恒温槽の中で行われることを考慮し、ECUの周りに恒温槽や防風箱をモデル化して実際に即した環境条件としています。

かなり実物に近い形状の精緻化モデルになっていますが、消費電力がラフなため、温度分布は実際とは異なっています。

STEP3では、発熱素子の消費電力に実測値を設定しました。これにより、実験値と解析値の乖離が少なく、温度分布もよく一致するようになっています。

以上のように熱流体解析では、解析モデルの簡略化と、実測との乖離を比較しながら、誤差に関して寄与度の高いパラメータを抑えていくことが重要です。特に消費電力の誤差の影響は極めて大きいため、前述のとおり、実測をベースに値を特定しておく必要があります。

### 9.2.4 最適化手法の活用

最適化とは、任意の目的変数（例えば温度）に対して、適切な設計パラメータの組み合わせを決定するもので、設計品質向上や期間短縮に有効です。しかし、目的や条件が複数あると問題が複雑化するため、最適化ツールと熱解析を連成させて解の探索を行います。ここではプリント基板のレイアウト設計に最適化を用いた事例を紹介します。

＜電子部品のレイアウト最適化事例＞

部品温度の低減を「部品配置の変更」で行うことができれば、コストの増加がありません。温度を下げることのできる最適な部品配置の検討は優先的に行うべき対策です。熱流体解析の精度向上により、プリント基板作製前に熱干渉をチェックし、適切なレイアウト設計を行うことができます。

**図9-7**は、部品の温度を最小化する前の配置です。熱流体解析と最適化ツールを連成させ、部品温度が目標値以下になるようレイアウトを最適化します。もちろん配線処理やノイズ（一定以下の配線長にする）などの制約があるため、図中の表に示すような移動距離制約を与えています。

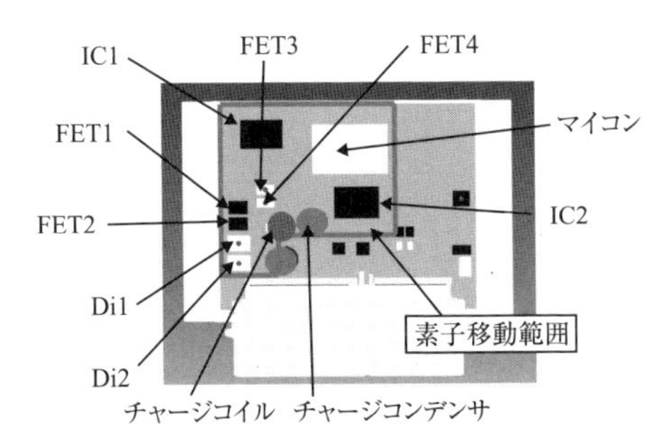


制約条件

| 移動素子 | 11個 |
|---|---|
| 各素子間の距離 | 1mm以上 |
| Di1、2とFET1、2の距離 | 40mm以内 |
| FET3、4の距離 | 20mm以内 |

計算880回

**図9-7　素子レイアウト（最適化前）**

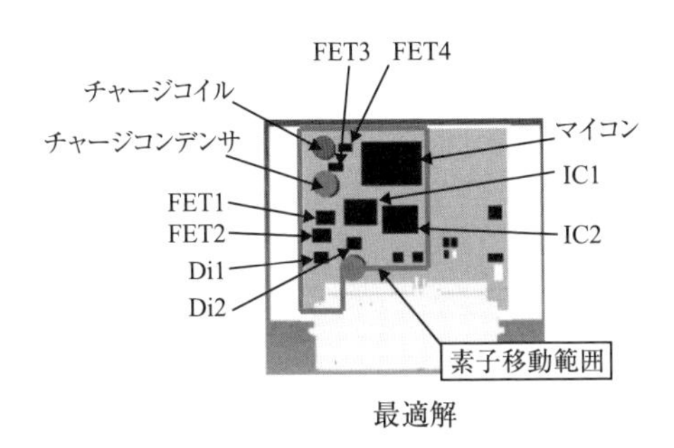


最適化前との温度差

| チャージコイル | −10.8℃ |
|---|---|
| FET1 | −0.7℃ |
| FET2 | −6.1℃ |
| Di1 | −0.6℃ |
| Di2 | −0.5℃ |

**図9-8　素子レイアウトの（最適化後）**

適正な解の候補は複数抽出されるので、設計者がアートワーク経験などに基づいて最適なものを選定します。

**図9-8**は、最適化の結果得られた配置図とその温度低減効果です。

熱的に見たベストが他の要件ではベストではないので、ベターな候補が複数見つかれば設計者にとって極めて有用な情報になります。最終的な設計案は設計者の協議によって決定されます。

## 9.3 設計者向けのカスタマイズシステム「放熱CAEアシスト」の構築（パナソニック株式会社）

### 9.3.1 システム構築の背景

設計者の放熱CAE利用の拡大を目的に、CAE利用が進まない理由を設計者にヒアリングした結果、工数がかかり過ぎる点と予測精度が悪い点が最も大きな阻害要因とわかりました。工数に関しては、複数のCAEを利用している設計者の業務分析の結果、数百から千点を超える部品の材料設定に非常に時間を要していることがわかりました。精度不足に関しては、設計者のCAEモデルを分析した結果、接続部および部品形状に不具合がある場合が散見されました。また、結果の効率的な分析方法を教えて欲しいとの要望も多くありました。

このような問題に対処するため、2009年から放熱CAEアシストを開発し、2013年度4月よりAVC（Audio Visual&Computer）商品に対し全面的に活用しています。

### 9.3.2 システムの概要

開発したシステムは、株式会社ソフトウェアクレイドルの熱流体解析ソフト「熱設計PAC」をベースにして、Excelで構築しています。

具体的な機能としては、

① 解析モデルの完成度向上のための解析メッシュのチェック機能

② 対策案の検討を支援する解析結果の評価分析機能

から構成されています。

**図9-9**はシステムのメインメニューを示します。ここでは、「メッシュチェック」、「材料設定」、「熱流分析」、「要因分析」および「差分分析」の各機能について紹介します。

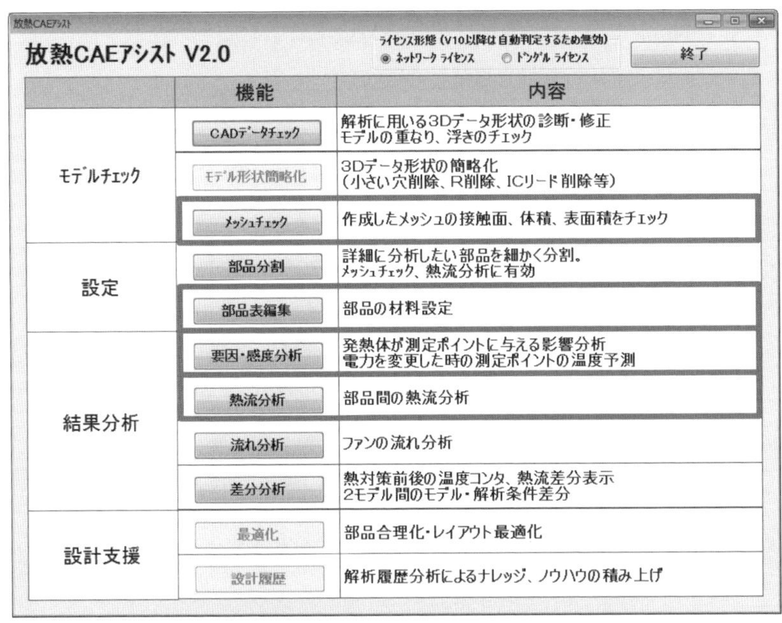


図9-9　CAE強化システムの機能概要（メインメニュー）

## 9.3.3　データ入力の効率化機能

### （1）メッシュチェック機能

解析モデルの品質向上を目的に、解析メッシュとその元となる3次元CADデータとの整合性をチェックする機能です。具体的には、両者の体積誤差、表面積誤差および部品間の接続をチェックします。体積誤差は、熱設計PACに搭載されていますが、表面積誤差および接続チェックは独自開発しました。本機能では、解析モデルの部品間の接続を元の3次元データと照合します。例えば、3次元設計データでは繋がっているのに、解析メッシュでは離れているため、熱伝導が起こらない箇所や、逆に離れているはずなのに、解析メッシュでは連結しており、熱が伝わってしまっている箇所が抽出されます。抽出の結果は、**図9-10**（a）のように接続不良部品リストで表示されます。図9-10（b）は接続不良が発生した事例です。AVC製品は、熱伝導による放熱が主体となるので、

(a)検出部品リスト

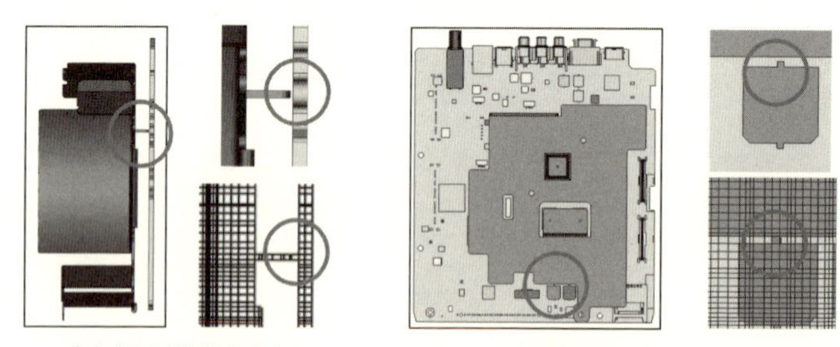

(b)事例(機構部品)　(c)事例(回路基板)

**図9-10　チェック結果、不具合事例**

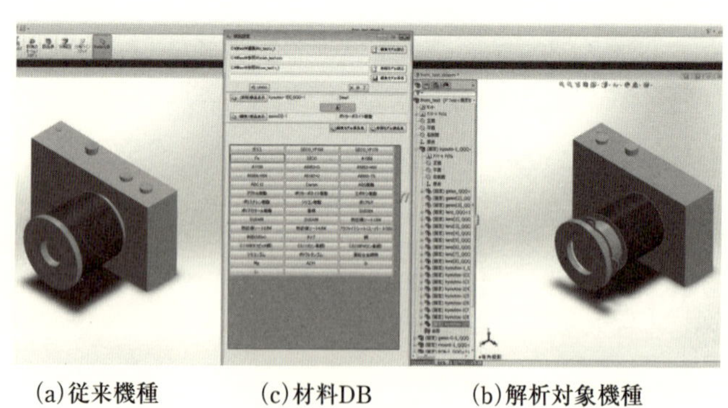

(a)従来機種
材料設定あり　(c)材料DB　(b)解析対象機種

**図9-11　材料設定**

接続部を正しくモデル化することが高精度予測に重要なポイントとなります。

### (2) 材料設定機能

当社では製品全体を丸ごと解析する場合が多く、部品数が数百点から千点を超えることもあります。このため部品の材料設定の時間が解析作業の多くの割合を占めます。この問題を解決するために、過去の機種の設定データを引用して設定効率を上げる「材料特性設定機能」を開発しました。

まずCADを2画面立上げます。第1画面（**図9-11**（a））には参照とする過去機種を、第2画面（図9-11（b））には解析対象を表示します。第1画面から従来機種の所定の部品を選択し、第2画面のこれに対応する部品を指定すると、従来機種に設定されている材料が転写されます。設定は外部から内部に向かって進めます。外装部品の設定から始め、設定を完了した部品は順次非表示になります。表示部品がなくなると設定が完了するため、設定漏れがありません。

## 9.3.4 解析結果の分析機能

### （1）熱流分析機能

熱現象を正しく理解するには、温度分布を見るだけでは不十分であり、部品間の熱の流れを理解することが重要です。そこで、熱経路を熱伝導、対流、輻射に分けて分析する機能を開発しました。**図9-12**はこの機能を使って、解析結果から熱流マップを表示した例です。図中の楕円や鉛筆形状は構成部品を示し

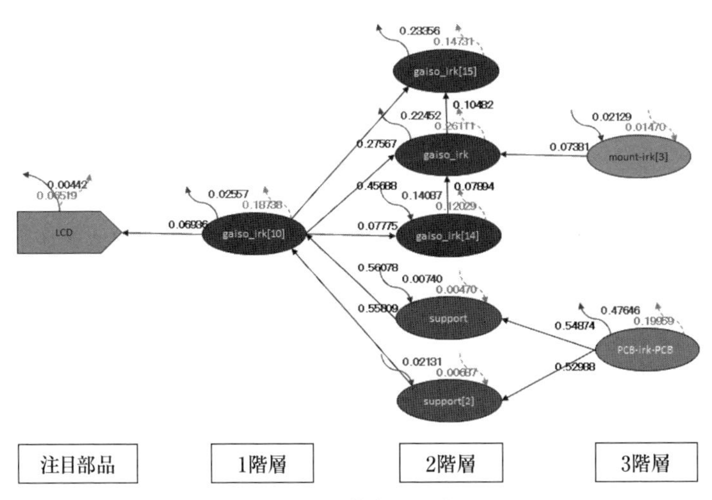


**図9-12　熱流マップ**

**注目部品を中心として熱伝導を３階層まで表示した事例**

ており、名称を表示するとともに、温度に応じて色づけされます。部品間の矢印は、熱伝導による熱移動の方向を、値は熱流量を示しています。部品から空間に向かう実線矢印は対流伝熱を、破線矢印は輻射伝熱を示しており、値は熱流量です。熱流マップを理解しやすくするため、注目部品を中心とした表示階層の指定、2部品間の経路表示の指定など、各種表示フィルターがあります。

**（2）要因分析機能**

基準温度を超えた場所に熱対策を施すには、温度上昇の要因を見つける必要があります。本システムでは、全発熱体を同時に発熱させた際の温度上昇が、個別の発熱体を単独で発熱させたときの温度上昇の合計値で推定できる（重ね合わせの原理）ことを利用して、評価ポイントの温度上昇要因を分析する機能を開発しました。

**図9-13**（a）は、デジタルカメラ（自然空冷）、図9-13（b）は液晶テレビ（強制空冷）の要因分析図（横軸：温度評価点、縦軸：温度上昇値）の例です。例えば、図9-13（a）の撮像素子の温度上昇（破線枠内）は、自己発熱（撮像素子）

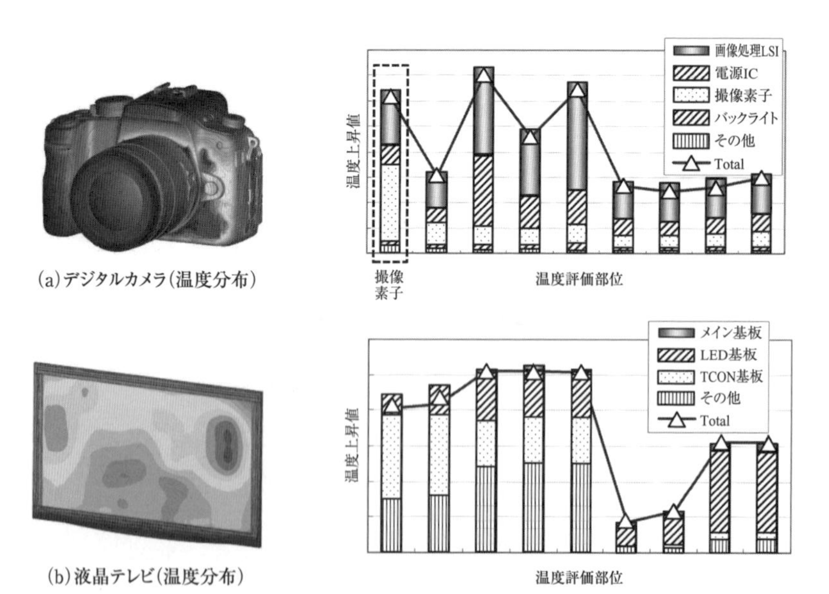


**図9-13　要因分析**

を除くと画像処理LSIが主要因であるため、画像処理LSI・撮像素子間の伝導経路、対流経路、輻射経路に着眼した対策が有効なことがわかります。図中の棒グラフは、発熱素子を個別に単独で発熱させたときの温度上昇結果を積み上げたもの、折れ線グラフは、全発熱体を同時に発熱させた場合の結果です。当社では対策に有効な手段として広く活用されています。

### （2）差分分析機能

製品に対し設計検討を重ねて複数のモデルを作成していくうちに、意図せぬ設定やモデルの変更が紛れ込み、不可解な結果になったり、予想外の現象になったりする場合があります。そこで、2つの解析モデルの情報を比較する「差分分析機能」を開発しました。

乱流モデル、計算領域サイズ、輻射考慮有無などの解析条件に関するもの、部品の追加、削除、部品の形状・位置変更など、形状に関するもの、メッシュの体積・表面積など、解析メッシュに関するものを比較できます。対策前後で不可解な結果が得られた場合、想定以外の変化点が含まれていないかチェックすることで、モデルのミス等の早期原因究明に繋がります。**図9-14**に、本機能の設定画面および分析結果画面の例を示します。品質の高い解析データの管理に有効です。

**図9-14　差分分析結果**

## 9.4 電源ユニットの開発におけるCAEの活用（コーセル株式会社）

### 9.4.1 熱設計の視点からみた電源ユニットの分類

電源ユニットには、自然対流で冷却を行う自然空冷タイプや、ファンを内蔵した強制空冷タイプ、SMD（Surface Mount Device：表面実装）部品をプリント基板上に実装して基板放熱を行うオンボードタイプがあります（**図9-15**）。ここでは、比較的多くの機器で用いられている自然空冷タイプを事例として、電源ユニットのモデル化手法と手順について紹介します。

(a)自然空冷タイプ

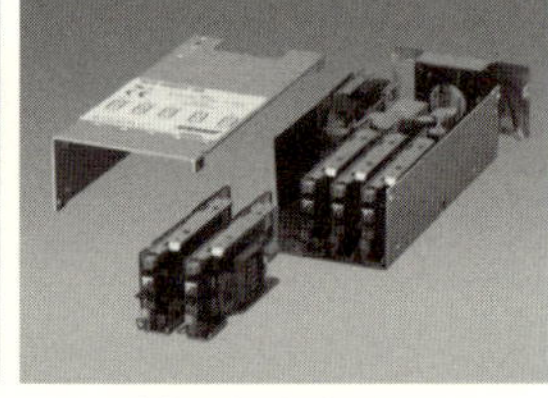

(b)強制空冷タイプ

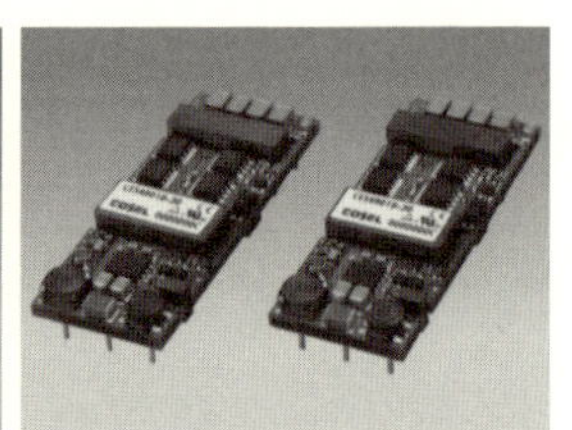

(c)オンボードタイプ

**図9-15　熱設計の視点からみた電源ユニットの分類**

### 9.5.2 熱設計におけるCAE実施の流れ（図9-16）

電源ユニットの開発では、効率（出力電力÷投入電力）の目標を企画段階で定めます。詳細設計段階ではこの目標効率を達成するために、外形・部品コストの制約条件のもと、電気設計と熱設計を同時並行で行います。

**(1) 構成部品の発熱量の目標設定**

電源ユニットは電力変換効率が商品価値を左右するため、ユニットの総発熱量の目標値が開発初期段階で明確に定められます。これをもとに、各構成部品の発熱量の目標値を設定します。このステップでは、おおよその部品配置と回路動作を想定し、回路設計と熱設計の両面から、各構成部品の発熱量配分を決

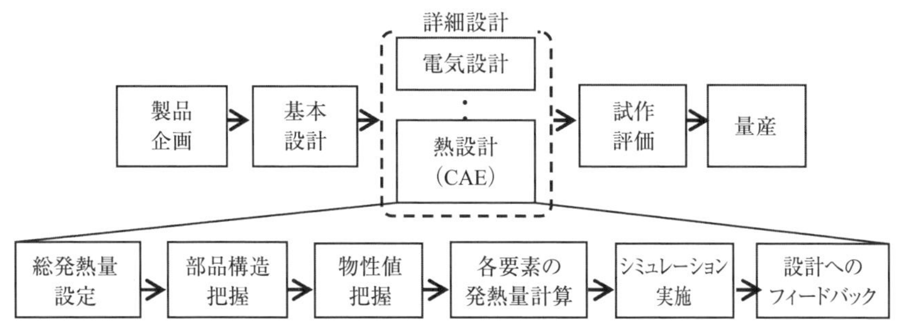


**図9-16　熱設計におけるCAE実施の流れ**

めます。この際、熱回路網法や伝熱基礎式による熱計算と部分シミュレーション（ヒートシンク部のみの解析など）を行います。このステップで、部品温度が高く、発熱量の低減が必要と見込まれる場合には、回路方式の見直しや採用部品の選定見直し（低オン抵抗のMOSFETの選定など）を行います。このようにしてユニットの総発熱量を各部品へどのように配分するかを決めます。

### （2）部品構造の把握

実際の部品構造を放熱経路に着目して把握します（発熱部からヒートシンク、または部品リードまでの構造を理解します）。電源ユニット内部に使用されるトランスや電解コンデンサは、外観は単純な形状ですが、内部は複数のパーツで構成されていますので、部品を分解して使用材料や形状を確認します。

### （3）モデル化方法の検討

次に各部品を熱流体解析ソフトにどのように入力するか、"モデル化"方法を検討します。このとき、部品モデルを構成する各パーツの物性値（定常解析では熱伝導率と表面放射率）を文献などから調べます。モデル化方法が決まれば、モデルを構成する要素の発熱量計算を行います。1つの部品を複数のパーツでモデル化する場合には、パーツごとに発熱量を見積ります。

熱流体解析ソフトには豊富な機能が備わっていますが、対象部品の形状と熱物性値、発熱量を正しく把握しない限り、正しい結果を導くことはできません。

### 9.5.3 電源ユニットの熱解析シミュレーション

#### （1）電源ユニットの構造と熱設計対象部品

**図9-17**に、自然空冷タイプの電源ユニットの外観と内部構造を示します。

電源ユニットの主な発熱部品は、パワー半導体部品（インバータFETと整流ダイオード）です。トランスやコイルなどの巻線部品も温度上昇を安全規格（UL60950など）の規定に適合させなければならないため、熱設計が必要です。電解コンデンサは、それ自体の発熱は少ないですが、周囲部品の影響で温度が上昇します。電解コンデンサの寿命は温度依存性が高く、アレニウス則に従い寿命が決まります。電源ユニットの寿命は内蔵する電解コンデンサの寿命で決まるため、温度管理が重要です。

#### （2）電源ユニットの熱解析モデル

パワー半導体部品の熱解析モデルには、内部熱抵抗を用いた簡易モデルを使用します。**図9-18**（a）は2熱抵抗（2抵抗モデル）の設定例です。ジャンクションからフレームを経由してヒートシンクと接する面への熱抵抗と、ジャンクションから樹脂モールド（印字面）側への2つの熱抵抗を設定します。ジャンクションからフレーム面の熱抵抗の値は、パワー半導体のようなディスクリート部品の場合、$\theta_{jc}$や$R_{thj\text{-}c}$という記号でデータブックに記載されています。この値をそのまま使用します。ただしメーカーによって記号の定義が異なる場合もあり

(a)外観

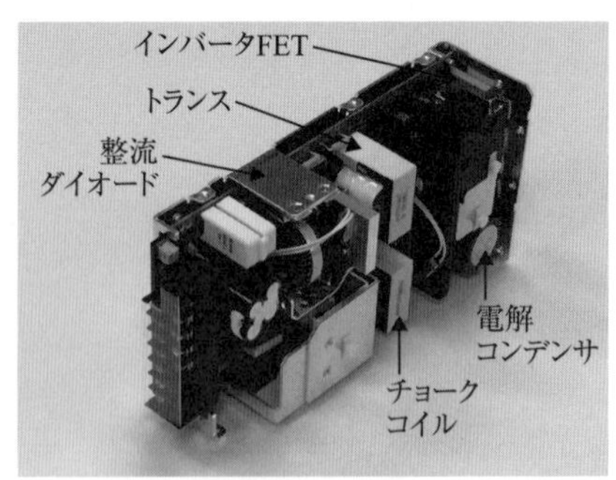


(b)内部構造

**図9-17　自然空冷タイプの電源ユニット**

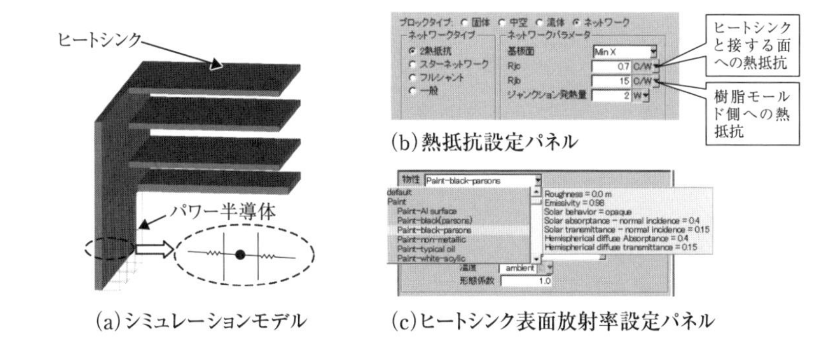


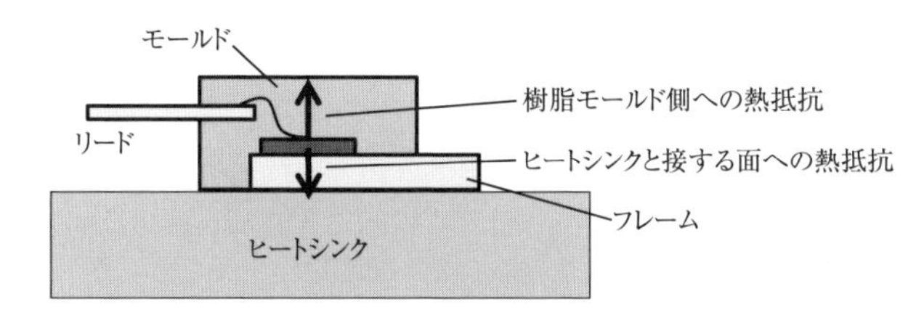


**図9-18　パワー半導体とヒートシンクのモデル化**

ますので、事前の確認が必要です。ジャンクションからモールド側の熱抵抗の値はデータブックには記載されていませんので、以下の式（9・1）で概算して設定します。

ジャンクション－モールド側熱抵抗（K/W）
＝樹脂モールド厚み（m)/(パッケージ面積（$m^2$)×樹脂モールド熱伝導率(W/(m・K)))　　(9・1)

樹脂モールドの厚みやパッケージ面積は測定して入力します。熱伝導率の値は一般的なパワーデバイス用樹脂モールドでは0.5～2.5［W/mK］程度の材料が使用されます。ジャンクションからモールド側への放熱量はヒートシンク側への放熱量に比較して少ないため、この部分の熱抵抗の影響は比較的小さいです。よく使用する重要な部品であれば、熱抵抗を測定します。

また、自然空冷ヒートシンクを取り付けて冷却する場合には熱放射による放熱量が無視できません。ヒートシンク表面には放射率を設定し、熱放射を考慮した解析を行います（図9-18（c））。

トランスとチョークコイルのモデルを**図9-19**に示します。巻線部品は、巻線部とコア部に分けてモデル化します。それぞれ銅損と鉄損による発熱がありますのでこの値を設定します（6.3項参照）。コイル部分には異方性熱伝導率を設定します（6.3項参照）。

電解コンデンサは、プリント基板や周囲部品からの受熱を無視できないため、これらの部品も合わせてモデル化します。電解コンデンサ温度に着目して詳細解析を行う場合には、円柱形状に対応した非構造メッシュを作成します（**図9-20**）。

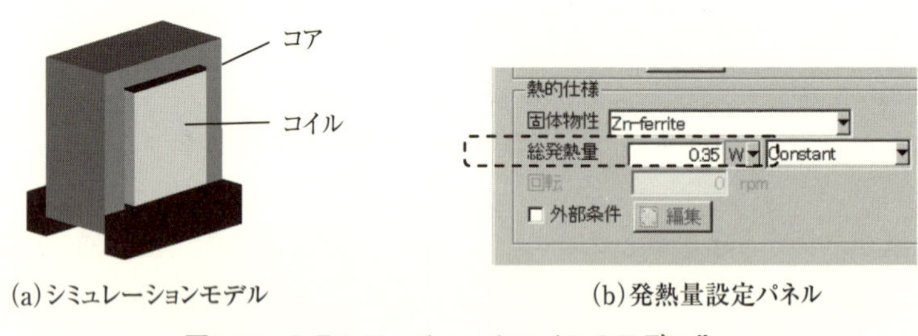

(a)シミュレーションモデル　(b)発熱量設定パネル

**図9-19　トランス・チョークコイルのモデル化**

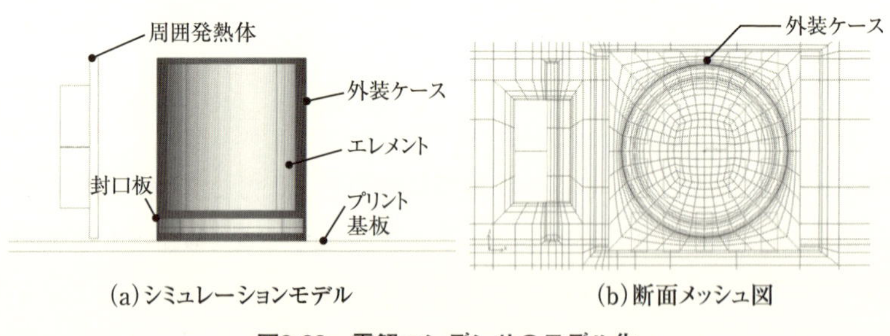

(a)シミュレーションモデル　(b)断面メッシュ図

**図9-20　電解コンデンサのモデル化**

自然空冷電源ユニットには開口率の高いパンチングメタルカバーが取り付けられています。このパンチングメタルの穴形状をそのままモデル化するとメッシュが細かくなりすぎるので、開口率で設定します。ほとんどの熱流体解析ソフトでは、開口率から圧損係数を計算して自動設定する機能を持っています（**図9-21**）。

### （3）シミュレーション結果

自然空冷タイプの電源ユニットの温度は周囲環境に影響されるため、実使用環境や製品評価環境に合わせて解析領域を設定します。電源ユニットの外側の空間も含めて解析領域として定義し、ユニット周囲の流れや温度も解析します（**図9-22**）。

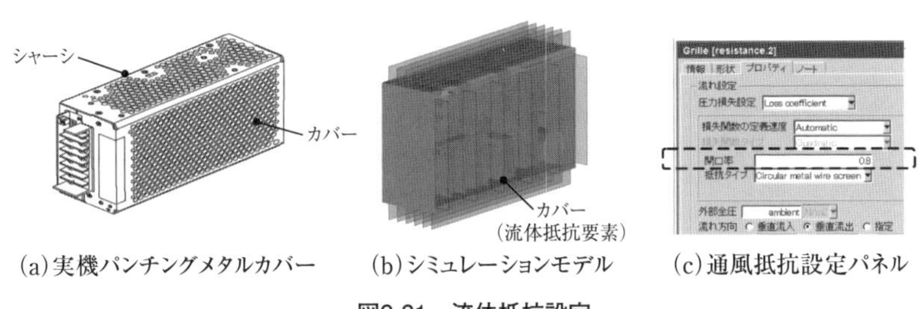


(a)実機パンチングメタルカバー　(b)シミュレーションモデル　(c)通風抵抗設定パネル

**図9-21　流体抵抗設定**

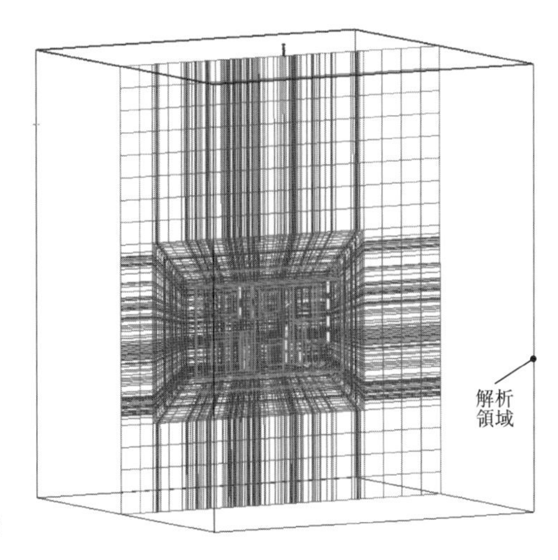


**図9-22　解析領域**

**図9-23**は電源ユニットの熱流体シミュレーション結果の例です。部品温度や電源ユニット内部の流れが可視化できます。電源ユニット内部はヒートシンクや各部品が高密度で実装されるため、可視化によって流れの障害やよどみを見つけ出すことが熱設計の検討に有効です。

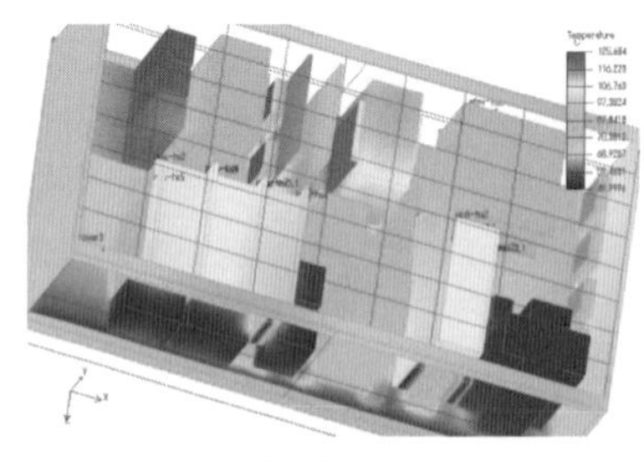

(a)温度分布

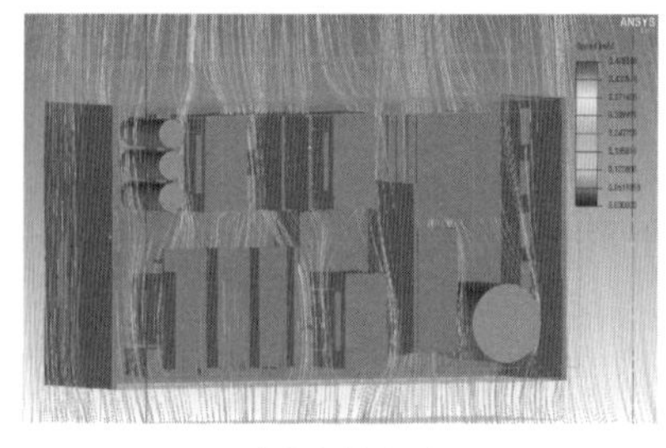

(b)流線表示

**図9-23　熱解析シミュレーション結果**

## 第10章

# 熱と温度の計測技術

シミュレーションの精度を高めるには、実測との比較によってモデル化方法を修正する作業が不可欠です。これによって貴重なモデリングノウハウが蓄積されます。しかし測定にも必ず誤差がつきまとい、これを抑えないと真の温度がわからなくなってしまいます。温度測定は熱流体解析を活用するための重要な基盤技術といえるでしょう。ここでは代表的な温度測定方法について、その原理や注意点を解説するとともに、誤差を抑えるテクニックを紹介します。

## 10.1 部品温度測定の目的

温度測定の目的は、実使用環境で設計どおりに製品の安全性・信頼性が保たれるかを判断することです。実稼動環境で動作確認を行えば、動作は保証できますが、寿命を保証できるわけではありません。寿命を保証するには、複数のサンプルを適切な加速係数を用いて評価し、統計的な故障確率を考える必要があります。しかしこれだけ短サイクルで新商品の開発が行われる現在、全製品にこの方法を適用することは困難でしょう。

そこで、製品に使用する個々の部品の温度を測定し、「メーカー保証温度」以下であれば、部品の寿命が保証できると考えます。つまり温度計測は信頼度保証の代替指標として使用されるわけです。本来は全ての部品の温度を測定して判定すべきですが、部品点数が多い場合には、いくつかの部品を選定して測定します。この「選定」を誤ると危険部品の見逃しが発生します。測定前に危険部品選定の当たりをつけるためにも熱流体シミュレーションが有効です。

## 10.2 測定環境条件

### 10.2.1 動作保証試験

機器の動作を確認するには、考えうる最も厳しい使用条件で試験します。たとえばテレビやオーディオの動作を確認する際には、周囲温度だけでなく、風速や日射なども実使用環境に合わせます。風速や日射は時間ごとに変化しますが、安全性や品質評価の場合は最悪値で測定するのが一般的です。周囲温度は使用環境温度の上限値（10～40℃なら40℃）、風速は無風、日射は真夏の正午の南向きなどの条件を与えます。

扉付きのテレビ台に収容されたDVDプレーヤや、ダッシュボードに実装されるカーオーディオなどのように、自己発熱で周囲環境が外気よりも上昇するものは、それを模擬した箱に収納して試験を行います。動作が不安定になった場合、原因調査に温度データが必要になるため、動作試験と同時に各部の温度を測定します。

恒温槽で動作試験や温度測定を行う場合、槽内は攪拌ファンによって、風速が発生しているので注意しなければなりません。裸で恒温槽内に機器を設置すると、攪拌風速の影響で機器無風状態の温度上昇よりも低めになります。

**表10-1**は、機器温度を無風室内で測定した場合、恒温槽内に裸で設置して測定した場合、恒温槽内で防風用段ボール箱（穴あき）に入れて測定した場合の温度を比較したものです。恒温槽に裸で入れると無風室内での測定とは大きな温度差が出ることがわかります。換気のできる防風箱（多孔板の箱）に入れるなどして、風速の影響を防止しなければなりません。

なお、最近ではHALT試験（Highly accelerated life test：高加速寿命試験）と呼ばれる限界試験も行われています。これは急激な温度変化とランダム加振を与えて稼動限界を把握するもので、機器の稼動マージン、破壊マージンを調べることができます。

表10-1　恒温槽内の温度測定結果

PCボードを裸で測定（基板サイズ 170×170mm、消費電力46W、CPU TDP：4W）
段ボールは完全密閉ではなく、風があたらない部分に穴をあけている

| 設置場所 | 設置方法 | 環境温度［℃］ | 温度上昇［℃］ | | |
|---|---|---|---|---|---|
| | | | CPU | CPU用フィン | チップセット |
| 室内 | 机の上に設置 | 19.6 | 60.4 | 52.5 | 61.3 |
| 恒温槽内 | 裸で設置 | 20 | 14 | 11.4 | 16.7 |
| | 段ボール箱内に設置 | 20 | 64 | 55.1 | 63.8 |

恒温槽では背面上部より
攪拌風速が発生している

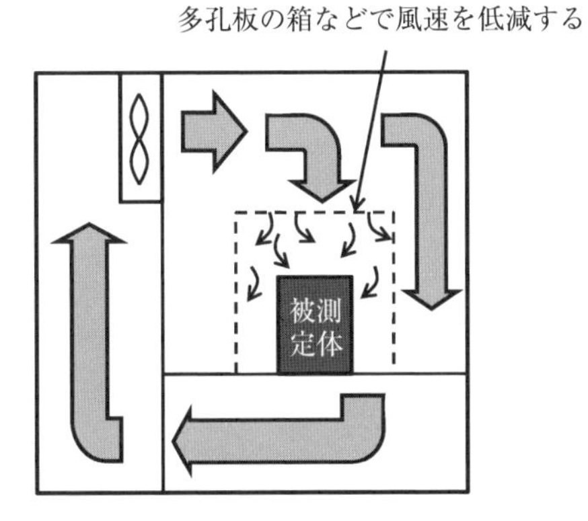


被測定体に直接風が当
たらないよう工夫が必要

図10-1　恒温槽での温度測定の注意

## 10.2.2　温度上昇試験

一方、部品温度が許容値を超えていないことを確認する温度上昇試験では、常温環境で温度を測定し、測定結果に温度差分（＝機器使用温度の上限値－測定時の周囲温度）を加えて最高温度を求めます。周囲温度が変わると温度上昇幅も変わりますが、周囲温度が高くなると、放射伝熱量の増大などによって温度上昇幅が減少するため、安全側（高め）の予測になります。ただし、電力が増える場合があるので注意して下さい。

# 10.3 測定箇所と測定方法

製品の温度計測で知りたいのは、部品がその温度上限値を超えていないかどうかです。しかし、部品の温度上限の定義（測定箇所）はメーカーや製品で異なり、主に3つの定義があります（**図10-2**）。

① 部品のジャンクション（半導体チップ）温度で決められているもの

② 部品のケース（パッケージ表面）温度で決められているもの

③ 部品の周囲（空気）温度で決められているもの

メーカーが定めた場所の温度を精度よく測れれば問題ないのですが、部品のジャンクション温度をセットメーカーが直接測定することは通常は困難です。また部品の周囲温度になると、実装された部品ではその測定場所がはっきりしません。

結局、部品を使う側が容易に測定できるのは部品のケース温度だけということになります。部品メーカーからケース表面温度の上限値が提示されていれば、その値と比較することができます。しかし提示されていない場合には、測定したケース表面温度から、消費電力とジャンクション－ケース間熱抵抗 $\theta_{jc}$ を用いて次式でジャンクション温度を推定することになります。

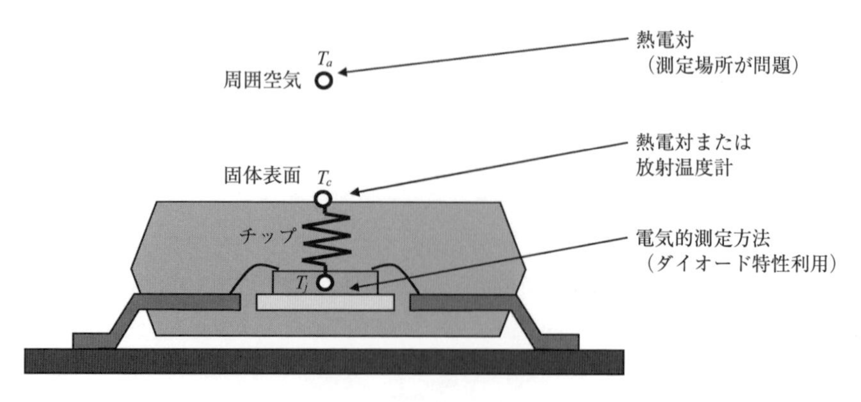


**図10-2　測定箇所と測定方法**

$$T_j = T_c + \theta_{jc} \times W \qquad (10 \cdot 1)$$

$T_j$：ジャンクション温度［℃］、$T_c$：ケース表面温度［℃］
$\theta_{jc}$：ジャンクションーケース間熱抵抗［℃/W］、$W$：部品の消費電力［W］

ただし、5.2.3で説明したとおり、$W$を部品の消費電力とするとジャンクション温度を高めに予測してしまうことがあります。基板側に多くの熱が逃げるような部品では、$\theta_{jc}$でなく、$\psi_{jt}$を使用します。

部品表面温度の測定には熱電対やサーミスタなどの接触式温度計と非接触の放射温度計が主に使われます。放射温度計にはスポット温度計とサーモグラフィの2種類があり、1点の温度を測定する場合はスポット温度計、温度分布を測定する場合はサーモグラフィが使われます。**表10-2**に熱電対温度計と放射温度計の比較を示します。

**表10-2　熱電対温度計と放射温度計の比較**

| 測定方法 | 長所 | 短所 | 誤差要因 |
|---|---|---|---|
| 熱電対式 | 装置内部の計測が可能 | センサの取付方法やケーブルの太さで測定結果が変わる | 接触部の熱抵抗<br>ケーブルからの放熱 |
| 放射（赤外線）式 | 非接触で計測が可能 | 装置内部の計測が難しい<br>放射率の設定が難しい | 放射率の設定<br>環境輻射 |

機器に実装した部品の温度測定には熱電対温度計がよく使われます。放射温度計は機器内部の温度測定が難しいですが、高電圧印加部や微小部品など、熱電対の取り付けが困難な場合には放射温度計が使われます。また、半導体パッケージの熱画像から、チップの故障解析を行うなどの用途にも使われます。10.4では熱電対温度計、10.5では放射温度計について解説します。

# 10.4 熱電対による温度測定の注意点

## 10.4.1 熱電対の構成と熱電対3法則

熱電対は、異なった2種類の金属線の両端を接続して両端に温度差を与えると起電力を生じる「ゼーベック効果」を利用したものです。一方の接点温度を一定に保てば、もう一方の接点の温度と起電力がほぼ比例するので、これを増幅して利用します。温度と起電力の関係は必ずしも直線にはなりませんが、金属の組み合わせと温度範囲を規定すれば、精度良く温度計測ができます。温度と起電力の関係はJIS C1602に記載されています。

熱電対は片方の接点を一定温度に保持しますが、市販の熱電対温度計はこれを電気的に補償するため、測定器に熱電対を接続するだけで測定できます。

熱電対には、その性質を表す3つの法則があります（**図10-3**）。

① **均質回路の法則**

・均質材料には熱起電力は発生しない

・中間の温度差は熱起電力に影響しない

② **中間金属の法則**

・中間金属の両端温度（$T_a$、$T_b$）が同じなら、熱起電力は両端温度差のみで決まる

③ **中間温度の法則**

・図３③のように中間接点を設けた場合、次式が成り立つ

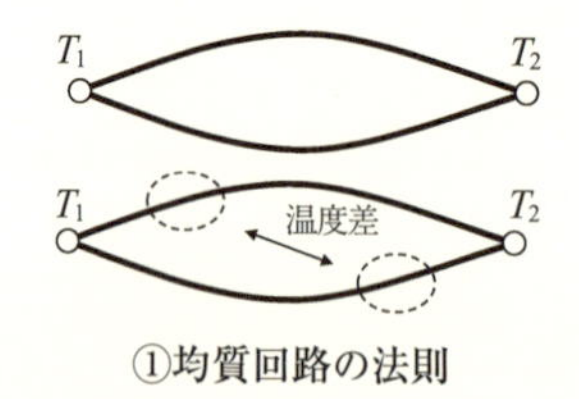

①均質回路の法則

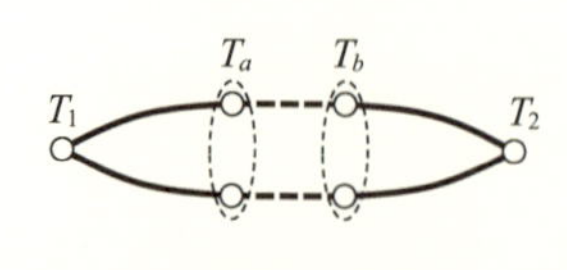

②中間金属の法則

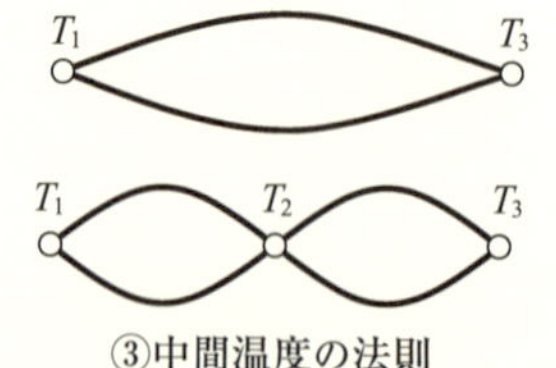

③中間温度の法則

**図10-3　熱電対の3法則**

$T_1 - T_3$間の起電力 = $T_1 - T_2$間の起電力 + $T_2 - T_3$間の起電力　(10・2)

特に注意すべきなのが、②の中間金属の法則です。熱電対と測定器の間に電線を入れて延長する場合、延長ケーブル両端の温度は同じにしなければなりません。

## 10.4.2　電子機器の計測に使われる熱電対の種類と構造

電子機器の使用温度はほとんど100℃以下で、半導体の破壊温度を考慮しても200℃まで測定ができれば十分です。そのため電子機器の温度測定にはT型熱電対（銅－コンスタンタン）、またはK型熱電対（アルメル－クロメル）が使用されます。

### （1）熱電対のタイプと特徴

**・T型熱電対**

素線は純銅とコンスタンタン（銅55%－Ni45%の合金）で構成されます。素線が酸化しやすいので使用温度範囲が狭い（－200～＋300℃）ですが、電子機器の測定には十分です。素線が比較的低温で溶融するので加工しやすいのと、素線の色が違うので見分けがつきやすいという利点があります。ただし、素線の熱伝導率が大きいため素線から熱が逃げやすいという欠点もあります

**・K型熱電対**

素線はアルメル（Ni95%－Al2%－Mn2%－Si1%）とクロメル（Ni90%－Cr10%）で構成されます。広い温度範囲（－200～＋1000℃）で使えるため最も普及した熱電対です。T型熱電対とは逆に還元性雰囲気に弱いので、ガス雰囲気で使う場合は注意が必要です。

### （2）素線太さと被覆種類

熱電対が太いと素線からの熱伝導によって放熱し、測温部の温度が下がります。微小部品の表面温度を正確に測定するには、なるべく細い熱電対を用いるべきです。しかし、細いと切れやすく、扱いが難しいので、測定条件に合わせて太さを選びます。

また、T型熱電対の素線は片方が銅で熱伝導率が大きいため、太いT型熱電対を使用すると温度は低めに測定されます。JISで最も細い熱電対は直径が

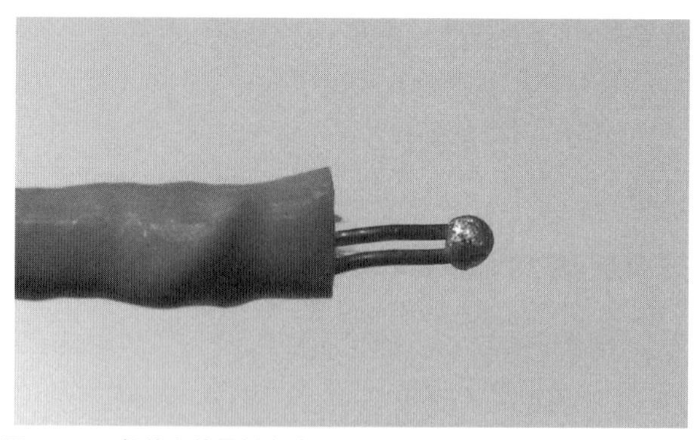

図10-4　一般的な熱電対先端形状（写真提供：(株) アンベエスエムティ）

図10-5　熱電対先端をよじった場合

0.32mmですが、実際には直径13μmから販売されています。できればφ0.1mm程度の細いものを使うとよいでしょう。極細熱電対については後述します。

熱電対の素線どうしが接触すると、接触部の温度で起電力が発生するので、両端以外は被覆します。被覆は耐熱性が必要なため、ガラス編組やフッ素樹脂が用いられます。被覆が厚いと剛性が増して引き回しが難しくなるので、80℃以下の温度を測定するのであれば、ビニル被覆の熱電対のほうが安価で扱いやすいでしょう。

**（3）先端形状と固着方法**

市販熱電対の先端は溶接されており、形状は玉状です（**図10-4**）。先端は、2種類の線が確実に固着されていればよく、玉状だと固体面に接触しにくいので、つぶして平らにすることもあります。対象部分との接触面積を増やすため、先端を平たく潰した極薄熱電対も販売されています。

溶接せずに2本の線をよじって使う場合、最も根元側の接触部の温度を測ることになります（**図10-5**）。また、中間金属の法則から、接続部分の温度が同じなら、2本の線をはんだなどの異種金属で接続してもかまいません。T型熱電対は比較的低温で溶解するので、トーチなどで溶接することも可能です。

### 10.4.3 熱電対の固定方法

#### (1) 測定箇所と測定数

熱電対は1つのセンサで1箇所の温度しか測定できないため、重要な部分に絞って測定します。測定箇所が多くなると、素線が束線になり、空気の流れに影響を与えます。通風口から機器内へ引き込む場合、通風口を大幅に塞がないように注意します。

測定部位を決めた後は、熱電対の固定方法（固着方法、絶縁要否）を決め、ノイズ対策を検討します。次にこれらの具体的方法について説明します。

#### (2) 熱電対の固定方法と絶縁方法

熱電対で測定される温度は素線の接合部分の温度ですが、計測された温度は接触した壁面の温度と見なすので、センサと対象物の温度差は最小にしなければなりません。そのためには、熱電対の固定方法が大きく影響します。

**① 金属テープ**

熱電対取り付け用に使用されるアルミや銅の金属テープは、比較的高温でも粘着力が保たれるシリコン系粘着テープです。ベースがアルミなので熱電対の形状に合わせてフォーミングしやすく、また加熱による伸びも少ないので固定が容易ですが、高温になると粘着剤の粘度が落ちて剥がれたりします。

アルミテープは熱伝導率が大きいため、熱電対に熱が伝わりやすく、接点全体が被測定部の表面温度に近くなります。ただし、テープ表面の放射率が低いため、放射伝熱量の減少（樹脂面に貼る場合など）、アルミによる温度の均一化などの誤差を生じます。このため、あまり広い面積に貼るのは避けたほうがよいでしょう。

**② ポリイミドテープ**

カプトンと呼ばれる樹脂テープですが、耐熱温度が高く薄いため、熱電対の取り付けによく使われています。粘着力も比較的高温まで安定していますが、200℃以上の高温での長時間測定では粘着力は低下します。

熱電対の先端を接触させてポリイミドテープで貼ると、金属テープで貼った

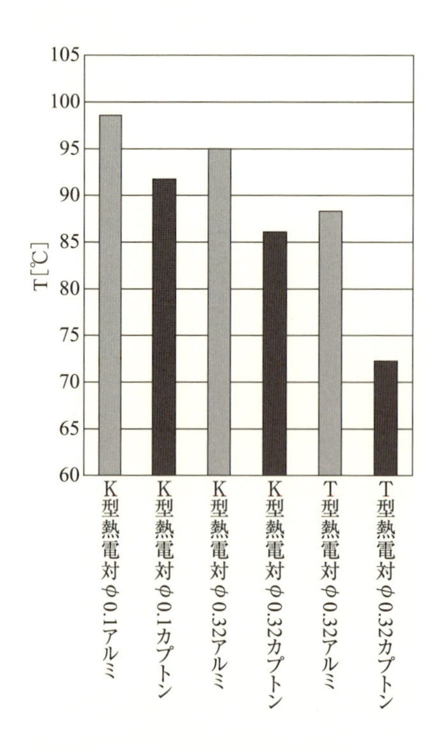


**図10-6　熱電対温度測定誤差例**
10×20×1.75mmのセラミックヒータに1Wを印加し、自然対流水平置きで温度を測定した。
熱電対２種類（K型、T型)、線径２種類（φ0.1、φ0.32)
固定テープ２種類（アルミ、カプトン）を組み合わせて温度測定した結果。複数グループの実験結果の平均値
カプトンテープはグループ間のばらつきが大きかった
K型熱電対　φ0.1　アルミテープ固定が真値（理論値/解析値）に近い

場合よりも測定温度は下がります。また金属テープに比べると放射率が大きいため、金属面に貼ると、放射率が増大して温度が下がるなどの影響も出ます。ポリイミドテープを使用すると、テープから熱電対に熱が伝わらないため、熱電対の先端にグリースを塗るなど、熱電対自身の接触熱抵抗を下げる必要があります。ポリイミドテープは絶縁性があり、熱電対の絶縁に使用することもできます。

熱電対の種類や太さ、固定用テープの違いによる温度測定結果のばらつきを**図10-6**に示します。φ0.1のK型熱電対を熱伝導率の大きな素材で固定することで理論値に近い値が得られ、誤差が最小に抑えられます。

### ③　はんだ付けと接着

粘着テープによる固定は簡単ですが、対象物と熱特性の異なる材料を貼ることによる誤差や剥がれなどの問題があります。取り付けの手間や取り外しに難

はありますが、熱伝導率の大きな固着剤で熱電対を固定するのが最も確実です。

被測定部が金属で、はんだ付け可能であれば、測温部をはんだコートしてある熱電対を使い、極微量（少ないほど好ましい）のはんだで固定します。K型熱電対は、通常のフラックスでは、はんだ付けできませんので、専用のフラックスが必要です。

被測定部がはんだ付けできない場合は、微量の高熱伝導性の接着剤（銀ペースト等）で接着するのがよいでしょう。セラミックスを主成分とする高温用接着剤も使えます。

熱電対を銅などの熱伝導率の大きい薄板金属と対象部の間に挟み、ネジで固定する方法もあります。金属テープや金属板を接触させると接触点で熱起電力を生じるので、絶縁コートされた熱電対を使用したほうが安全です。非絶縁の熱電対にエナメルを塗布しても使えます。

対象物の加工が可能であれば、直径1mm、深さ3mm程度の穴を掘り、銀ペースト、高温はんだ、セラミック接着剤などで埋める方法が確実です。

### 10.4.4　熱電対のノイズ対策

#### （1）熱電対に印加されるノイズと経路

熱電対の測定系を**図10-7**に示します。熱電対はペア線なので、ペア線間の電位差がノイズで変動する「ノーマルモードノイズ」やペア線とグランドとの間の電位差がノイズで変動する「コモンモードノイズ」が発生する可能性があります。

測定結果に直接影響するのはノーマルモードノイズですが、インピーダンス不整合部分があると、コモンモードノイズがノーマルモードノイズに変化するので、熱電対も、コモンモードとノーマルモードの両方のノイズ対策が必要です。

熱電対に加わるノイズの経路は、熱電対測温部への印加、装置内の電磁界による誘導、周囲環境からの誘導、測定器の電源から入るラインノイズに分けられます。

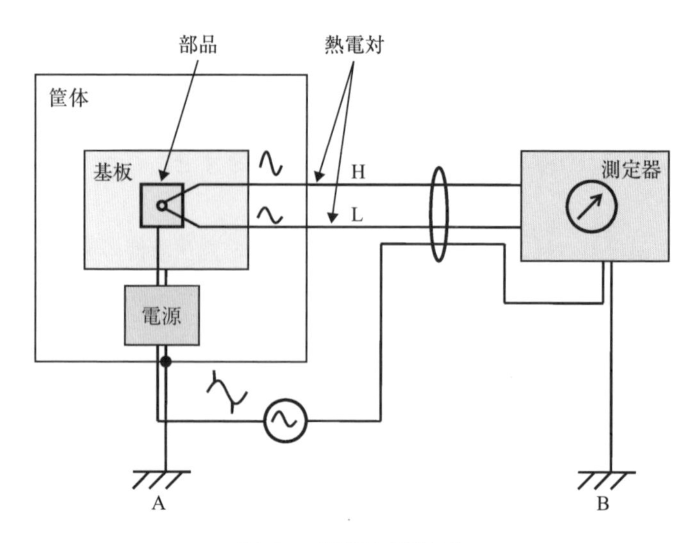


図10-7　熱電対の測定系

**（2）熱電対測温部のノイズ対策**

熱電対取り付け部分に導電性があり、取り付け部とグランド間に電位差やノイズが印加されていると、熱電対が直接コモンモードノイズを拾います。この場合は熱電対を被測定部から絶縁します。熱電対取り付け部の電圧が極端に高い場合は、専用の絶縁型シース付熱電対等を使うか、非接触の放射温度計を使う必要があります。

**（3）電磁界誘導に対するノイズ対策**

熱電対が電磁界の影響を受けないようにするためには、まず熱電対をノイズ源に近づけないようにします。熱電対を他の電線と並行に置かない、熱電対同士もなるべく束線しないなどの対策を行います。これが難しい場合には熱電対にノイズ対策を行います。シールド被覆付の熱電対を用いたり、熱電対を捩ってツイストペアケーブルにしたりしてシールド対策を行います。ノイズキャンセル機能を備えた温度測定器もあるので、こうしたものを選ぶとよいでしょう。

**（4）ラインノイズに対するノイズ対策**

電源線に対しては、ラインフィルタを挿入するなどしてノイズ対策を行います。被測定装置と熱電対温度計のグランド間に電位差があると測定値がずれるので、なるべく1点アース接続とします。

### 10.4.5　極細・極薄電対の利用

部品の小型化や配線のファインピッチ化が進み、小さい部品の温度を正確に測定する要求が高まっています。熱電対もこれにあわせて細線化や薄型化が進んできました。

#### (1) 極細熱電対

極細熱電対は、素線が13$\mu$m、25$\mu$m、50$\mu$mのものが現在市販されています。熱電対全体が細いと、取り扱い性や素線の電気抵抗の影響が大きいため、先端のみ極細とした熱電対が販売されています（**図10-8**上図）。熱電対が細いと熱容量が小さく、温度変化への追従性がよくなります。このため、微弱な熱エネルギーによる温度変化や、脈動する温度変化の測定などの用途に使われます。ただし一般の熱電対と違って著しく切れやすいため、用途が限定されます。

**図10-9**は各熱電対の応答性能を比較した実験結果です。従来型200$\mu$mの熱電対（図10-4）に比べ、極細熱電対の追従性がよいことがわかります。

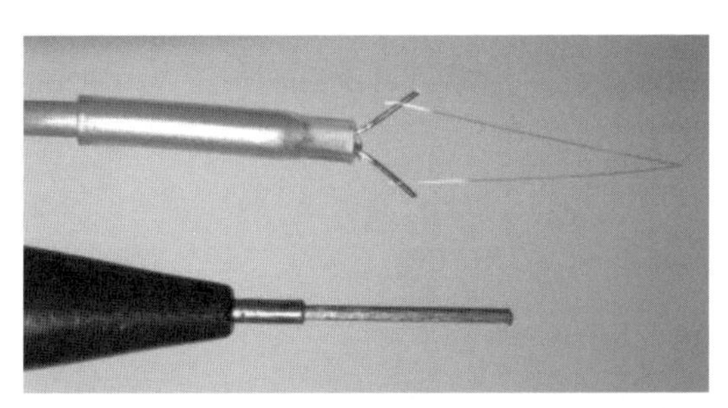

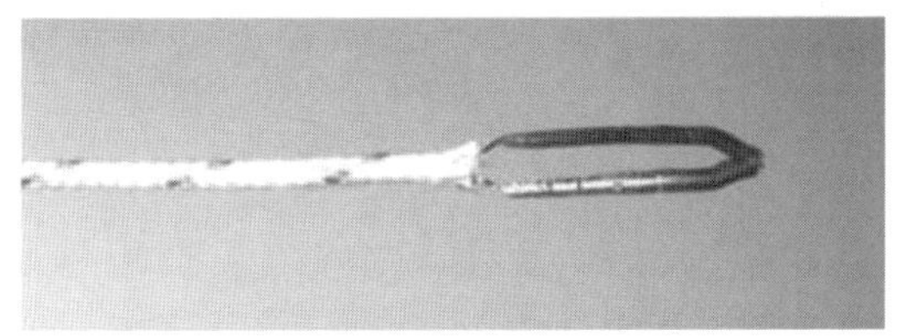

**図10-8　極細熱電対と極薄熱電対** （写真提供：(株)アンベエスエムティ）

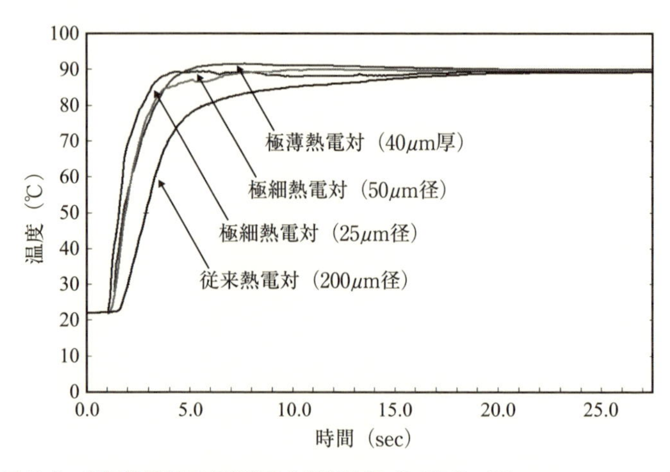


**図10-9　各種熱電対の応答速度と精度比較**（資料提供：(株)アンベエスエムティ）
熱電対をステンレス製容器に取り付け、熱湯を注いだ際の温度変化を観測した

**表10-3　各種熱電対比較**

| 熱電対タイプ | 熱電対自体の電気抵抗 | 補償導線への接続性 | 強じん性 | 微小部の計測 | 表面温度最終精度 | 表面温度応答速度 | 主用途 |
|---|---|---|---|---|---|---|---|
| 従来型（200μmφ） | ◎ | ◎ | ◎ | × | × | × | はんだで直接固定できる大きな物体 |
| 極細型（50μmφ） | ◎ | ◎ | △ | ◎ | ◎ | ◎ | 微小部＆物体表面温度 |
| 極薄型（40μmt） | ◎ | ◎ | ◎ | × | ◎ | ◎ | 物体表面温度測定 |

### （2）極薄熱電対

極薄熱電対は測温部を平たくつぶしたもので、受熱・放熱しやすい構造となっています（図10-8下図）。極細熱電対と同様に温度追従性がよく、極細熱電対ほどは取り扱いが難しくないので、部品の温度測定に使用できます。ただし極細熱電対より貼り付け面積が大きくなるため、あまり小さい面の測定には向きません。

**表10-3**に各種熱電対の特徴をまとめました。

# 10.5 放射温度計による測定

放射温度計は、物体表面から放射される電磁波を測定して、その物体表面温度を求める測定器です。非接触で対象物の温度計測ができるため、高電圧が印加された面や、手が入らない場所などの温度計測が可能です。しかし、筐体内部などの見えない部分の温度計測が難しく、測定面の放射率がわからないと正しい温度が計測できないなどの欠点があります。

## 10.5.1 放射温度計の原理

放射温度計は、産業革命時代に溶けた金属の温度を測定したいというニーズから発展した計測技術です。溶けた鉄はその温度によって色が変わりますが、この変化を温度計測に利用しようとしたのが始まりです。

放射エネルギー $W$（W）は、絶対温度 $T$（K）の4乗と放射率 $\varepsilon$ に比例し、

$$W = \sigma \varepsilon T^4 \qquad (10 \cdot 3)$$

$\sigma$：ステファンーボルツマン定数（W/(m²K⁴)）

で表されるため、$W$を計測することで$T$を推定することができます。

実際に測定器が受ける全放射エネルギー$W$は、その物体が反射する放射エネルギーや測定器内部で発生する放射エネルギーを含むため、次式となります。

$$W = \sigma \cdot \varepsilon(\lambda) T^4 + \sigma \cdot (1-\varepsilon(\lambda)) \cdot T_a^4 + W_e \qquad (10 \cdot 4)$$

↑対象物の放射　↑対象物表面の環境反射　↑測定器の内部放射

$\varepsilon(\lambda)$：対象物の分光放射率、$T$：対象物の絶対温度［K］、$T_a$：環境温度［K］

さらに、測定面と放射温度計との角度や、測定面と温度計の間にある物質（空気やレンズ）のエネルギー吸収率などによって影響を受けます。

このため、放射温度計ではさまざまな補正を行っています。測定者はこれら

の原理を理解し、誤差要因を把握しておく必要があります。

### 10.5.2　放射温度計の種類と用途

放射温度計は、1点の温度を測るスポット放射温度計と、多点の温度を同時に測るサーモグラフィに分けられます（**図10-10**）。スポット放射温度計は測定素子が1つですが、サーモグラフィは1測定素子のものと、複数の測定素子を並べたものがあります。1つの素子で多点温度を測るには、測定面を走査します。

測定素子には光量子検出型と熱検出型の2種類があります。前者は赤外線の量子エネルギーを光電現象で検出する方式、後者は赤外線照射で発生する熱（温度）を検出する方式です。光量子検出型素子のほうが高感度で即応性に優れますが、液体窒素や電子冷却等を使って低温を作る必要があることと、狭い波長領域しか測れないという弱点を持っています。

熱検出型は光量子検出型に比べて感度が低く応答性も悪いですが、幅広い波長領域で一定の感度があり、かつ安価です。スポット放射温度計は熱検出型素子を使用しますが、サーモグラフィのハイエンド製品は光量子検出型素子を、普及型は熱検出型素子を使っています。最近は光量子検出型でもアレイ状（2次元）素子があるため、機械式走査型は少なくなっています。

電子機器メーカーでは、熱電対で測定できない部分や直接接触できない場所の温度測定にスポット温度計、基板や半導体などの温度分布の測定にサーモグラフィを用いています。

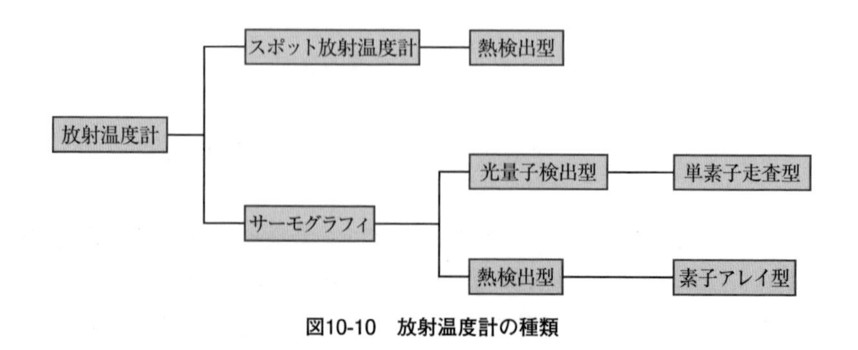


**図10-10　放射温度計の種類**

### 10.5.3 放射温度計による測定上の注意点

#### (1) 放射率の設定

被測定部から放射される赤外線エネルギーは、放射面の放射率に比例します。測定面の温度を正確に計測するには放射率を正しく設定しなければなりません。放射率が低くなると、式(10.4)の第1項が減少し、第2項が支配的になるため、測定が難しくなります。

放射率は物質の種類だけでなく表面の状態で変化するため、同じ材料でも表面仕上げや処理、塗装やめっき、錆や汚れなどによってまったく異なります。放射率は放射率計によって測定します。放射率の測定には一定の表面積が必要なため、部品のリードやはんだ接合部のような微小面積の放射率測定は難しくなります。

このため、簡易的な方法で放射率を推定するか、放射率が分かっている黒体テープや黒体塗料を塗布して放射率を補正します。あまり広く表面塗装を行うと、その放熱効果で面の温度が下がってしまうので、塗布範囲は最小限にとどめます。

被測定部に黒体テープや黒体スプレーが使えない場合は、放射率が設定できる放射温度計を使って以下の手順で放射率を求めます(**図10-11**)。

① 被測定部の一部に放射率の分かっている黒体テープを貼り付けるか、放射率の分かっている黒体スプレーを塗布し、被測定物を加熱します。

② 放射温度計の放射率を黒体部に合わせ、黒体化した部分の温度を測定します。

③ 次に黒体化していない部分の温度を測定し、黒体化した部分と温度が異なるならば、放射率の設定を変えて黒体化した部分の温度と同じになるようにします。

このときの放射率が、被測定面の放射率となります。

なお最近のサーモグラフィには測定データを加工できるソフトが付いているものもあり、測定後に放射率を補正することができます。被測定面の一部に上記と同じように黒体部分を設けておけば、同じ手順でソフトによる放射率補正

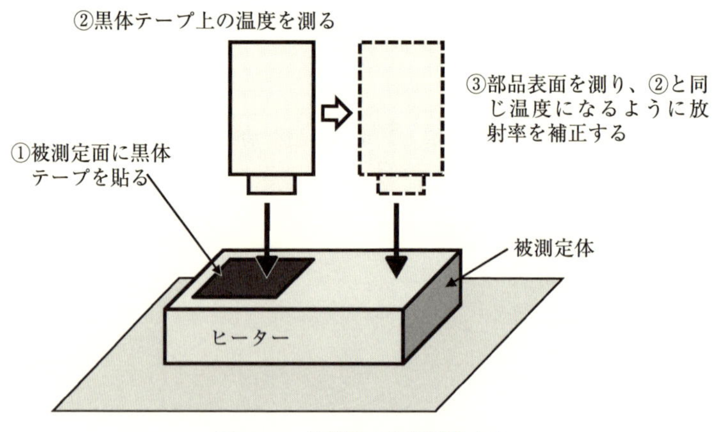


**図10-11　放射率の簡易測定方法**

ができます。

**（2）測定角度**

ある面の温度を赤外線サーモグラフで測定する場合、基本的には、レンズの光軸は常に被測定面の法線に一致させなければなりません。しかし、放射率が高い場合には、理論的にはランバートの余弦則（放散性の面から放出される光の強度は,面の法線と観測方向とがなす角度の余弦に比例する）により、一致しなくても正しい温度が測定できます。ランバートの余弦則によれば、かなり斜めから見ても正しい温度が測定されるはずです。しかしあまり傾斜させると、他の高温部の映り込みや1ピクセルの視野内のピントずれ、MTF（変調伝達関数）の悪化による影響などが原因となり、誤差が出ます。実際の測定に際しては傾き45°付近までにとどめた方がよいでしょう。**図10-12**は、周囲温度25℃において、100℃まで昇温した場合のレンズ光軸と直交した面（水平面）と傾斜した面（斜面）の温度差を実測したものです。各銅ブロックは黒体塗料で放射率を１に近づけてあります。

**（3）周囲雑音**

被測定面は赤外線を放射するだけでなく、反射もします。透明な物体では赤外線を透過することもあります。この反射や透過による赤外線雑音も測定され

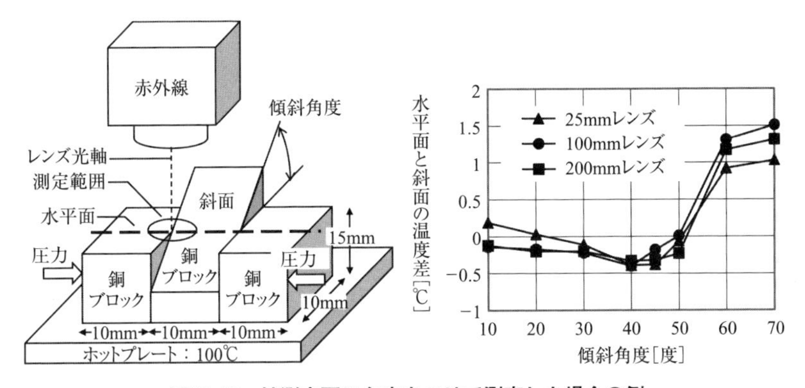


**図10-12　被測定面に角度をつけて測定した場合の例**

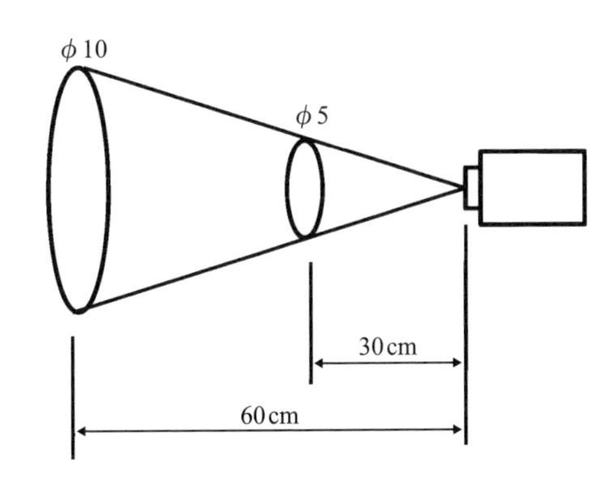


**図10-13**
**スポット放射温度計の測定範囲例**

るので、雑音をなるべく除去することが大切です。屋外の測定では波長領域の広い太陽光の影響を強く受けます。室内の測定でも照明の影響を受ける場合があります。

### （4）焦点合わせ

放射温度計は一般のカメラと同じで、焦点が合っていないとピンボケになり、測定領域がぼやけてしまい、測定領域の温度が平均化されます。温度分布を正しく測定するには、焦点合わせが大切です。スポット放射温度計ではフォーカスエリアが決まっており、たとえば0.1mで直径10mmなどというように図示してあります（**図10-13**）。

スポット放射温度計ではこの測定範囲の平均温度を測定するので、狭い範囲を測定するには対象物と測定器を近づける必要があります。

サーモグラフィでは焦点合わせができるので、被測定物に焦点の合った状態で写るように調整します。

### （5）装置内部の測定

装置内に実装した基板などは、筐体に実装した状態での温度分布を知りたい場合があります。筐体の一部に穴を開けて透明プラスチックやガラスを貼り、内部が見えるようにしても、赤外線が吸収され、正確な温度測定ができないことがあるので、注意が必要です。

透明材料を使って内部温度を測定するには、材料の赤外線透過特性に合わせた放射温度計が市販されているので、それを利用する方法もあります。

簡易な方法としては、ポリエチレンラップを使用する方法もあります。ポリエチレンは赤外線の吸収率、反射率が低く、比較的鮮明に機器内部を観測することができます。

ただし、同じラップでも材質によっては透過率が低いものもあるため、必ずラップ有無で温度比較をして、その影響を把握しておくべきです。

**図10-14**はラップ越しに測定物を観測した際の熱画像を比較したものです。透過率が低いと赤外線が吸収され、温度が低く表示されることがわかります。

### （6）微小部品の温度測定の注意点（サーモグラフィの分解能）

チップ抵抗のような微小部品では熱電対の取り付けができないため、放射温度計による部品温度測定が行われます。この場合、部品のホットスポット温度を正確に測定するにはレンズの拡大率に注意が必要です。**図10-15**は、縦1.6mm×横0.8mmサイズの一般的な角形チップ抵抗器に0.25Wの電力を与え、異なる拡大率のレンズでホットスポット付近の温度分布を測定した結果です。レンズの拡大率は、一辺何$\mu$m四方を1ピクセルに拡大できるかで表していますが、拡大率の大きな25$\mu$mレンズに対し、100$\mu$m、200$\mu$mと拡大率が低下するとピーク検出能力は低下します。

ここで注意すべき点は、25$\mu$mレンズの位置0mm（ホットスポット中心）付近の４点の測定値の平均が100$\mu$mレンズの測定値ではなく、同様に100$\mu$mレンズの位置0mm付近の２点の測定値の平均が200$\mu$mレンズの測定値では

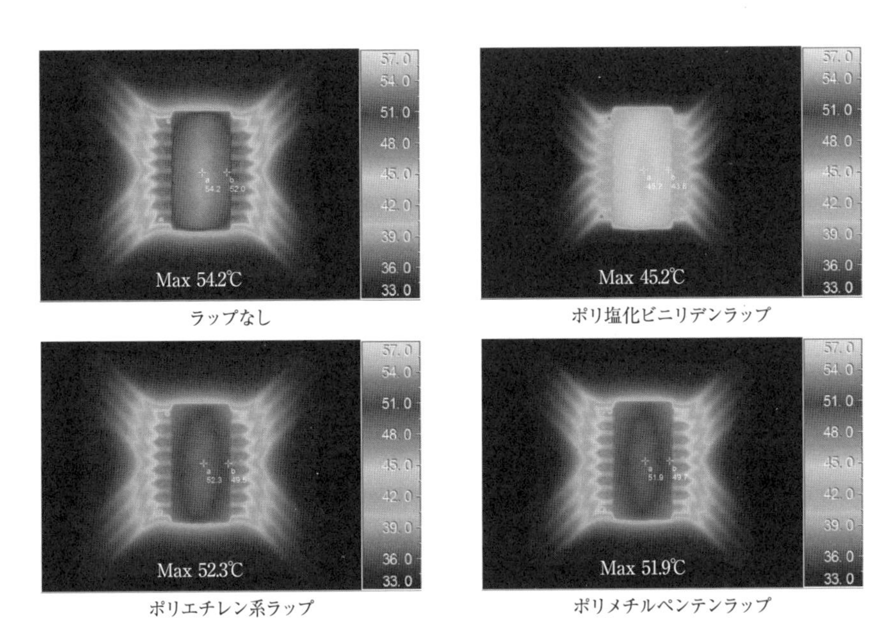


**図10-14　透明フィルムを透過して観測した熱画像**

3種類のラップを測定物とカメラの間に置いて測定したもの。測定対象とカメラの距離は75mm

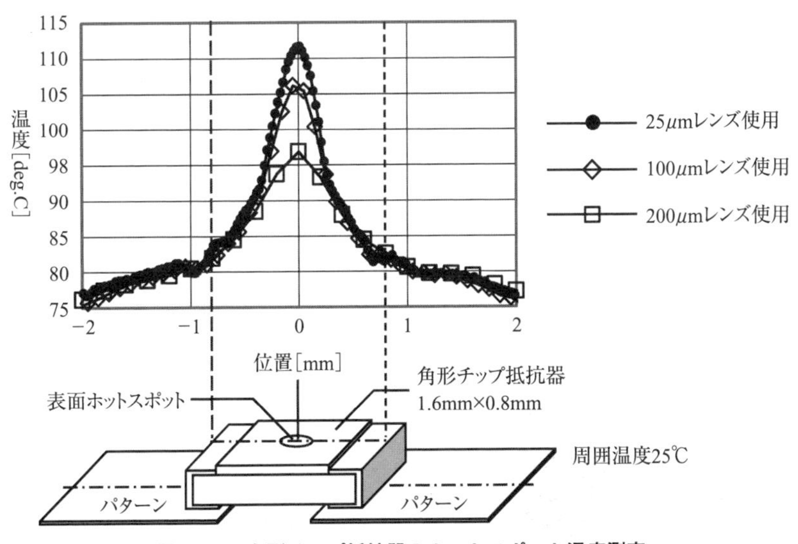


**図10-15　角形チップ抵抗器のホットスポット温度測定**

ないということです。この原因は測定系全体のMTF（Modulation Transfer Function：変調伝達関数）の悪化で、分解能の低下によりピーク検出能力が大幅に減少することです。

微小部品のホットスポットのピーク温度を測定する場合、レンズ解像度の目安はホットスポット直径の1/4程度と考えて下さい。直径100μmのホットスポットのピーク温度を測定したい場合には、解像度25μm以上のレンズが必要です。

### 10.5.4　サーモグラフィによる測定

#### （1）機種選定

サーモグラフィ（**図10-16**）は測定素子や測定方式が異なるものがあるので、目的に応じた機種を選定します。過渡応答を見るために速い応答速度と感度が求められる場合は、光量子検出型素子アレイタイプが適切です。ハイエンドの光量子検出型素子タイプだと、フレームタイプが1/120秒の製品もあるので、短い時間の温度変化も測定できます。

温度変化が遅い場合や定常温度の観測が主であれば、熱検出型素子のほうが検出波長範囲が広く便利です。被測定部の大きさが一定でないなら、固定焦点レンズよりズームレンズ付きがよいでしょう。熱検出型素子タイプの放射温度計では、アレイの素子数で価格が異なるので、被測定部の大きさや解像度で選択します。

**図10-16**
**サーモグラフィの外観**
（写真提供：日本アビオニクス（株））

### （2）測定までの手順

測定に際しては、キャリブレーション、焦点合わせ、放射率補正、測定レンジ設定を行います。キャリブレーションでは、測定素子の感度ばらつきの補正と、周囲、内部の赤外線雑音に対する補正を行います。サーモグラフィのセッティングに際しては、被測定部が視野角いっぱいに収まるようレンズを選定し、その距離で無理なく焦点が合うようにします。

プリント基板の温度測定では、放射率の異なる部品が搭載されているため、全面に黒体塗料を塗布して一様な放射率にしてしまう方法も採られます。この場合、放射伝熱量の増加で全体に温度が下がることがありますので、自然空冷機器では注意が必要です。

全体に黒体塗料を塗布できない場合には、放射率補正のために被測定部の一部に黒体テープなどを貼っておきます。これにより測定後にソフトで放射率補正が可能になります（**図10-17**）

熱電対による温度計測を同時に行う場合には、熱電対固定用テープに放射率の高いポリイミドテープなどを使用するとよいでしょう。熱電対を金属テープで固定するとテープの放射率が低いため、サーモグラフィでは著しく低い温度（**図10-18**の画像では黒）になります。

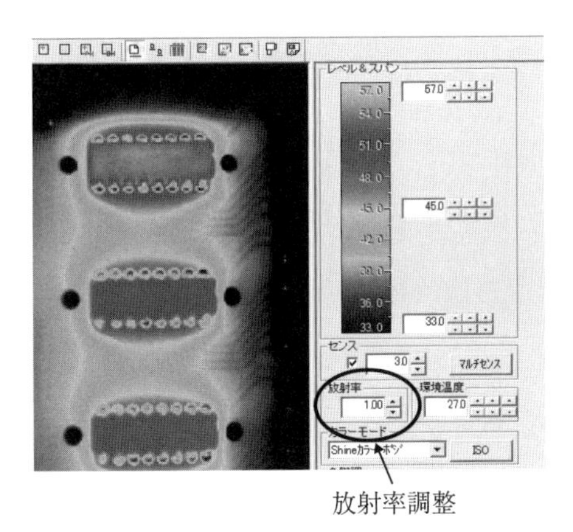


**図10-17　ソフトによる放射率補正機能例**
**（測定協力：NEC Avio赤外線テクノロジー（株））**

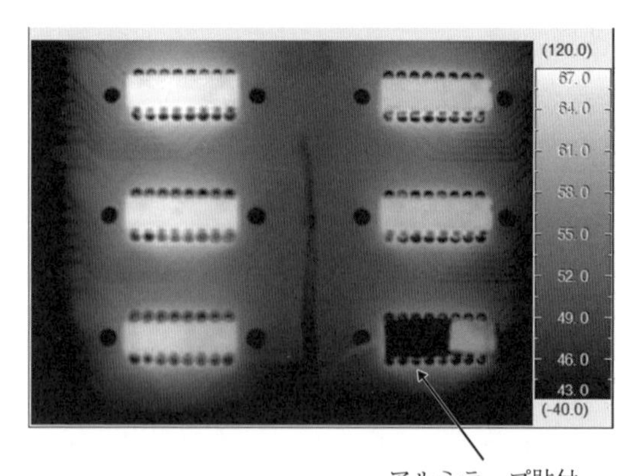


**図10-18　アルミテープの放射温度計映像**
（測定協力：NEC Avio赤外線テクノロジー（株））

最後に測定レンジを設定します。これはカメラの露出補正のようなもので、被測定部の予想温度に対しサーモグラフィの温度測定範囲を設定します。

## 10.6 半導体パッケージの熱抵抗の測定

半導体部品ではチップ（ジャンクション）を許容温度以下にする必要がありますが、セットメーカーで簡単に測定できるのは部品の表面温度までです。しかし、部品パッケージの熱抵抗データが入手困難な場合や、実装状態での$\theta_{jc}$（$\psi_{jt}$）を確認したい場合には、チップ温度の実測が必要となります。ここでは、この部品パッケージの熱抵抗測定方法について説明します。

### 10.6.1 熱抵抗測定方法の概要

半導体パッケージの熱抵抗の定義については、5.2で説明しましたが、ここではこれらの具体的な測定方法について説明します。

半導体パッケージの熱抵抗測定は、熱抵抗測定用TEG（Test Element Group）チップを使用する方法と実チップを使用する方法があります。温度測定にダイオードの温度特性を利用する点では両者とも同じですが、発熱方法が

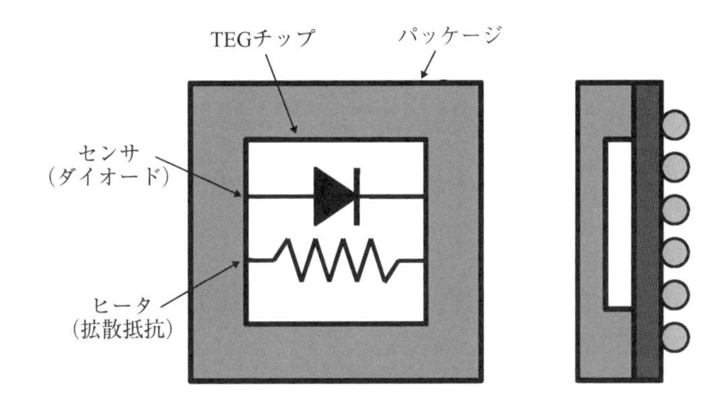


**図10-19**
**TEGチップ内蔵パッケージ**

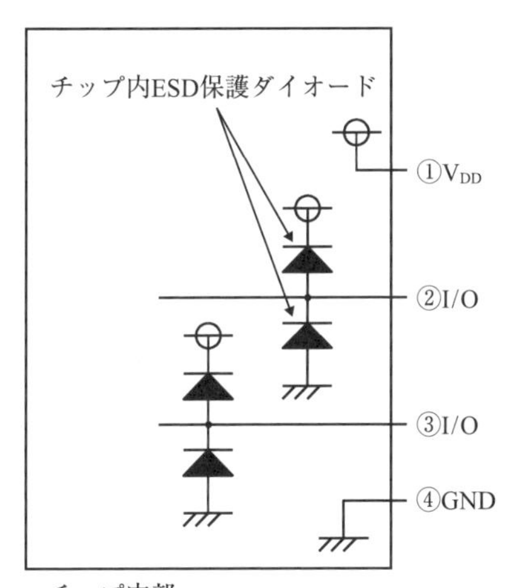


**図10-20**
**実チップのESD保護ダイオード**

異なります。

TEGチップ内蔵パッケージは、**図10-19**のようにチップ内にダイオードと抵抗を形成し、抵抗体を発熱させながら、ダイオードの温度特性を利用して温度を測ります。周囲空気温度に対するチップの温度上昇を部品の消費電力で除して熱抵抗$\theta_{ja}$を求めます。

実チップを用いる場合は、チップ内に形成された電源-グランド間のESD（静電気：Electrostatic Discharge）保護用ダイオードを利用します（**図10-20**）。実チップでは発熱用の抵抗がないため、ダイオードに電圧を加えることによってダイオード自身を発熱させ、ダイオードが一定温度になったところで瞬間的に測定電流を流して温度を測定します。

### 10.6.2 ダイオードによる温度測定の原理

ダイオードの順方向電圧は一般に約0.6Vとされていますが、これは温度によって変化します。よく使われる関係が「－0.002V×温度上昇（℃）」ですが、これもダイオードによって変化します。また、ダイオードの順方向電圧は電流によっても変化し、「電流が10倍になると電圧が0.1V増える」といわれます（**図10-21**）。

逆にいえば、ダイオードの温度と電圧の関係を知れば、定電流下の電圧を測ることで、ダイオードの温度がわかることになります。この関係を利用して、半導体チップのダイオード順方向電圧から温度を測定することができます。

測定に際しては、チップを恒温槽に入れてセンス電流（測定用の定電流）を流し、あらかじめ「温度－順方向電圧特性」を求めておきます（**図10-22**）。このときに注意すべき点を以下に記載します。

**① 温度設定範囲は、測りたい温度で決める**

常温～数十℃で温度計測するなら、20℃～80℃で温度特性を測ればよいでしょう。

120℃以上の温度を測りたければ、温度特性測定もその温度をカバーする範囲（例えば100℃～150℃）で測定する必要があります。

**② 温度設定ポイント数は、4～6点とする**

最低3点があれば近似直線を描けますが、精度確保のためには4点以上が望ましいです。また温度設定範囲によっては直性でないケースもあるため、この場合は6点以上測定して多項式近似で特性曲線を求めます。

**③ センス電流は大きすぎても小さすぎてもよくない**

センス電流を流しすぎるとダイオード自身が発熱してしまい、正確な温度特性が求まりません。またセンス温度が微弱すぎると半導体の電圧に大きなノイズが乗るため、小さすぎる電流も禁物です。一般回路用の半導体では順方向に

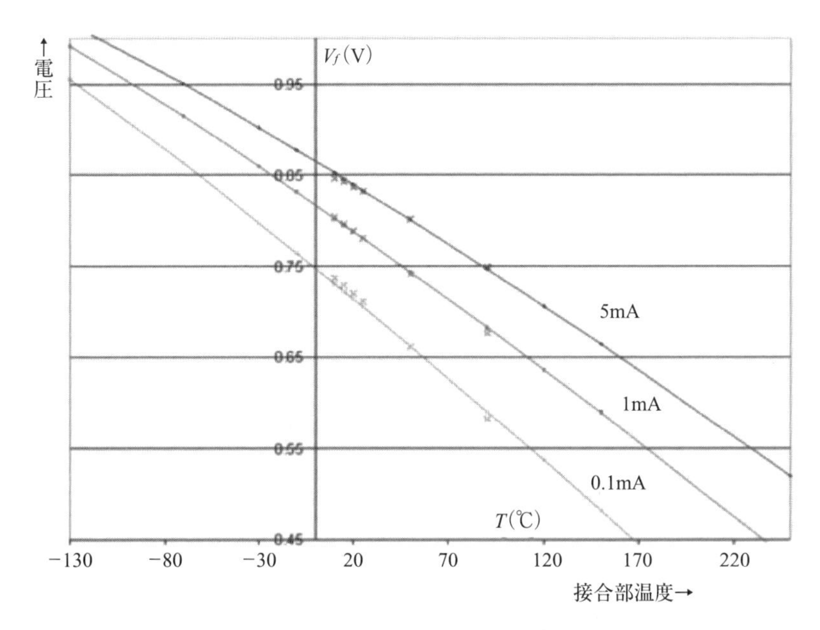


**図10-21　ダイオードの温度特性例**

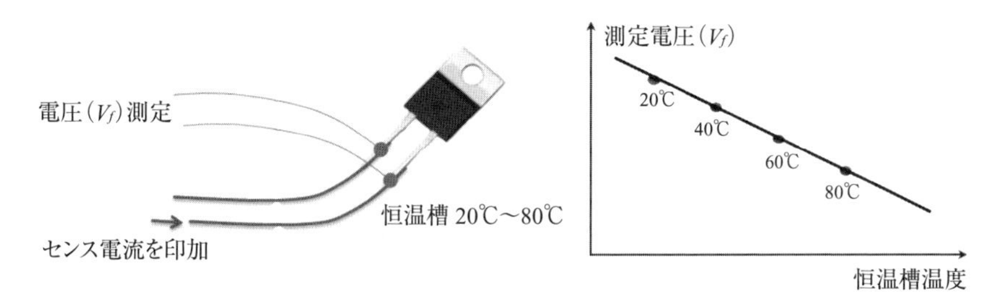


**図10-22　温度－順方向電圧グラフの取得**

約1mA程度の定電流を流して電圧を測定します。

TEGチップでは、ダイオードは温度測定専用に使いますが、実チップではダイオードを発熱用ヒータとしても利用します（**図10-23**）。ダイオードに順方向電圧を加えて発熱させ、温度が一定になった状態で素早く測定電流に切り替

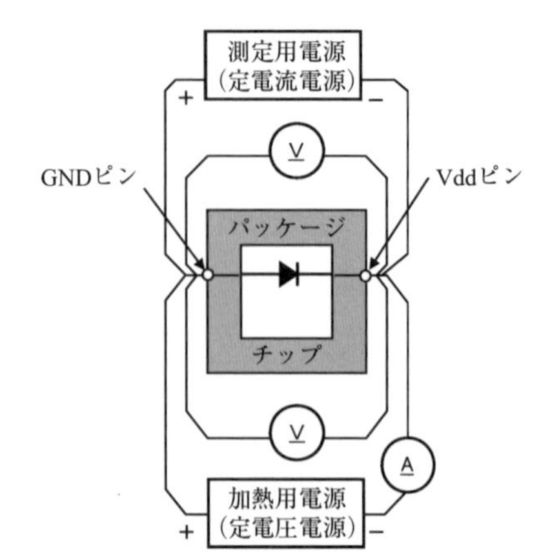


**図10-23　実チップの測定回路**

えて、温度を測定します。ESDダイオードはVss（GND）→I/O→$V_{dd}$の方向に入っているので、実際には$V_{dd}$とGND間に逆電圧をかけることで測定します。

## 10.6.3　熱抵抗測定の手順

① 熱抵抗を定義する起点と終点を決めます。半導体パッケージでは、起点を「ダイ」（半導体チップ）としますが、終点は一般にメインとなる放熱方向のケース面を採用します。たとえば、QFPやBGAのようにケース上面から空気への放熱を考慮する場合には、ケース上面を終点にし、底面にはんだ付け用の金属ヒートスプレッダを持つパッケージや電源用半導体などの場合は、基板やヒートシンクに取り付ける面を終点とします。

② あらかじめ恒温槽で「温度－順方向電圧特性」を求めておきます。

③ 半導体部品と測定環境を用意します。実チップを使う場合は発熱電流の印加でチップがすぐ許容温度を超えて壊れる可能性が高いので、なるべく放熱性の高い環境を用意します。部品が製品基板に搭載されている場合は、測定に使用するリード以外が接続されないように、パターンカット等を行います。

④ 測定用の４端子法配線を行います（**図10-24**）。特にダイオードの電圧測定用配線はなるべく短く形成します。

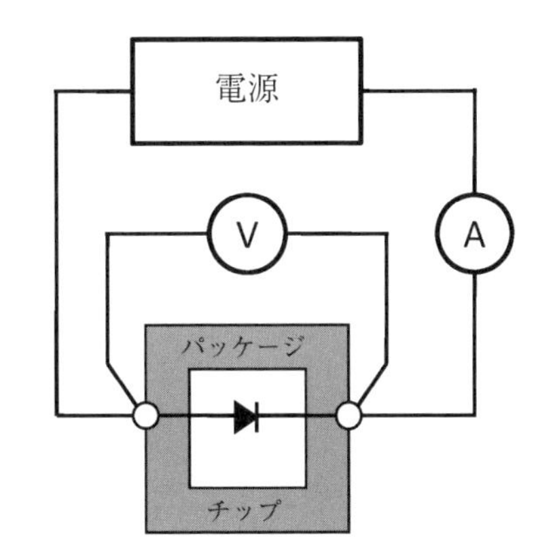


図10-24　4端子法

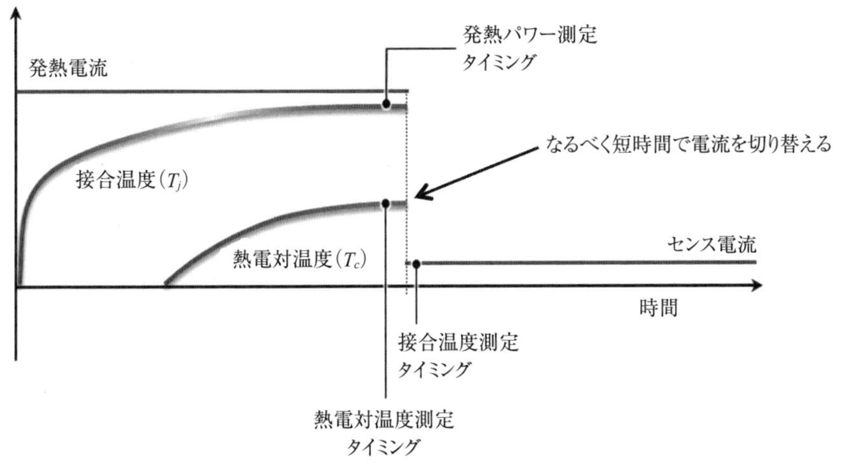


図10-25　実チップの電圧測定タイミング

⑤　次に熱抵抗を定義する終点に熱電対を取り付けます。このとき10.4で説明したような熱電対による測定誤差要因に注意します。実チップを使う場合は、ダイオードに発熱用電源と測定用の定電流電源を接続し、電源を瞬間的に切り替えることのできるスイッチを設けます。

⑥　TEGチップでは発熱用抵抗に、実チップでは測定用ダイオードに電流を流してチップを発熱させます。③に記載したように実チップは許容電流を

超えると急激に電流が流れ素子を破壊しますので、許容電流を超えない範囲で発熱電流を与えます。

⑦ 表面温度が安定したら、測定用ダイオードの電圧を確認します。実チップでは短時間で加熱用電源から測定用電源に切り替え、切り替え後素早く電圧を測定します（**図10-25**）。

⑧ ②で作成した「温度－順方向電圧特性」グラフを使って、測定電圧からチップ温度を求めます。

### 10.6.4 熱抵抗測定上の注意点

**① 測定系の電圧降下に注意する**

熱抵抗値を微小なダイオード電圧で測定するため、測定系の電圧降下が問題となります。TQFPやBGAなどの半導体パッケージでは、電圧印加や測定に細い錫メッキ線やプローブを微小ビアに接続するため、接続線の電圧降下が問題になります。電圧降下の影響を防ぐため、電流を流す配線と電圧測定用配線を分けた４端子法で測定する必要があります（図10-24）。

**② 半導体の定格に注意する**

熱抵抗測定にはチップと周囲との温度差が20℃以上必要とされており、特に実チップを使った測定では、発熱のためにダイオードに印加する電圧・電流が許容値を超えないよう注意が必要です。逆方向の許容電圧が不明な場合は、順方向電圧と同等（たとえば$V_{dd}$が5Vなら測定用逆電圧も5V）に設定します。センス電流は、発熱による起点－終点間の温度差が0.1℃以下になるような電流を選定します。実際には一般電子回路用の半導体やLED等では1～5mA程度、TO系パッケージなどを使うFETなど電源系の半導体では10～20mA程度、IGBT等では100～500mA程度で測定します。

なお、実際の製品で実チップを用いて熱抵抗を測定した場合、たとえ許容電圧・電流以下でも実チップにストレスが加わる可能性もあるため、一度測定を行ったチップを製品に使用するのは避けるべきです。

**③ 測定環境を統一する**

半導体パッケージの熱抵抗は使用するプリント配線板の仕様や測定環境に左

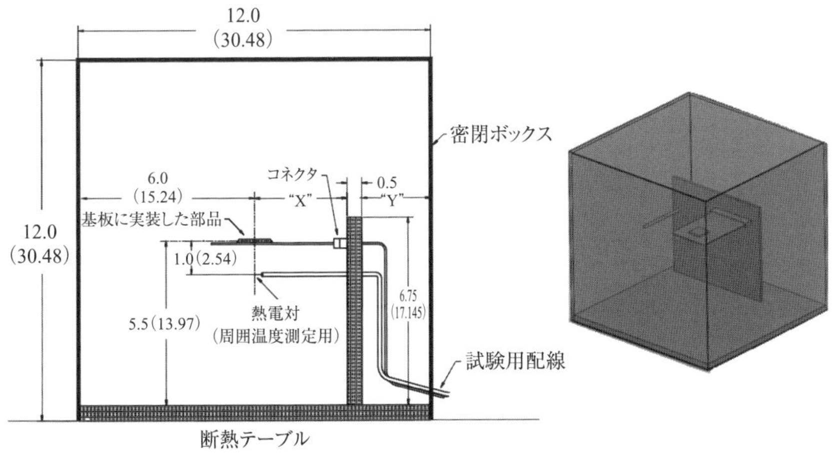


**図10-26　JEDEC規格で定められた自然空冷の測定環境**
**熱流体解析ソフトにはテンプレートとして備えるものもある**

右されるため、5.2項で説明したJEDEC規格、MIL規格、SEMI規格などで定められた測定方法に準拠しないと、再現性の低いデータとなってしまいます。**図10-26**はJEDEC規格（JESD51-2）で規定された自然空冷の熱抵抗環境の例で、測定ボックスの大きさや熱電対の位置などが決められています。電子機器用熱流体解析ソフトウエアには、このような測定環境をテンプレートとして用意しているものもあります。

## 10.6.5　ジャンクション温度測定例

半導体パッケージの構造や測定条件によって熱抵抗は変わります。ここでは実際にさまざまな条件で熱抵抗$\theta_{ja}$を測定した結果を紹介します。

①　チップ面積の違いによる熱抵抗変化（**図10-27**）

チップ面積が大きくなると熱抵抗が下がることがわかります。

②　チップの発熱分布の違いによる熱抵抗変化（**図10-28**）

チップの発熱や位置が偏ると熱抵抗は増大します。

③　パッケージ基板の銅箔層数の違いによる熱抵抗変化（**図10-29**）

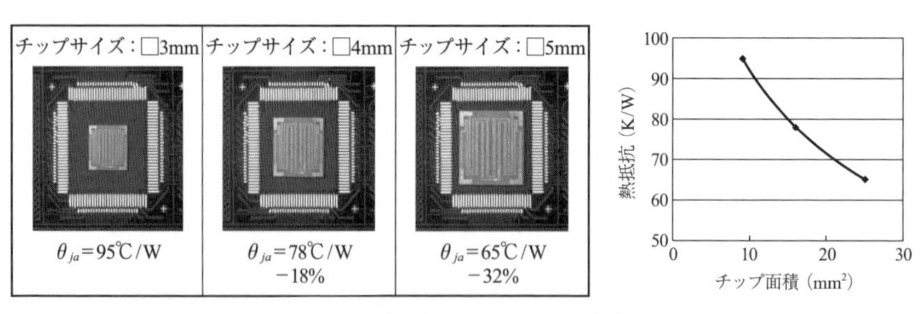


**図10-27　チップ面積の違いによる熱抵抗実測例**
チップサイズが大きくなると放熱体への接触面積が大きくなり放熱効果が上がる（写真提供：シーマ電子(株)）

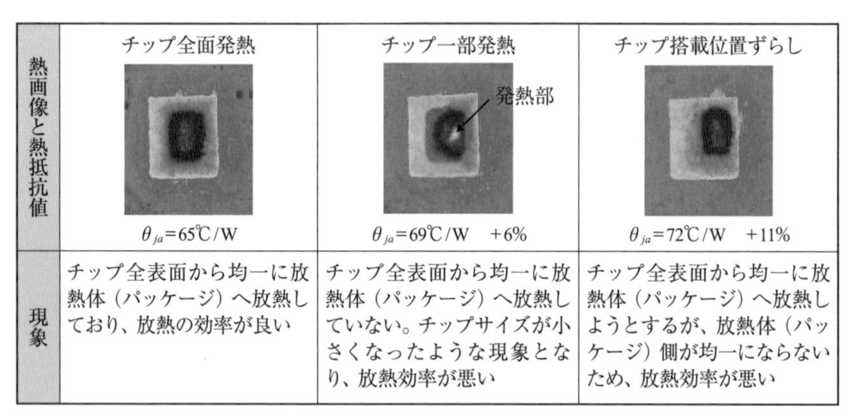

| | チップ全面発熱 | チップ一部発熱 | チップ搭載位置ずらし |
|---|---|---|---|
| 熱画像と熱抵抗値 | $\theta_{ja}$=65℃/W | 発熱部<br>$\theta_{ja}$=69℃/W　+6% | $\theta_{ja}$=72℃/W　+11% |
| 現象 | チップ全表面から均一に放熱体（パッケージ）へ放熱しており、放熱の効率が良い | チップ全表面から均一に放熱体（パッケージ）へ放熱していない。チップサイズが小さくなったような現象となり、放熱効率が悪い | チップ全表面から均一に放熱体（パッケージ）へ放熱しようとするが、放熱体（パッケージ）側が均一にならないため、放熱効率が悪い |

**図10-28　チップの発熱分布の違いによる熱抵抗変化**（写真提供：シーマ電子(株)）

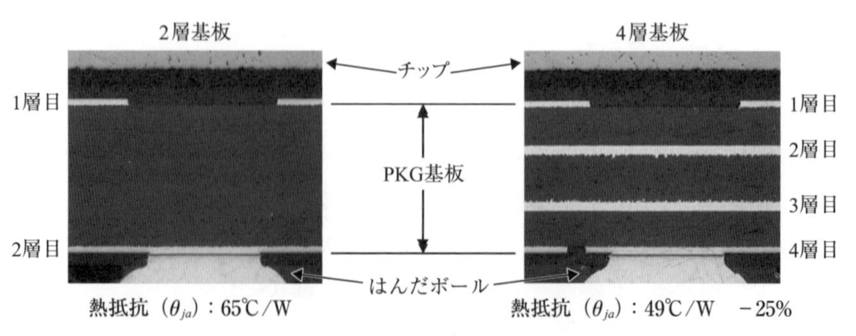


**図10-29　パッケージ基板の銅箔層数の違いによる熱抵抗変化**
BGAはパッケージ基板の層数で熱抵抗が大きく異なる（写真提供：シーマ電子(株)）

熱電対なし

熱抵抗 $\theta_{ja}$：65℃/W

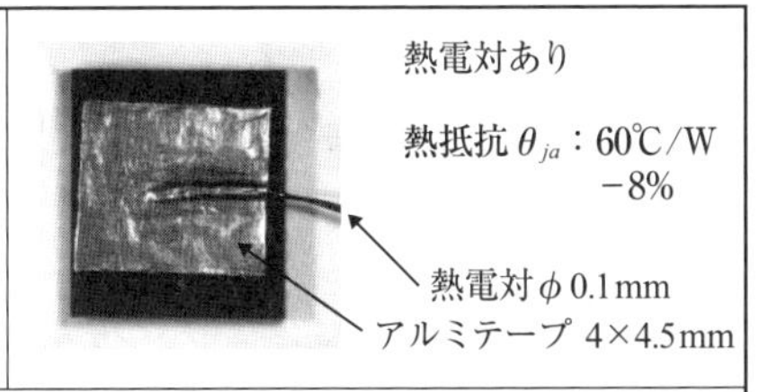


小さいパッケージに大きな熱電対固定用のアルミテープを貼ると、テープが放熱板になってしまい熱抵抗が下がる

**図10-30　熱電対貼り付け有無による熱抵抗変化（5×5mm　BGA）**
**（写真提供：シーマ電子（株））**

**表10-4　リードフレーム材料の違いによる熱抵抗変化**

| | 42アロイ | Cu合金 |
|---|---|---|
| 熱伝導率 | 15W/(m・K) | 320W/(m・K) |
| 熱抵抗（$\theta_{Ja}$） | 62℃/W | 40℃/W（−35%） |

BGAのパッケージ基板（サブストレート）の層数を増やすと熱抵抗が下がります。

④　熱電対貼り付け有無による熱抵抗変化（**図10-30**）

熱電対を大きなアルミテープで貼るとその放熱効果で熱抵抗が下がります。

⑤　リードフレーム材料の違いによる熱抵抗変化（**表10-4**）

リードフレームの熱伝導率が大きくなると熱抵抗は下がります。

## 10.7 半導体部品の過渡熱抵抗測定と熱特性分析

上記の方法で定常状態でのトータル熱抵抗は計測できますが、半導体部品パッケージの放熱経路を構成する各部の熱抵抗を分析することはできません。低熱抵抗化を行うには、チップマウント、パッケージ基板、リードなど、各部の個別の熱抵抗を熱分析する必要があります。しかし、これを直接測定することは不可能です。

そこで電気回路解析の技術を用いて、過渡応答解析結果から熱抵抗$R_{th}$と熱容量$C_{th}$を求められるようにしたのが、過渡熱測定による熱特性分析手法です。

### 10.7.1　過渡熱抵抗とは

発熱源にステップパワーをかけると、熱源温度は時間とともに上昇します。**図10-31**のように$\Delta P$のステップパワーが印加されると、接合温度は徐々に上昇するので、$\Delta T$は時間の関数となります。

$\Delta T = F$（time）

熱抵抗は温度上昇をステップパワーで除して得られるので、熱抵抗も時間の関数となります。これを過渡熱抵抗（$Z_{th}$）と呼び、下記のように定義されます。

$Z_{th} = \Delta T / \Delta P = F$（time）$/ \Delta P$

この式から、過渡熱抵抗は過渡温度変化と同じ形のカーブになります。

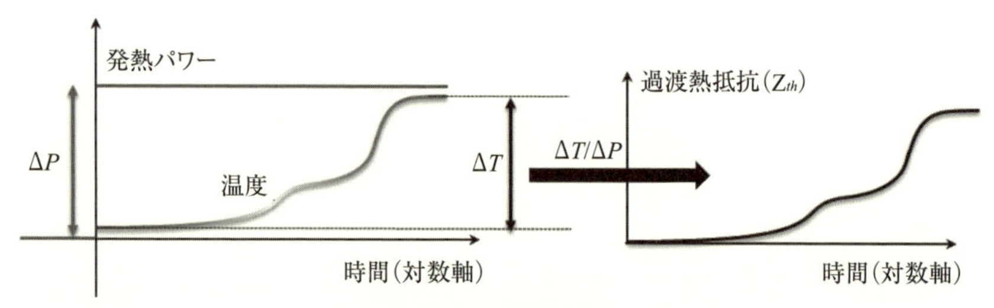


**図10-31　過渡熱抵抗**
（データ提供：メンター・グラフィックス・ジャパン（株））

### 10.7.2　過渡熱抵抗の測定

JESD 51-1では、過渡熱抵抗測定について、Static法とDynamic法の2つの方法が規格化されています。

**＜Static法＞**

一定の加熱電流を加え、発熱体を定常温度まで上昇させ、その後センス電流に切り替えて、発熱体温度が下がるようす（Cooling Curve）を測定します（**図10-32**）。

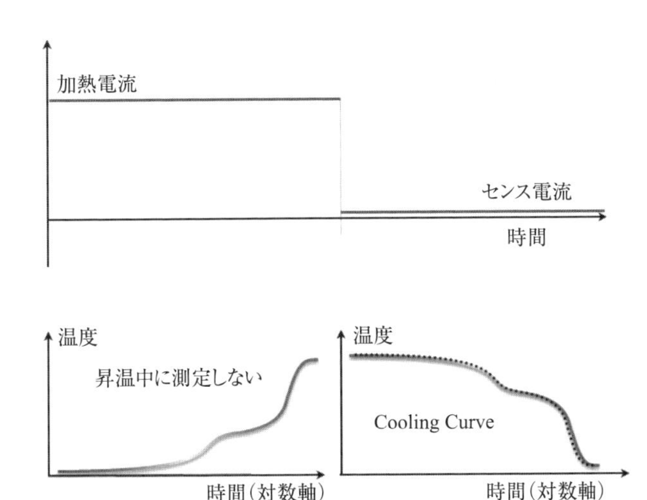


**図10-32　Static法**
(データ提供：メンター・グラフィックス・ジャパン(株))

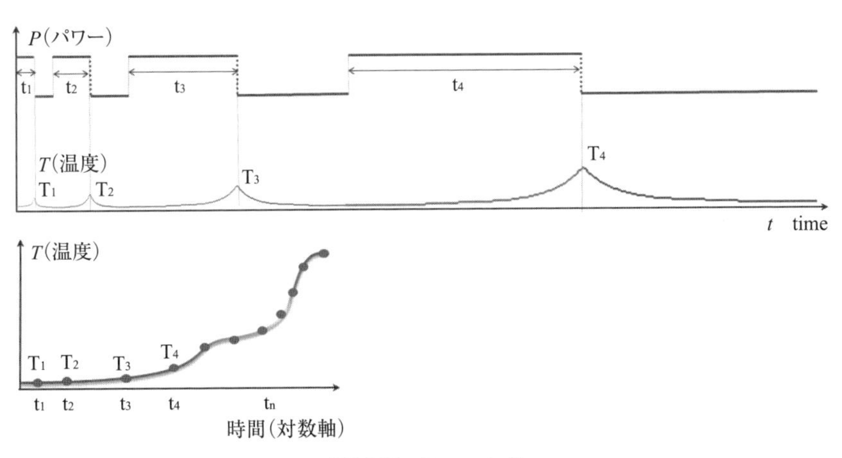


**図10-33　Dynamic法**
(データ提供：メンター・グラフィックス・ジャパン(株))

## ＜Dynamic法＞

加熱電流をパルスで与えます。パルス毎にセンス電流に切り替え、そのパルスで加熱した時刻の温度を測ります。パルス幅を変えながら測定を繰り返すことで加熱の過渡応答を描きます（**図10-33**）。

**＜Static法とDynamic法の比較＞**

Dynamic法は測定ポイント毎にセンス電流への切り替えを行うため、測定時間が長く、また過渡カーブのデータ数が少なく、測定バラツキも大きくなります。また、切り替えた後の温度測定は連続サンプリングではないので、データ数が少なく、ノイズにも影響されやすいです。初期電気過渡ノイズの補正も行えません。

もう1つの大きな違いは、Dynamic法は昇温過渡の測定です。測定装置は定電流モードのパルスを印加するため、温度上昇による素子の温度特性変化でサンプル電圧も変化してしまい、一定のステップパワーに保つことが困難です。Static法の場合、降温過程の測定となり、温度変化中に微弱電流しか流れないためステップパワーの保持が可能です。これらの理由から、2010年にリリースされたJESD 51-14では、Static法を推奨しています。

**＜過渡熱抵抗装置－T3Ster＞**

Dynamic法による過渡熱測定装置は複数のメーカーが販売していますが、Static法による過渡熱測定装置はメンターグラフィックス社のT3Ster（トリースター）に限られます（**図10-34**）。

T3Sterは過渡熱抵抗測定を行うほか、結果解析ソフトウエアで過渡熱抵抗を構造関数に変換できます。構造関数を用いることで、熱構造分析が可能となり、熱流体解析ソフトウエアとの連携が可能になります。

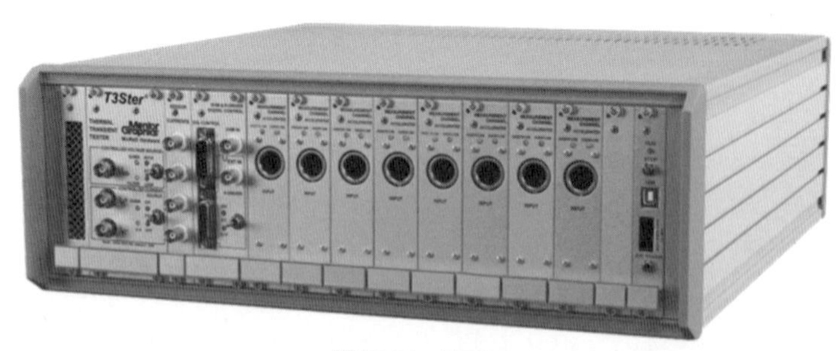


**図10-34　T3Ster**
（データ提供：メンター・グラフィックス・ジャパン(株)）

### 10.7.3　構造関数の概略

過渡熱抵抗のカーブには、放熱経路の熱抵抗と熱容量情報が含まれています。熱抵抗は温度変化幅を左右し、熱容量は温度変化の速さに影響します。しかし、時系列の過渡応答は空間域の構造にマッピングすることができないため、構造関数を用いて空間域に変換します。

**＜構造関数とは＞**

構造関数は熱源からの放熱経路を$R_{th}$-$C_{th}$のラダーモデルで表現するものです。横軸を$R_{th}$、縦軸を$C_{th}$としたグラフ上に、ラダーモデル中の熱抵抗と熱容量を積分したカーブで表示します。

**図10-35**にパワー半導体パッケージの代表的な構造を示します。ダイ（チップ）の中に発熱源があり、金属製ベースにダイアタッチで固定して半導体パッケージを構成します。半導体パッケージはヒートシンクに取り付けたとします。この場合の放熱経路は、チップ→ダイアタッチ→ベース→パッケージ界面→ヒートシンクのように、ほぼ一次元の構造となります。この構造を$R_{th}$-$C_{th}$ラダーモデルで表現することができます。図10-35（c）が、この放熱構造の構造関数を表します。

構造関数グラフの原点は発熱源となるため、構造関数の最初の部分は熱源に

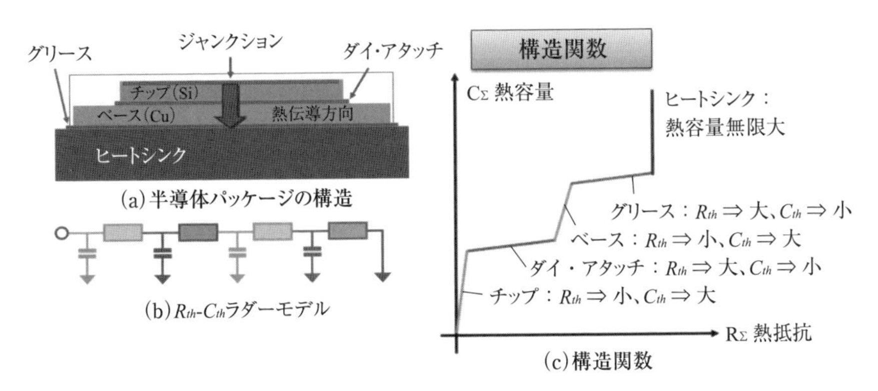


**図10-35　パワー半導体モデルとその構造関数**
（データ提供：メンター・グラフィックス・ジャパン（株））

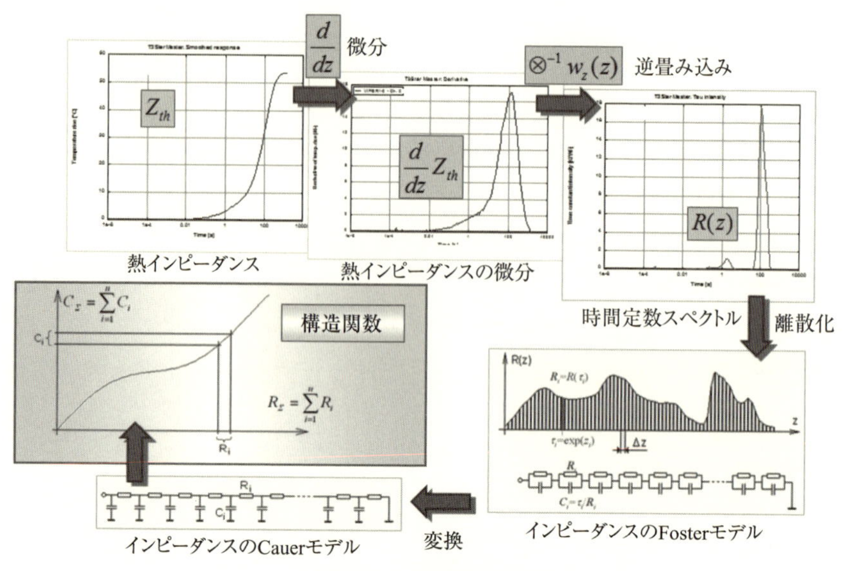


**図10-36　構造関数の導出**
(データ提供：メンター・グラフィックス・ジャパン(株))

一番近いダイとなります。ダイ（チップ）はシリコンなどで作られており、熱伝導率がよいため熱抵抗$R_{th}$が小さく、熱容量$C_{th}$が大きいことから、構造関数上は傾きが大きなカーブとなります。

ダイの次の熱構造はダイアタッチです。ダイアタッチの材料ははんだや樹脂などで、半導体と比べて熱抵抗$R_{th}$が大きく熱容量$C_{th}$が小さいため、構造関数上は傾きが小さく、横に伸びる形となります。

熱が金属製のベースに入ると、熱容量が増えて熱抵抗が減少するため、構造関数の傾きがまた大きくなります。

熱がパッケージ表面に達すると、パッケージとヒートシンク間のグリースなどによる接触熱抵抗（熱抵抗大、熱容量小）で構造関数は横軸方向に伸びます。最後のヒートシンクは（理想的な場合）熱抵抗が0で熱容量が無限大となり、ここが放熱経路の終端となります。

このように、構造関数は熱の流れと同じ順で傾きが変わり、これが放熱経路上の材質の熱特性を示しているので、熱構造分析を可能にします。

**<構造関数への変換>**

電気回路のRC解析と同じように、構造関数も過渡熱抵抗から数学演算で求められます。計算方式は**図10-36**のようになります。

ステップパワー応答（過渡熱抵抗）のデータに微分演算と逆畳み込み演算をかければ、放熱経路の時定数分布が算出されます。時定数分布を更に離散化すると、Foster方式の$R_{th}$-$C_{th}$ラダーモデルが作られます。Foster方式だと、熱容量が直列に繋がる形となるため、物理的な意味を持ちません。これを等価変換してCauer方式の$R_{th}$-$C_{th}$に変更することで、物理的な意味を持つ熱容量となります。構造関数はCauer方式のラダーモデルを積分し、グラフ表示したものです。

### 10.7.3　構造関数の応用

構造関数を用いると放熱経路の熱構造を分析できるため、以下の応用が可能です。

**<熱不良解析>**

半導体部品のパッケージ内部の層剥離やはんだボイドなどのような熱不良解析は、従来X線や超音波探傷器を用いて行われていましたが、検出精度や作業コストの問題がありました。

構造関数を用いると短時間で測定でき、良品と不良品の構造関数比較により、定量的な分析が可能となります（**図10-37**）。

**<接触熱抵抗の評価>**

**図10-38**は、４種類の方法で半導体部品パッケージをヒートシンクに取り付けています。それぞれの構造関数を重ね合わせると、界面の違いがはっきりわかります。この図では、構造関数を微分した「微分構造関数」を用いています。この変換により縦軸が傾きになるため、変化を明確に識別することができます。

この図で$R_{th}$ 1.5 K/Wまで重なっている部分は半導体パッケージです。同じパッケージで測定を行っているため、パッケージ内部の構造関数は重なります。パッケージ内部の構造関数は外部環境の影響を受けません。パッケージの次の大きなピークはヒートシンクを表します。ヒートシンクはアルミで作られているため、大きな熱容量と小さな熱抵抗が特徴で、微分構造関数上のピークとなりま

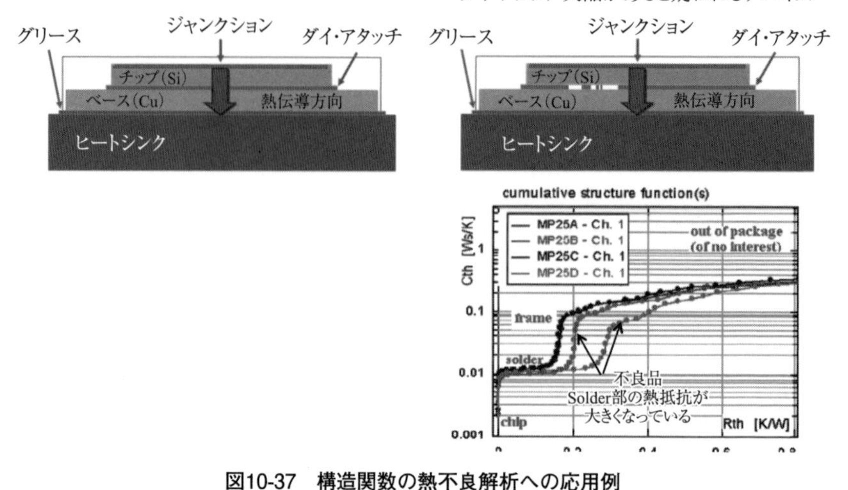


**図10-37　構造関数の熱不良解析への応用例**
(データ提供：メンター・グラフィックス・ジャパン(株))

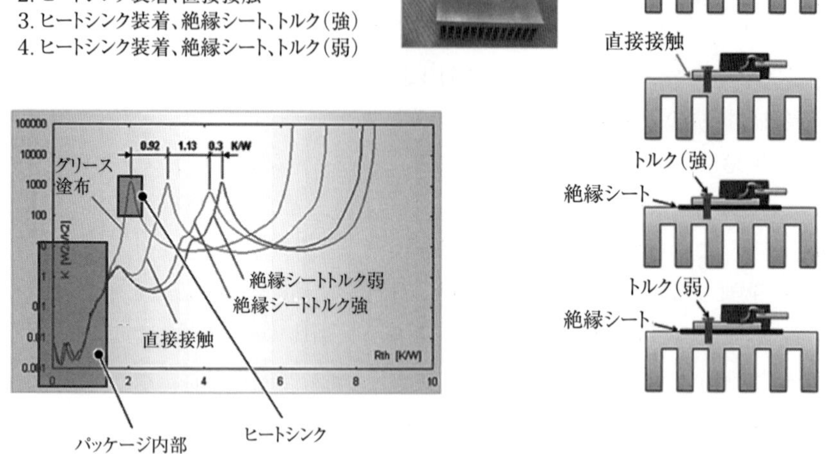


**図10-38　構造関数の接触熱抵抗評価への応用例**
(データ提供：メンター・グラフィックス・ジャパン(株))

す。注目の接触熱抵抗は、構造関数の分岐点からこのヒートシンクのピークまでの間の構造関数で示されます。

グリースを塗布した場合、分岐点以降のカーブは傾きをキープしながらヒートシンクのピークまで立ち上がります。グリースで界面間の隙間が埋まり、接触熱抵抗が小さくなっていることがわかります。グリースなしの場合は、ヒートシンクのピークが右に約0.92K/Wシフトしています。この接触熱抵抗がパッケージとヒートシンク間の伝熱を妨げるため、分岐点以降の構造関数がいったん下がってからヒートシンクのピークにつながります。

また、絶縁シートを界面に入れると接触熱抵抗が大きくなりますが、この場合の接触熱抵抗は接触圧力に依存します。構造関数を用いると、ねじトルクと接触熱抵抗の相関性も評価できます。

**＜信頼性試験への応用＞**

半導体部品の信頼性は、温度や熱ストレスによって大きな影響を受けます。このため、半導体部品では信頼性評価試験が不可欠です。一般には評価時間を短縮するため、通常よりも厳しい条件で劣化を加速させる「加速試験」が行われます。

部品の劣化は、はんだ層クラックや剥離などのように主に接触界面で発生します。構造関数ではサンプルを非破壊で内部の熱構造が見られるため、信頼性試験中の劣化検査に向いています。

加速試験では、一定の温度サイクルやパワーサイクルをかけた後、サンプルを試験装置から取り出し、X線や超音波探傷器による検査を行います。この方法だと検査に時間とコストがかかる上、サンプルを試験装置に戻す際に、接触や配線接続などの状態が変わる可能性もあります。

過渡熱測定と加速試験機を一体化することで、試験と測定検査をノンストップで実施することが可能となります。劣化の様子は、試験中に定期的に行う過渡熱測定から求めた構造関数を観察することで管理できます。

**図10-39**はパワーサイクル試験途中で5000サイクル毎に出した構造関数です。この結果から見ると、約15000サイクルまでは劣化が起きていませんが、20000サイクル以降はダイアタッチ劣化（熱抵抗の増加）が激しくなっている

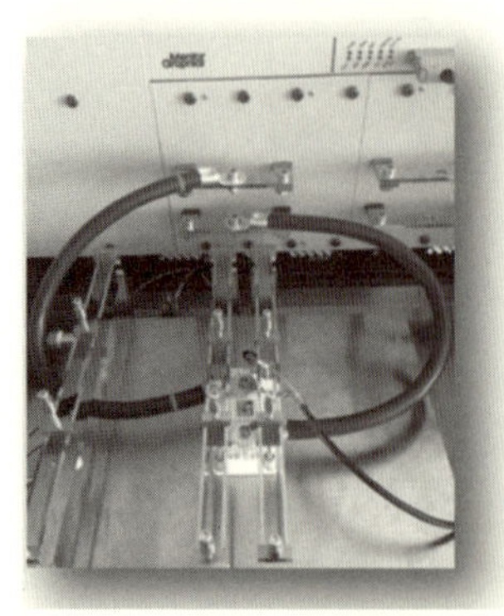
(a)パワーサイクル試験装置

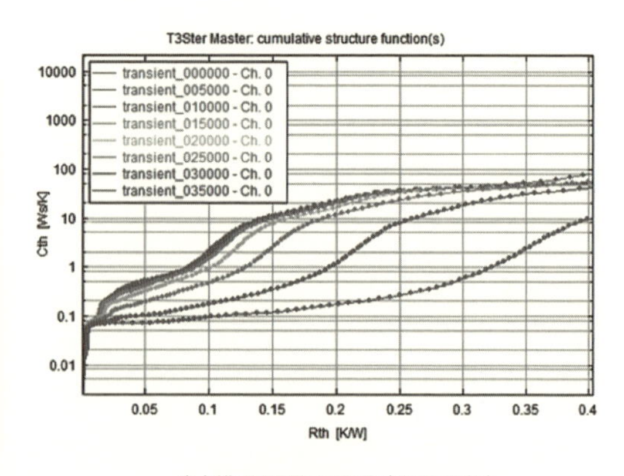

(b)構造関数の変化(劣化状態)

**図10-39　構造関数の信頼性試験への応用例**
(データ提供：メンター・グラフィックス・ジャパン(株))

のがわかります。

**＜熱流体シミュレーションソフトとの連携＞**

熱流体解析の精度がモデルのパラメータに大きく左右されることはこれまで説明した通りです。パラメータには比較的簡単に入手できる情報もありますが、はんだのボイドや樹脂の成型条件などで変化する熱伝導率や界面で発生する熱抵抗などは容易に入手できない情報です。

構造関数とシミュレーションを連携することにより、これらのパラメータを同定することができます。

まず、熱流体解析ソフトを使って過渡熱解析を行い、過渡熱抵抗をシミュレーションで求めます。これを実測で行うのと同じように構造関数に変換します。このシミュレーションで得られた構造関数に実測で得た構造関数を重ね合わせます。2つの構造関数が一致すれば、それぞれの熱パラメータも同じと考えることができます。一致しない場合は、シミュレーションの熱物性値を変えて構造関数を一致させます。これにより、実測に合った熱パラメータを取得できます。

**図10-40**はFloTHERMで実施したTO220パッケージのパワーMOSFETの解析例です。シミュレーションで得られた構造関数と実測で得られた構造関数を一致させることで、実物に即した界面熱抵抗、温度分布、熱流束分布などの分

析が可能になります。

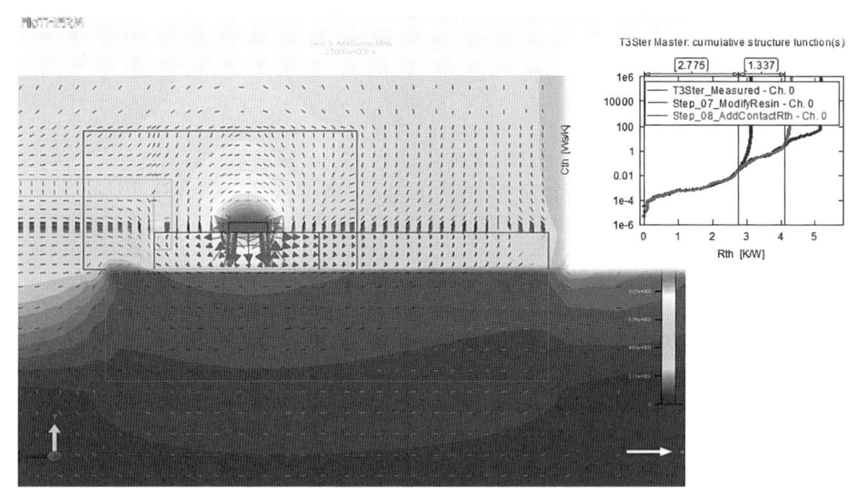


図10-40　構造関数の熱流体解析との連携例
（データ提供：メンター・グラフィックス・ジャパン（株））

## <引用文献一覧>

〔第１章〕

１）国峰尚樹;"多様化する熱問題と熱設計の変革" 2008年熱設計・対策技術シンポジウム論文予稿集"

２）小沢　薫,ほか."実験計画法を用いた設計上流段階の熱設計最適化" No.03-26.神戸,2003-11,日本機械学会.2003,p.677-678."

３）伊藤謹司、国峰尚樹;"電子機器の熱対策設計第２版"、日刊工業新聞社、2006年

４）国峰尚樹;"エレクトロニクスのための熱設計完全入門"、日刊工業新聞社、1997年

〔第２章〕

１）中部エレクトロニクス振興会報告書（電子機器の熱設計に関する研究～簡易温度予測式の検討～）

〔第３章〕

１）独立行政法人産業技術研究所殿のWebサイト（http://www.aist.go.jp/）

２）石塚,宮崎,佐々木：自然対流中での多孔板の空力抵抗,日本機械学会論文集,50,460, pp.3193-3198,（1984.12）

３）空気調和・衛生工学便覧,（社）空気調和・衛生工学会

４）空気調和ハンドブック,丸善(株)

５）石塚：低レイノルズ数域における金網の流体抵抗,日本機械学会論文集,B編,52,484, pp.3954-3958,（1986.12）

〔第４章〕

１）中部エレクトロニクス振興会報告書（電子機器の熱設計に関する研究～シミュレーションモデルの簡略化に関する検討～）

２）アンシス・ジャパン：2003年熱設計・対策技術シンポジウム「熱設計解析コード使用のノウハウ」資料

３）DELPHI Model Guideline（Council Ballot）Edited REV4

４）小川 吉彦:熱電変換システム設計のための解析―ペルチェ冷却・ゼーベック発電(森北出版)

５）荒川忠一：数値流体工学（東京大学出版会）

６）電気学会大学講座：電機設計概論［4版改訂］（電気学会）

〔第５章〕

１）ルネサス エレクトロニクス パッケージ外形情報（http://japan.renesas.com/products/package/information/）

２）電子情報技術産業協会：半導体製品におけるパッケージ熱特性ガイドライン, JEITA EDR-7336, 2010.10.

３）半導体パッケージ熱パラメータ予測ツール（http://semicon.jeita.or.jp/hp/tcsp/sc_pg/icp.html）

〔第６章〕

１）東芝ライテック(株) 照明設計資料「照明設計の基礎」

２）日本機械学会 伝熱工学資料 改訂第三版

３）ニチコン 技術情報ライブラリ（http://www.nichicon.co.jp/lib/aluminum.pdf）

４）日本ケミコン 製品ガイド

〔第７章〕

１）中村元：日本機械学会RC214「エレクトロニクス実装における信頼性設計と熱制御に関する研究分科会」研究報告2006年４月

２）大串哲朗：“接触熱抵抗の測定法と測定例”、熱設計・対策技術シンポジウム2009論文集
〔第10章〕
１）東条三秋：”半導体パッケージの熱抵抗測定技術”、2009年第８回熱設計・対策技術シンポジウム　論文予稿集J5- 1
２）平沢浩一他“赤外線サーモグラフを用いた微小部品の温度測定に関する検証”,第20回エレクトロニクスにおけるマイクロ接合・実装技術シンポジウム論文集,vol.20(2014),pp.181-186.

## 【付録】 熱流体解析や計測に関連したサイト

### 熱流体解析ソフトベンダ

オートデスク(株)　http://www.autodesk.co.jp/
(熱流体解析Autodesk CFDをはじめとする各種CAE、2D/3D CADやインダストリアルデザインツールを提供)

メンター・グラフィックス・ジャパン(株)　http://www.mentorg.co.jp/products/mechanical/
(FloTHERM, FloEFDなど熱流体解析ソフトを紹介)

アンシス・ジャパン(株)　http://ansys.jp/
(電子機器熱流体解析ツールANSYS Icepakをはじめとする各種数値解析ソフトウェアのウェブサイト)

(株)IDAJ　https://www.idaj.co.jp/
(FloTHERM, ANSYS Fluent, ANSYS CFX, iconCFDなどのCAEプロダクト販売, 技術サポート, 受託解析, システム開発, 及び各種コンサルティングサービス)

シーディーアダプコ　http://www.cd-adapco.com/ja
(STAR-CD、STAR-CCM+などの熱流体CAEプロダクト販売サポート情報を提供)

シーメンス(株)　http://www.siemens.com/plm
(熱流体解析をはじめとするPLM（製品ライフサイクル管理）ソフトウェアおよび関連サービスを提供)

(株)ソフトウェアクレイドル　http://www.cradle.co.jp/
(STREAM,熱設計PAC,SCRYU/Tetraの開発・販売とサポート、受託解析などのサービスを提供)

(株)構造計画研究所　SBD営業部　http://www.sbd.jp/
(FloEFD、FloTHERMをはじめとする各種設計者向けCAEソフトウェアの販売とサポート)

(株)電通国際情報サービス　http://www.isid.co.jp/
(CAEをはじめ,各種PLMソフトウエアの提供およびコンサルティング、システム構築)

SBD利用技術研究会　http://www.sbd.jp/lab/
(設計者向けCAEの効率的な利用を計るためのユーザーグループ)

プロメテック・ソフトウェア(株)　http://www.prometech.co.jp/
(CAE解析やCG・シミュレーション・粒子法（MPS法))

(株)JSOL　https://www.jmag-international.com/jp/
(電磁場解析ソフト　JMAGを紹介)

### 計測機器

日本アビオニクス(株)　http://www.avio.co.jp/
（サーモグラフィ）

(株)アンベ　エスエムティ　http://www.anbesmt.co.jp/
（熱電対（極細、極薄熱電対等））

Mentor Graphics　http://www.mentor.com/products/mechanical/products/t3ster
（熱抵抗測定器（T3Ster、TERALED）のホームページ）

(株)チノー　http://www.chino.co.jp/
（サーモグラフィ）

(株)テストー　http://www.testo.jp/
（サーモグラフィ、温度測定器、圧力測定器など）

(株)日本レーザー　https://www.japanlaser.co.jp/
（サーモグラフィ）

ジャパンセンサー(株)　http://www.japansensor.co.jp/
（放射率計）

京都電子工業(株)　http://www.kyoto-kem.com/ja/products/
（放射率計、熱伝導率計等）

(株)ベテル　http://www.bethel-thermal.jp/
（熱物性測定装置（サーモウエーブアナライザー））

デグリーコントロールズ　http://www.degreec.com/jp/
（多点気流センサ、気流可視化発煙システムなど）

### 解析受託サービス

(株)SiM24　http://www.sim24.co.jp/
（熱流体解析、構造解析、電磁場解析などの迅速なサービスを実施）

(株)テラバイト　http://www.terrabyte.co.jp/
（CAE解析、CAEコンサルティング）

### 物性値測定サービス

名古屋市工業研究所　http://www.nmiri.city.nagoya.jp/
（熱物性値（熱拡散率、比熱、熱伝導率、放射率）の測定、温度測定）

シーマ電子(株)　http://www.shiima.co.jp/
（半導体パッケージの熱抵抗測定サービス）

島根県産業技術センター　http://www.pref.shimane.lg.jp/industry/syoko/kikan/shimane_iit/
（熱物性値の測定、CTによる内部構造可視化サービス）

沖エンジニアリング(株)　http://www.oeg.co.jp/
（半導体の信頼性評価）

(株)コベルコ科研　http://www.kobelcokaken.co.jp/
（各種熱物性測定サービス）

東京都立産業技術研究センター　http://www.iri-tokyo.jp/
（熱物性値の測定など）

## 熱設計コンサルティング

名古屋市工業研究所　http://www.nmiri.city.nagoya.jp/
（熱設計全般の技術相談）

(株)ジィーサス　http://www.zsas.co.jp/
（熱設計コンサルティング、受託サービス）

熱設計なんでも相談室　http://www.thermo-clinic.com
（熱設計に関する情報提供（Q&A、ニュース、セミナなど））

## データベース

産業技術総合研究所　http://riodb.ibase.aist.go.jp/TPDB/DBGVsupport/
（分散型熱物性データベース）

NEDO 国立研究開発法人新エネルギー・産業技術総合開発機構　http://www.nedo.go.jp/
（日射量データベース）

## 電子・電機メーカー業界団体

(社)電子情報技術産業協会 半導体製品技術標準化専門委員会
半導体パッケージ技術小委員会（JEITA）　http://semicon.jeita.or.jp/hp/tcsp/sc_pg/icp.html
（半導体パッケージに関する共通技術課題（用語、外形、特性、評価測定方法等）を調査・審議、及び標準規格の制定）

JPCA（一般社団法人日本電子回路工業会）　http://jpca.jp/
（高輝度LED用電子回路基板放熱特性試験規格制定）

## [著者紹介]

### ■編著者

**国峰尚樹**　(株)サーマルデザインラボ　代表取締役
kunimine@thermo-clinic.com
1977年沖電気工業（株)入社。2007年一念発起し、熱設計コンサルティング会社を設立。上流熱設計と熱解析の両輪による「熱問題の撲滅」をめざし、東奔西走の日々を送っている

### ■執筆者

**飯嶋保男**　(株)構造計画研究所　SBDソリューション部　iijima@kke.co.jp
1991年（株)構造計画研究所入社。高層ビルの構造設計業務に従事した後、2002年から現職にて電子機器向け熱流体解析ソフトの販売およびサポート業務を担当。

**伊藤照晃**　(株)IDAJ
電気メーカでの設計業務に従事後、2008年に入社。
FloTHERMのエンジニアとして技術サポートおよびプリセールスを行っている。解析だけでなく実測も行い、実測と解析の誤差をテーマに精度向上に取り組んでいる。

**伊東　誠**　元NECエレクトロニクス(株)　amakoto.itou@necel.com
1981年日本電気(株）入社、2003年NECエレクトロニクス(株）に移籍。1996年頃より熱流体解析に従事。東北大学大学院の非常勤講師・各種セミナーの講師として、熱流体関係を指導。電子デバイス部品における信頼性試験評価事例集、及び熱設計技術解析ハンドブックの熱流体解析関係を執筆。2011年退職。

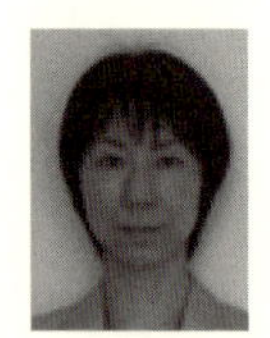

**入来院美代子**　パナソニック（株)AVCネットワークス社
イノベーションセンター　設計ソリューション開発部　主任技師
1999年入社。CRTテレビ開発（電磁界解析)、PDPテレビおよびデジタルカメラ開発（熱流体解析）を経て、現在、結果分析の効率化に重点をおいた設計者向け熱流体解析システムの開発を担当。

**岩田進裕**　パナソニック(株)AVCネットワークス社　イノベーションセンター　設計ソリューション開発部　部長
1991年入社。VTR走行系設計システム、CAEとTRIZを融合した設計プロセス、設計者向けCAEシステムの開発など、CAD/CAE技術をコアとした開発設計プロセス革新を担当。

**衛藤　潤**　(株)ソフトウェアクレイドル 技術部所属 (eto@cradle.co.jp)
国産ソフトウェアベンダーの社員として、クレイドル製品による「熱問題の撲滅」をめざし、東奔西走の日々を送っている。

**小形研哉**　(株)電通国際情報サービス エンジニアリングソリューション事業部
1997年に新明和工業（株）入社後、7年間の流体機器設計開発業務を経て、現在の解析ソリューション業務へ至る。現場の経験を活かした設計のための解析利用を推進中。

**興津 美仁**　(株)電通国際情報サービス　エンジニアリングソリューション事業部
1996年（株)リコーに入社しCAEや検証実験などの設計支援業務に携わる。2005年から現在の会社で、現場の経験を活かしたCAE活用の推進に取り組む。CAEの立上げや技術確立などのソリューションを担当。

**小沢　薫**　(株)東芝　経営企画部　事業戦略担当
1991年　(株)東芝入社。住空間システム技術研究所に配属。
1999年1月　ISセンターに転籍。CAEを中心としたエンジニアリング領域の全社推進を担当。
2014年6月　経営企画部に異動。ICT、IoT領域の経営企画を担当。

**梶田欣**　名古屋市工業研究所　システム技術部 生産システム研究室
kajita.yasushi@nmiri.city.nagoya.jp
電子機器の設計、不具合等の技術相談、依頼試験を行っている。シミュレーションと測定の両面から現象をとらえて熱設計に取り組んでいる。シミュレーションモデルの簡略化とサーモグラフィによる温度測定に関心が高い。

**久芳将之**　(株)ソフトウェアクレイドル　代表取締役社長
kuba@cradle.co.jp
製造業の流体解析担当などを経て、(株)ソフトウェアクレイドルに所属。編集会議でよくしゃべっていた割には執筆量への貢献は低い?

**小泉雄大**　コーセル (株)koizumi@cosel.co.jp
1995年 コーセル (株)入社。スイッチング電源の開発・設計業務に従事。熱流体シミュレーションを適用した製品設計技術の開発を行っている。

**佐藤　誠**　(株)CD-adapco
通信機器の設計開発、外資系CFDベンダーにおける電子機器の熱流体解析のサポート業務を経て、現職。
電子機器の熱流体解析だけに拘らず、設計開発に必要なマルチフィジックスのシミュレーションをできるだけ身近なものにしたいと考え奮闘中です。

**篠田　卓也**　(株)デンソー　技開センター　DP-EDA改革室　担当係長
shinoda@s6.dion.ne.jp
1987年入社し、熱環境が厳しい製品の一つであるエンジンECUのハード設計を担当
06年より熱技術に専任、解析と実験を検証することで、解析の高精度化を実現し、電子設計のフロントローディング化を推進している。

**渋谷佳明**　シーメンス(株)　技術本部
ソリューションコンサルティング部主任コンサルタント
yoshiaki.shibuya@simens.com
電機メーカにて設計・解析業務に従事後、2000年に弊社の前身である日本SDRCに入社。現在CAEアプリケーションのプリセールス/技術サポートを行っている。

**島田憲成**　(株)構造計画研究所　製造企画マーケティング部　部長
norimasa@kke.co.jp
2003年（株)構造計画研究所入社。製造業の設計者への熱流体解析の普及活動に従事した後、2013年から現職にて製造業向けの新規市場開拓を行っている。

**杉原浩実**　(株)構造計画研究所　SBDソリューション部
2013年熊本大学工学部自然科学研究科修士課程修了。研究では土木CIMの一環で、３D-CAD構造物の設計データ運用に携わった。入社後、設計者向け熱流体解析ソフトのアプリケーションエンジニアとして従事。

**長坂 和佳**　アンシス・ジャパン(株) 技術部　アプリケーションエンジニア
シンクタンク系リサーチ会社で構造/熱/流体解析や経済シミュレーション等のプログラム開発やシステム開発のエンジニアとしてに18年従事した後、2013年よりアンシス・ジャパン（株)に入社。現在は、電子機器向けの熱流体解析コードIcepakのエンジニアとして活動中。

**中嶋達也**　(株)IDAJ　解析技術４部 部長
nakajima.tatsuya@idaj.co.jp
1997年 株式会社 シーディー・アダプコ・ジャパン入社。
STAR-CDを用いた技術コンサルティングや応用技術開発を経て、
現在は解析技術４部にて電子機器専用熱設計支援ツール FloTHERM のプロダクトマネージャー。

**西 剛伺**　日本AMD(株)
他の半導体メーカを経て、2005年日本AMD(株) ジャパンエンジニアリングラボ配属。
現在は同社にて組み込み向けマイクロプロセッサ製品の技術サポートを担当。

**平沢浩一**　KOA（株)技術イニシアティブ　技創りセンター
(ko-hirasawa@koanet.co.jp)
抵抗器大好きな電気屋。「たかが抵抗、されど抵抗」抵抗器の事なら一日中でも語ります。抵抗器の設計、顧客への使用方法提案のためにCAEを活用。現在は微小面積の温度測定に興味津々。

**藤田哲也**　(株)ジィーサス　技術統括部　副統括部長　tfujita@zsas.co.jp
1981年沖電気工業(株) 入社し、一貫して実装設計に従事。2002年にジィーサス入社後は豊富な失敗経験を還元すべく、今なお設計者の視点で実装技術課題に取り組んでいる。

**前田　剣太郎**　アンシス・ジャパン(株) 技術部　シニアアプリケーションエンジニア
電機メーカー勤務およびシンクタンク関連の数値解析業務を経て、1999年フルーエント・アジアパシフィック（現アンシス・ジャパン）入社。以来ANSYS Icepakを中心に担当。
「設計者の気持ちがわかる」解析技術者を目標に活動中。

**三邉　考志**　日本イーエスアイ(株)
技術本部　CFD&CEMソリューション部　部長
シンクタンクにて数値解析・コンサルティング業務に従事。その後CFDソフトベンダーにて電子機器の熱設計に携わる。現在、新しいCAE環境構築を目指し、OpenFOAMベースのCFD環境モデルの立ち上げに奮闘中。

**宮崎研**　(株)IDAJ 主任技術員 miyazaki.ken@idaj.co.jp
システムエンジニアを経て1997年より現職。2005年より
FloTHERMの担当エンジニア。弘法筆を選ばずの信条の下、「書は人なり」の如く「シミュレーションモデルは人なり」の境地で日夜難題に取り組んでいる。

**三輪　誠**　(株)豊田自動織機　エレクトロニクス事業部　技術部
開発統括室　室長
1986年入社。車載電子機器設計に必要なCAE（熱・振動・ノイズ、など）の技術確立に従事し、初代プリウス向けDCDCコンバータの制御基板を設計。その後、CAD/BOM統合設計環境を構築。
現在は製品のライフサイクル全てを管理するシステムの構築に奮闘中。

**山本洋平**　元（株)ソフトウェアクレイドル
2005年（株)ソフトウェアクレイドル入社。国産ソフトウェアベンダーの社員として活動後、独立して会社を設立。

**羅　亜非**（ラ　アヒ）　メンター・グラフィックス・ジャパン(株)
メカニカル・アナリシス部
1980年生まれ、北京大学物理学学士、富山県立大学機械システム工学博士（在学中）。2004年から半導体設計の業務に携わってきた。2009年からメンターグラフィックスジャパン(株）に転職し、電子機器の熱測定&熱解析の業務を中心とし、実測できる次世代の電子部品熱モデル、測定装置と熱CFDシミュレーションソフトの連携などについて研究を続けている。

■執筆協力者

**安部可伸**　(株)アンベエスエムティ　代表取締役　anbe@anbesmt.co.jp
約30年間プリント基板製造技術、SMT実装技術に携わる。

**岩間由希**　名古屋市工業研究所　システム技術部　電子技術研究室
サーモグラフィによる温度分布測定、X線CTの依頼試験、技術相談に従事。電子機器をはじめとするさまざまな機器の開発・設計・評価に関する技術支援を行っている。

**東条三秋**　シーマ電子(株)　設計・試作・解析センター
試作・評価グループグループ長　tohjoh@shiima.co.jp
1997年シーマ電子(株) 入社。半導体パッケージの熱抵抗測定をはじめとする信頼性評価業務に携わり、測定の標準化及び、測定精度の向上を追求している。

**冨田直人**　メンター・グラフィックス・ジャパン(株)　メカニカル・アナリシス部　営業部長　naoto_tomita@mentor.com　熱抵抗測定器（T3Ster）LED測定器（TERALED）販売のため日夜営業活動中。

**電子機器の熱流体解析入門 第2版**
**—熱流体モデリング／シミュレーションの基本を完全マスター**
**NDC 542.11**

2009年９月30日　初版１刷発行
2015年８月27日　第２版１刷発行

（定価はカバーに表示されております。）

 編著者　国　峰　尚　樹
発行者　井　水　治　博
発行所　日刊工業新聞社
〒103-8548　東京都中央区日本橋小網町14-1
電　話　書籍編集部　東京　03-5644-7490
販売・管理部　東京　03-5644-7410
FAX　03-5644-7400
振替口座　00190-2-186076
URL　http://pub.nikkan.co.jp/
e-mail　info@media.nikkan.co.jp

印刷・製本　ワイズファクトリー


ISBN 978-4-526-07449-3 C3054